分析测试仪器评议

——从 BCEIA'2017 仪器展看分析技术的进展

中国分析测试协会　编著

中国质检出版社
中国标准出版社

北　京

内 容 简 介

中国分析测试协会以中华人民共和国科学技术部批准、本协会主办的"第十七届北京分析测试学术报告会暨展览会"(BCEIA'2017)为契机,组织专家组从光谱、质谱、色谱、波谱、微观结构、无损检测、物理及力学分析、环境分析、气体分析仪器技术等领域涉及的仪器与技术入手,积极开展仪器与技术评议活动,汲取了大量素材和信息,并对主要技术的发展动向进行了系统分析和研究,撰写了本评议报告书籍。全书共分为五章:第一章"仪器评议组织结构和流程";第二章"从BCEIA'2017看分析测试仪器的进展";第三章"通用基础分析技术进展";第四章"仪器综合分析及相关实验技术";第五章"2017年BCEIA金奖与新产品"。

本书适用于分析测试仪器研发、生产、销售、使用企业以及相关科研机构的技术人员、管理人员阅读参考。

图书在版编目(CIP)数据

分析测试仪器评议:从BCEIA'2017仪器展看分析技术的进展/中国分析测试协会编著. —北京:中国标准出版社,2018.9
ISBN 978-7-5066-9090-4

Ⅰ.①分… Ⅱ.①中… Ⅲ.①分析仪器—研究 Ⅳ.①TH83

中国版本图书馆CIP数据核字(2018)第209756号

中国质检出版社
中国标准出版社 出版发行
北京市朝阳区和平里西街甲2号(100029)
北京市西城区三里河北街16号(100045)
网址:www.spc.net.cn
总编室:(010)68533533 发行中心:(010)51780238
读者服务部:(010)68523946
中国标准出版社秦皇岛印刷厂印刷
各地新华书店经销
*
开本710×1000 1/16 印张20 字数393千字
2018年9月第一版 2018年9月第一次印刷
*
定价:85.00元

中国分析测试协会理事长　中国科学院院士
江桂斌题词

分析测试
服务社会
创造未来

江桂斌

编 委 会

主　编　王海舟

副主编　张渝英

编　委（排名以姓氏汉语拼音为序）

董　亮	范　弘	高介平	高怡斐
郭灿雄	郭文韬	韩江华	贺文义
胡少成	贾慧明	李重九	李　娜
李　钊	廖　杰	林崇熙	刘　芬
刘　锋	刘雪辉	罗立强	沈学静
沈亚婷	苏焕华	孙素琴	孙徐林
佟艳春	汪正范	王　雷	王明海
魏开华	向俊锋	颜贤忠	杨永坛
余　兴	张德添	张　峰	张　克
张庆合	赵　睿	赵晓光	郑国经
周　群			

前　　言

由中国分析测试协会主办，中华人民共和国科学技术部批准的第十七届北京分析测试学术报告会暨展览会(BCEIA 2017)于2017年10月10～13日在北京国家会议中心成功举办，来自美国、德国、日本等海内外近500家厂商展示了3100多台新仪器、新设备，同时还成功举办了第二届国家重大科学仪器设备开发专项阶段成果展。本次会议坚持"分析科学 创造未来"的方向，围绕"生命、生活、生态——面向绿色未来"的主题，共举行663场形式多样的学术报告，产生了17项BCEIA金奖仪器以及22家产品获得"BCEIA'2017新产品"。

仪器评议活动是由科技部倡导、中国分析测试协会组织，常年开展的一项重要科技活动。仪器评议秘书处共设立了九个专业评议组：光谱、质谱、波谱、色谱、微观结构、环境、物性及力学分析、无损检测、气体分析仪器。展会期间，仪器评议秘书处(办公室)组织了特色质谱技术与应用技术交流与评议、分子光谱分析快速检测技术及仪器发展、真菌毒素检测仪器与相关技术评价、波谱小谱仪现场评议的现场评议活动；并首次设置了"分析仪器互动体验专区"，现场为观众演示了快速、准确的实验过程，期间科技部黄卫副部长等领导到场参观指导。同时秘书处组织了近百名仪器专家在展会上全面搜集和考察参展的仪器设备，获得了大量一手信息；非展会期间加强了国内外相关资料收集、厂商调研、专题研讨和综合会议评议等各种活动，收集掌握了近两年上述9个学科领域主要仪器技术发展的信息。

为客观、真实地反映近两年仪器技术发展的情况，中国分析测试协会仪器评议办公室召开多次会议,坚持科学、公正原则对专业组提供的评议报告进行了审议、修改和完善。现将撰写的 2016～2017 年仪器评议报告编辑成册,希望能够为大家了解、采用最新仪器技术、从事仪器技术的研发提供有价值的信息。欢迎大家参考并提出宝贵意见和建议。

感谢为本书付出辛勤劳动的专家、科技人员!

中国分析测试协会

2018 年 8 月

目 录

第一章　仪器评议组织结构和流程

第一节　仪器评议组织结构

一、组织单位

中国分析测试协会

总负责人:张渝英

常　　务:王海舟

秘书处(办公室):尹碧桃　佟艳春　王明海　李钊

官方网站:中国分析测试协会 http://www.caia.org.cn

二、专业组及专家成员

1　光谱专业组

郑国经*、孙素琴、周群、罗立强、沈亚婷、余兴、刘锋、李娜、高介平、符斌、辛仁轩、计子华、李美玲、王明海、许振华、徐怡庄、宋占军、袁洪福

2　质谱专业组

魏开华*、于科歧、苏焕华、李重九、李冰、胡净宇、刘丽萍、宋彪、赵晓光、王光辉、冯先进

3　波谱专业组

林崇熙*、崔育新、李立璞、邓志威、贺文义、涂光忠、向俊锋、杨海军、郭灿雄、颜贤忠、刘雪辉、孙徐林

4　气体分析仪器专业组

沈学静*、朱跃进、王蓬、胡少成、王雷

5　色谱专业组

杨永坛*、汪正范、刘虎威、廖杰、张庆合、韩江华、李晓东、赵睿、张峰

6　微观结构专业组

刘芬*、张德添、陶琨、刘安生、邓平晔、郝项

---

* 为该专业组组长。

7 物性及力学分析专业组

高怡斐*、陈宏愿、王庚辰

8 环境专业组

董亮*、齐文启、梅一飞、黄业茹、杨凯、孙宗光、刘杰民

9 无损检测及质量控制仪器专业组

贾慧明*、徐可北、黎连修、胡先龙、张克、李杰、范弘

第二节 评议流程图

评议流程图见图 1-2-1。

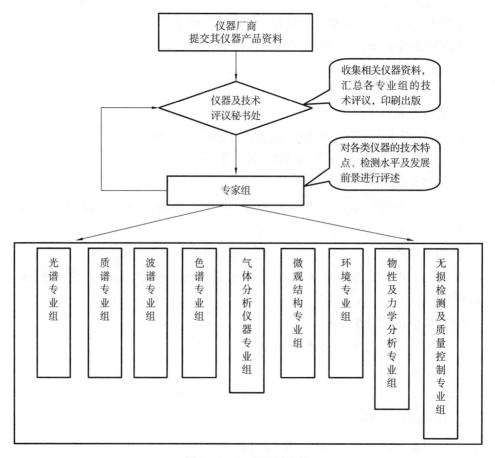

图 1-2-1 评议流程图

第三节　分析仪器技术评议范围及项目

分析仪器技术评议范围及项目见表1-3-1。

表1-3-1　分析仪器技术评议范围及项目

序号	专业组	评议范围及项目
1	光谱专业组	原子及分子光谱分析仪器及其分析技术；原子发射光谱、ICP原子发射光谱、原子吸收光谱、原子荧光光谱、辉光光谱、X射线荧光光谱、红外分子光谱、拉曼分子光谱、分子荧光光谱、紫外可见光谱、红外光谱图像系统进展
2	质谱专业组	无机与同位素质谱技术在核安全领域的发展及应用动态；有机质谱技术在食品安全领域的应用动态及其发展；气溶胶质谱技术与仪器现状；质谱"定性定量二合一"技术评议；便携式质谱仪现状分析、我国无机质谱仪研发动态
3	微观结构专业组	微束分析、表面分析仪器及分析技术动态；X衍射及光学显微镜及其分析动态
4	色谱专业组	多维色谱、全自动在线色谱、微流控技术、色谱工作站、液相色谱检测器、模拟蒸馏、色谱-质谱联用接口技术、气相色谱、液相色谱仪器及分析技术的进展
5	波谱专业组	核磁共振分析仪器及技术动态；顺磁共振分析仪器及技术动态
6	无损检测专业组	超声、涡流、射线、磁粉、漏磁等无损检测设备及检测技术发展及应用动态
7	气体专业组	金属中气体分析；工业过程气体分析
8	环境专业组	环境样品前处理设备；水、废水在线监测；建材、空气、废气在线监测、室内空气监测
9	物性及力学设备专业组	物性设备和力学设备

第二章　从 BCEIA'2017 看分析测试仪器的进展

第一节　BCEIA'2017 会议概况

第十七届北京分析测试学术报告会暨展览会（简称 BCEIA'2017）于 2017 年 10 月10～13 日在北京国家会议中心成功举办。

BCEIA 于 1985 年经国务院批准，由原国家科学技术委员会举办第一届，之后每两年举办一届。在科技部及相关专家、院所、企业的关心支持下，BCEIA 已连续成功举办了十七届。三十年时光见证了 BCEIA 的发展，现已成为国内分析测试界专业化程度最高，知名度最广的盛会，在促进国际间的分析测试技术交流，推动我国分析科学和仪器制造技术的发展起到了重要作用。

第十七届北京分析测试学术报告会开幕式由汪尔康院士主持，学术委员会主席、中科院院士张泽教授致开幕词，大会主席、全国政协常委、科教文卫体委员会副主任委员程津培院士做大会报告。BCEIA'2017 学术报告会坚持"分析科学创造未来"的方向，围绕"生命生活生态——面向绿色未来"的主题，共举行包括大会报告、分会报告、墙报、专题论坛、同期会议等共计 663 场形式多样的学术报告。

分会报告包括电子显微镜与材料科学、质谱学、光谱学、色谱学、磁共振波谱学、电分析化学、生命科学、环境分析、化学计量与标准物质、标记免疫分析 10 个学科和领域，有 319 位学者到会进行了学术交流，墙报展示 340 多篇。专题论坛报告围绕当前社会热点设置了食品安全风险监控、实验室绿色技术、食药安全光谱技术、中日科学仪器发展、中国青年分析科学家等 12 个主题，同时还有十几家著名厂商举行了新产品发布和新技术交流。

本届展会占地面积 26000m²，设标准展位 1100 个，共有 500 家展商参展。其中境内展商 340 家，境外及港台展商 160 家，参展厂商及展位数量均创新高。BCEIA 历来是国内外众多仪器厂家发布新技术、新产品的最佳平台，本届展示了 3000 多台国际（国内）技术领先的新仪器、新设备。

本届 BCEIA 实现了许多新的突破。实名登记专业人员 25547 人（不包含展商工作人员），参会学者、观众及展商工作人员达到 66370 人次，极大地促进了学者、展商和观众间的技术交流。

本届 BCEIA 的展台搭建简约、大方、个性鲜明。无论是从国家重大科学仪器开发专项阶段成果展、英国展团、台商展团、辽宁展团、境外媒体专区等一些特色展区的设置上，还是 App 仪器汇、微信公众平台的应用等，都彰显了 BCEIA 专业化、国际化、信息化的发展趋势。展会期间,仪器评议秘书处(办公室)组织了特色质谱技术与应用技术交流与评议、分子光谱分析快速检测技术及仪器发展、真菌毒素检测仪器与相关技术评价、波谱小谱仪现场评议的现场评议活动;并首次设置了"分析仪器互动体验专区",现场为观众演示了快速、准确的实验过程展会,展会期间科技部黄卫副部长等领导到场参观指导。

依据 BCEIA 金奖评选办法,秉承"科学、公正、公平、公开"的原则,以原始创新、技术创新、应用创新为基点,本届金奖评审,经过单位申报—网络公示—技术文件评审—现场考察和测试—技术答辩—专家评议等严格审评阶段,最终通过评审专家无记名投票,报请中国分析测试协会批准,产生了 17 项 BCEIA 金奖仪器(详见本书第五章)。

为适应国家科技和经济迅猛发展的需要,本届 BCEIA 继续开展国外参展厂商新产品(简称"BCEIA'2017 新产品")的评选活动,以促进 BCEIA 成为国际分析测试领域高科技、新产品展出的窗口和推介的平台。"BCEIA'2017 新产品"必须是:国外厂商近三年(2014 年 10 月 31 日后)在全球范围推出的高新技术产品;产品必须是参展商第一次在 BCEIA 上展出的产品;展出的产品必须是实物,能够在 BCEIA'2017 现场运行或演示。经过网上公示和专家现场考察,最后有 22 家国外厂商的 73 个产品获得"BCEIA'2017 新产品"荣誉(详见本书第五章)。

第二节　分析测试仪器发展趋势

从 46 家国内仪器生产厂家申报的 66 项 BCEIA 金奖产品(最后有 17 个产品获得 BCEIA 金奖)和 22 家国外厂商申报的 74 个新产品(最后认定了 73 个产品为新产品)来看,当今分析仪器的发展趋势如下:质谱仪器仍是当前分析测试仪器发展最快的分析仪器(国外厂商 74 个新产品中有 14 个产品是质谱仪或是与质谱仪有关的部件;17 个 BCEIA 金奖产品中有 2 个是质谱仪器,只有质谱类仪器有两台同时得到 BCEIA 金奖);由于做分析测试的人都认识到样品处理已经成为分析测试的瓶颈,各种各样的样品前处理装置成为分析测试仪器研发的热点(国外厂商 74 个新产品中有 21 个是样品前处理装置,17 个 BCEIA 金奖产品中有 2 个是样品前处理装置);分析测试仪器的性能仍向提高灵敏度、分辨率和分析速度及降低检出限方向发展,但其进展速度开始放慢,这是由于现有的分析测试仪器从原理上和制造工艺上都已很成熟,再想进一步提高其性能越来越困难。目前,分析测试仪器的发展已处于一个瓶颈,要突破这个瓶颈,在仪器的硬件上实现原理性的和原创性的创新已经很难,于是各仪器厂商开始注意从分析测试的需求来研发新的产品,通过在通用分析测试仪器上研发一些专用的零部件,来满足分析测试的需求。以下 4 个发展趋势值得我们注意。

1 软硬件结合的趋势越来越明显

在分析测试仪器硬件突破很难突破的时候,很多厂家都是在软件升级后,推出自己的新产品。赛默飞中国区色谱和质谱业务商务运营副总裁李剑峰先生曾说:"当前仪器行业软硬件结合的趋势越来越明显。从专业角度看,质谱作为分析手段,呈现的是峰图,需花费人力物力来解读谱图的含义。而今,软件正是质谱分析的最后一公里,不仅可通过自带的数据库进行分析比对,还具备高通量自动化的数据处理功能,更好地表达分析结果。软件带来前所未有的便捷,软件也变成设备不可缺少的一部分。未来,软件的重要性将上升到前所未有的高度,软件储备在将来的新产品中有很大的期望。"这段话说明了当前软件在分析测试仪器开发中的重要作用,好的软件将使分析测试仪器的自动化程度更高、操作更简单、结果的重现性和再现性更好、结果更可靠,这是当前分析测试仪器发展的一个主要趋势。

2 分析测试仪器与大数据的结合

大数据时代的到来对分析仪器的发展提出了更高的要求,这将改变小数据时代的随机取样,在只弄清每种成分作用机理的基础上,针对指标成分制定质量标准的准则的模式;而建立起大数据时代以全部样本,统计整体成分的作用效果,根据指纹图谱制定质量标准的新模式。即从小数据时代只对因果关系的验证(从现象-机理-准则)转变到大数据时代基于相关关系的预测(从现象-机理和规律-准则)。

各种图像系统、动力学跟踪和现场快检仪器的发展等分析仪器都会获得海量的数据。譬如:红外光谱成像系统,采用成像速度快的焦平面阵列检测器(FPA),由于多个检测器同时检测,一次扫描可获得 16384(128×128 面阵)张红外光谱图。大数据发展的核心动力来源于人类对测量、记录和分析世界的渴望,其把最不可能的地方提取出来,实现数据化而不是数字化,其核心是一切皆可"量化"。

当前,各种结合化学计量学方法、宏观大数据和"云"数据检索软件层出不穷,这些软件都具有用户自己建立数据库的功能,确保了鉴定的结果趋近于真实,使基于快速指纹识别技术的分子光谱类仪器得到快速发展。

3 根据社会的需求,定制专用的分析测试仪器

在通用分析测试仪器性能指标进一步提升很困难且市场竞争日益激烈的情况下,很多厂家开始根据社会需求,在通用分析测试仪器的基础上研发一些专用分析测试仪器,或研发一些零部件配在通用分析测试仪器上,成为专用的分析测试仪器。

随着国际《关于汞的水俣公约》的推进,汞污染防治力度持续加大,汞的分析检测需求大增,北京海光仪器有限公司根据社会需求,在通用的电热蒸发冷原子吸收测汞仪的基础上,自主创新了纳米金溶胶汞齐制备技术和消除基体干扰的催化管,实现了固体、液体、气体(吸附后)免化学消解直接进样测量的功能,研发出 HGA-100 热裂解冷原子吸收测汞仪,获得 BCEIA'2017 金奖。

微量金元素测定,是地质找矿的一个重要依据。北京金索坤技术开发有限公司在市场竞争日益激烈的通用分析测试仪器——原子荧光光谱仪的基础上,开发了与原子化器匹配、原创设计的火焰原子荧光负压扩喷式高效雾化器的 SK-880 火焰原子荧光光谱仪,在微量金元素测定中优势突出,产品已经在地质勘查等领域得到实际应用,也获得了 BCEIA'2017 金奖。

当前分析测试仪器中发展最快的分析仪器是质谱仪器,而质谱仪器研发的热点是各种各样的离子源,因为质谱仪器的关键部分——质量分析器要想再有所突破是很难的,而不同样品的离子化条件差别是很大的。针对不同的样品,研发出不同的离子源,装在已相对成熟的质量分析系统和检测系统上,就可以形成适用于某类样品、具有一定特色的质谱仪。

在本届 BCEIA 上,日本岛津公司展出的 DPiMS-2020 原位探针离子化质谱仪,采用探针电喷雾离子源,可以进行样品原位质谱数据分析;因无需加热,可适用于热不稳定化合物分析;还可以有效避免复杂基质对质谱仪的污染。DPiMS-2020 无需样品制备即可实现快捷、简易的样品测试。

获得本届 BCEIA 金奖的宁波华仪宁创智能科技有限公司展出的 AMS-100 移动式现场检测质谱分析仪,采用具有自主知识产权的敞开式大气压离子源,具有操作简便、免样品前处理和预分离的优点,使用范围广、环境适用性强、自动化程度高,可通过车载、船载应用于食品药品安全、公共安全等现场快速、准确检测,也适用于实验室样品高通量筛选。

微生物的测定是临床诊断的重要依据,但由于传统的微生物测定时间较长,往往会贻误临床诊断。国内外一些质谱厂家根据基质辅助激光解析离子源(MALDI 源)能够使大分子化合物电离、飞行时间质谱(TOF-MS)分析速度快的特点,使用 MALDI-TOF-MS 分析微生物,并通过软件建立了微生物的 MALDI-TOF-MS 指纹谱库,使 MALDI-TOF-MS 成为了分析微生物的专用质谱仪。北京毅新博创生物科技有限公司更是将微生物专用质谱与云计算结合,创建了首家微生物质谱鉴定云中心,获得了北京市科学技术进步奖。

4　现场检测仪器与互联网的结合

国内外很多现场检测仪器开始应用互联网,及时将现场检测得到的数据,通过互联网上传到有关部门,使得现场检测的结果很快得到处理。现在很多现场检测仪器的操作系统装到手机中,直接利用手机操控仪器,并将得到的检测数据直接储存在手机里,同时通过手机直接将测得的数据上传。

合肥领谱科技有限公司研发的 RID100 手持式拉曼光谱仪,就是使用手机 App 操作模式,保证了数据的无限量储存;同时集成数字移动端功能,可对样品拍照、录像、GPS 定位和语音播报等功能,并将数据推送至互联网平台,方便了用户操作使用,符合时代发展趋势。信息交互端与测试系统用蓝牙连接,实现分离式测试(10m 范围内），尤其对于爆炸物等危险物质的检测，极大保证了使用人员的人身安全。该产品也获得了本届 BCEIA 金奖。

北京清谱科技有限公司研发的 Mini β 小型质谱分析系统是一台可用于现场检测的质谱仪器，仪器的终端可配合清谱科技拟建的化学云分析网络，在仪器的终端实现更好的智能化和拓展性的同时，帮助上层决策人员实现规模化、网络化的协同管理。在终端样品分析过程中，仪器可通识别应用试剂盒编号与对应的网络位置进行实时通信，从该位置下载预先设置的运行指令和相应的应用方法，以指导终端设备分析操作，这一模式可使用户免于应用开发就可以获得最新的应用测试。分析完成后，数据和目标样品信息即时地由网络上传至云平台生成报告和统计结果，以帮助决策者根据终端化学信息变化，及时响应，快速决策。该产品也获得了本届 BCEIA 金奖。

总之，分析测试仪器的发展，就如奥林匹克运动的口号是"更高、更快、更强"一样，在技术指标和功能的追求上永无止境；与此同时，研发分析检测仪器的厂家，在激烈的市场竞争中，也看到了只要能够满足分析检测的需求，产品的可靠性、稳定性和耐用性好，操作简单，就能在当前竞争激烈的市场中占得先机。以分析检测的需求为导向，当今分析测试仪器发展总体上呈现出如下趋势：一是常规分析测试仪器向多功能、自动化、智能化、网络化方向发展；二是生命科学用分析测试仪器向原位、在体、实时、在线、高灵敏度、高通量、高选择性方向发展；三是用于复杂组分样品检测的分析测试仪器向联用技术方向发展；四是用于环境、能源、农业、食品、临床检验等国民经济领域的科学仪器向专用、小型化方向发展；五是分析测试用的样品前处理仪器向专用、快速、自动化方向发展；六是监控工业生产过程的分析测试仪器向在线、原位分析方向发展。

分析测试仪器产业发展呈现出如下趋势：一是 PerkinElmer、热电、安捷伦、岛津、布鲁克等科学仪器企业大集团主导着国际科学仪器的市场；二是中小型科学仪器企业通常向"专、精、特"方向发展；三是通过并购和组建战略联盟、形成科学仪器大集团是国际科学仪器产业发展的重要趋势。

第三章　通用基础分析技术进展

第一节　从 BCEIA'2017 看光谱分析仪器的发展

一、概述

第十七届北京 BCEIA 仪器展览会于 2017 年 10 月 10 日在北京国家会议中心召开,历时 4 天,以"生命　生活　生态——面向绿色未来"为主题,举行了学术报告会、专题论坛和仪器展览。仪展会上共有 2400 多台仪器参与现场展示,展现了近两年来分析科学仪器领域出现的新技术及新产品。其中光谱分析仪器依然为重头戏,展示了近年来国内外光谱仪器厂家推出的仪器新品,反映了光谱分析的技术进展。与国外品牌光谱仪器厂家在原子光谱仪器上参展和推出新品的力度有所下降,也少见其高端原子光谱仪器新品的实物展示不同,国内光谱仪器厂家和研制单位则纷纷展示了其新品仪器及其创新技术。从本届 BCEIA 金奖仪器和国外仪器 2017 年仪器新品,以及国家重大科学仪器设备开发专项成果的展示中,显示了近年来光谱分析仪器的发展水平。

1　"BCEIA 金奖"中的光谱分析仪器

本届"BCEIA 金奖"共有 46 家单位申报了 66 个分析仪器项目,在最终获得 2017 年"BCEIA 金奖"的 17 个仪器项目中,光谱仪器占近半之多,共有 8 项:

(1)北京宝德仪器有限公司的 BAF－4000 全自动四道原子荧光光度计;

(2)北京金索坤技术开发有限公司的 SK－880 火焰原子荧光光谱仪;

(3)北京海光仪器有限公司的 HGA－100 直接进样测汞仪;

(4)钢研纳克检测技术有限公司的 Spark CCD 6000 型全谱直读火花光谱仪;

(5)北京北分瑞利分析仪器(集团)有限责任公司的 AES－8000 全谱交直流电弧发射光谱仪;

(6)成都艾立本科技有限公司、四川大学生命科学学院的 LIBRAS Ⅰ 激光诱导击穿-拉曼光谱分析仪;

(7)合肥领谱科技有限公司的 RID100 手持式拉曼光谱仪;

(8)上海安杰环保科技股份有限公司的 AJ－3000 plus 全自动气相分子吸收光谱仪。

2　"2017 年 BCEIA 分析仪器新产品"中的光谱仪器

国外仪器厂家在 22 家公司所申报的 74 个新产品中,被列为本届仪器新品——

"2017年 BCEIA 分析仪器新产品"中涉及光谱仪器的仅有下列几项：

(1)赛默飞(THERMO FISHER SCIENTIFIC)公司的 XL5 手持式 X 射线荧光光谱仪、iCAP TQ 三重四极杆 ICP－MS、TSQ Altis 三重四极杆质谱仪、DXR2xi 显微拉曼高速成像光谱仪；

(2)德国耶拿分析仪器股份公司(Analytik Jena)的 AG－contrAA® 800 连续光源原子吸收光谱仪；

(3)岛津企业管理(中国)有限公司的 ICP－MS 2030 电感耦合等离子体质谱仪和 AIM－9000 红外显微镜(红外光谱产品)；

(4)天美(中国)科学仪器有限公司的日立 F－7100 荧光分光光度计、爱丁堡 FLS1000 荧光光谱仪；

(5)滨松光子学商贸(中国)有限公司的 C13272－02 MEMS－FPI 光谱探测器、C13534 紫外可见近红外绝对量子效率测试仪。

国外品牌光谱仪器厂家特别是在原子光谱仪器方面,在本届 BCEIA 上出现新技术及仪器新品已少见,也几乎不再将其高端原子光谱仪器进行实物展示。此次被列为"2017年 BCEIA 分析仪器新产品"的原子光谱分析仪器 AG－contrAA800 也仅为德国耶拿公司原创的连续光源 AAS 火焰及石墨炉型仪器的整合创新产品,显示出国际上原子光谱分析仪器已处于稳定成熟阶段。

3 "重大科学仪器设备开发专项成果"中涉及光谱分析技术项目及成果

在本届 BCEIA 上专设的科学仪器专项的成果展示上,出现的光谱仪器创新技术及形成的光谱仪器,显示了国产光谱仪器方面的发展。展会共展出了 41 家科研院所、高校企业承担的 44 个项目所开发的质谱、光谱、色谱等仪器以及光栅、质量分析器、检测器等关键部件共计 126 台(套/件),其中所涉及的光谱仪器的产品与关键部件已形成自主知识产权、质量稳定可靠、具有国际先进水平,并成功应用于国产光谱仪器上。如：

(1)四川大学分析仪器研究中心成都艾立本科技有限公司："创新型多功能激光光谱分析仪器的研发与应用"专项成果,名称：便携式 LIBS 光谱仪、LIBRAS I 激光诱导击穿-拉曼光谱联用仪、高能手持式 LIBS 光谱仪；

(2)钢研纳克检测技术有限公司："ICP 痕量分析仪器的研制与应用"专项成果,名称：ICP－MS 仪 PlasmaMS300、全谱 ICP－AES 仪 Plasma2000；

(3)北京博晖创新光电技术股份有限公司："高性能光谱仪器关键元器件与部件的应用与工程化开发"专项成果,名称：AES－3000 型电感耦合等离子体发射光谱仪；

(4)浙江全世科技有限公司："千瓦级微波等离子体炬光谱仪的开发和应用"专项成果,名称：全谱直读型千瓦级光谱仪 MPT－X1000AES；

(5)北京吉天仪器公司："用于现场、快速、准确测定的原子光谱分析系统"专项成果,名称：液相色谱-原子荧光联用仪 SA－50、直接进样汞镉测试仪 DCMA－300。

(6)国家地质实验测试中心："波谱-能谱复合型 X 射线荧光光谱仪的研发与产业化"专项成果,名称:波谱-能谱复合型 X 射线荧光光谱仪 CNX－808WE;

(7)中国电子科技集团公司第四十四研究所"科学仪器专用 CCD 的研制及仪器开发"专项成果,名称:高灵敏紫外增强线阵 CCD 器件、面阵 CCD 图像传感器。

(8)中科院长春光学精密机械与物理研究所:"高端全息光栅开发专项"成果,名称:分光模块、光栅;大面积中阶梯光栅、高精度光栅。

(9)中国科学院理化技术研究所:"新型深紫外全固态激光源及其前沿装备开发"专项成果,名称:177.3nm 深紫外全固态激光源,已装备于光发射电子显微镜、拉曼光谱仪等前沿装备。

这些光谱仪器产品均为近两年来市场上推出的光谱仪器新品,可以看出光谱分析仪器仍然在不断发展之中,仪器制造设计理念及分析技术创新均有其亮点。其中值得关注的是国产光谱仪器的发展。特别是在进入 21 世纪以来,通过引进吸收与创新发展,在国家重大科学仪器设备开发专项的支持下,通过系统集成、工程技术研究和应用开发,促进了光谱仪器设备产品的开发和产业化应用、推广,已经形成了一批质量稳定、功能丰富的国产仪器新品,使得国内光谱仪器的制造水平及分析性能与国际光谱仪器的先进技术同步发展,并有自主创新技术及领先水平的产品呈现。本届展现的下面几类原子光谱分析仪器新品,反映出近年来国产原子光谱分析仪器的发展水平。

二、国产原子光谱分析仪器的发展水平

1 原子光谱分析仪器新品的技术水平

从本届 BCEIA 仪展会上所展现的仪器新品及其技术动态来看,国外仪器厂商展出的原子光谱仪器新品已经不多见,这表明原子光谱分析仪器已经处于高端水平,而国内原子光谱仪器的发展水平已经取得显著进展。从国产仪器的技术指标(如:仪器的灵敏度、检出限、精密度、稳定性、分析能力、测定范围),以及光谱分析仪器品种(发射、吸收、荧光)和类型(大型、台式、便携式)等多个方面看,国产与进口产品的性能已经处于同等水平,仪器的制造水平及技术发展状况与国际保持同步。

(1)原子荧光光谱分析仪器继续保持国际领先水平

作为我国具有自主知识产权的光谱技术,原子荧光光谱分析仪器近几年来不断创新,在近几届 BCEIA 上均有仪器新品推出,依旧在该领域中保持国际领先地位。获得本届 BCEIA 金奖的新品仪器在技术上仍有所创新,这些技术创新大大提升了我国原子荧光光谱仪的技术性能。例如:

①BAF-4000 全自动四道原子荧光光度计(图 3－1－2－1)更加精致实用,采用了光路呈倾斜式的小角度光路设计,汞灯自动激发及扣漂移系统、元素灯光源免调,全自动双样系统可对双注射泵进样、蠕动泵进样、注射泵与蠕动泵混合进样等方式

自动切换,全自动标准加入系统,液面探测技术,扩展线性范围(至 3 个数量级以上)等多项专利技术;同时还配置有形态分析接口装置,使仪器可升级为液相色谱-原子荧光联用仪,保持其在价态分析上的应用功能。

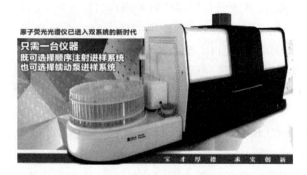

图 3-1-2-1 BAF-4000 全自动四道原子荧光光度计

②SK-880 火焰原子荧光光谱仪(图 3-1-2-2)作为为地质找矿测试痕量金及常量金而研发的专用仪器,采用双层多头屏蔽式原子化器、高性能 V 型空心阴极灯、双光源单道增强技术、双光源扣背景技术,新型测金仪专用雾化器等项发明专利,使其测金的检出限可达到 0.05×10^{-9}(ng/g),可以替代 ICP-MS 法的专用测金仪器。其效率高,运行费用远远低于使用石墨炉原子吸收及 ICP-MS 仪器。同时,这款 AFS 仪器具有测定 Cu、Pb、Zn、Co、Ni、Ag 等元素的能力,可用于地质找矿、黄金矿山、有色金属矿山等领域。

图 3-1-2-2 SK-880 火焰原子荧光光谱仪

HGA-100 直接进样测汞仪(图 3-1-2-3)首次应用全过程恒温及无反射双光程吸收池技术设计,无水蒸气冷凝、无除水用耗材,双光程自动切换技术,适应于不同含量样品的测量。采用催化热解-冷原子吸收方式,样品直接加热裂解,释放样品中汞经过捕获-再加热释放,将汞蒸气带入具有 253.7nm 单一波长光程的原子吸收池中,测量汞的吸光峰高或峰面积,成为高灵敏度的直接测汞专用仪器。

图 3 - 1 - 2 - 3　HGA - 100 直接进样测汞仪

原子荧光分析仪器作为我国具有自主知识产权的光谱技术,以蒸气发生-原子荧光光谱(VG - AFS)仪为生产、应用对象,在仪器制造及应用上一直处于国际领先地位。如今已有 10 余家生产企业,发布不同型号和用途的原子荧光光谱仪器上百种,其年销量在 2500 台以上,在国内广泛应用于食品、环境等领域,在应对突发性重金属污染中毒等事件中 AFS 技术发挥了重要作用。至今在国内已经颁布了 157 项与 VG - AFS技术相关的国家或行业标准。

国外至今仍未发展出高水平的 AFS 仪器,而我国 VG - AFS 仪器研发仍在不断推进,由于在光谱干扰和散射干扰上还存在短板,致使我国的原子荧光仪器尚未得到国际上的普遍认可和推广。对此,近年来"新型原子荧光光谱仪器开发及产业化"研发项目已列入国家科学仪器重大专项,目标是研制新型 AFS 光谱仪,在分光系统和荧光检测灵敏度上突破、创新,建立起带有散射干扰扣除装置,克服现有 VG - AFS 仪器存在的光谱干扰、散射干扰,提高仪器长期稳定性。从总体设计、系统集成及工程化上,使我国的原子荧光光谱仪更加完善,具有更高的准确性、可靠性及应用范围。其阶段成果在本届已有所展现,这预示着我国的 AFS 仪器将向更高的水平发展。

(2)火花/电弧直读光谱仪器技术成熟有市场竞争力

火花放电原子发射光谱仪器一直被称为直读光谱仪,在工业生产领域里,几乎所有的钢铁企业、有色金属企业、铸造及机械加工企业,以及其他金属及其合金加工行业都用其进行工艺生产过程及产品质量的控制,发展至今已经成为技术成熟、自动化程度高、长期稳定性好、分析速度快的工业分析仪器。但其市场一直为国外仪器所占领,国内经过引进吸收和重大专项的支持,进入 21 世纪以来得到很大发展,出现了独创性的创新技术及商品化仪器,如:火花放电原子发射光谱原位统计分布分析技术及金属原位光谱分析仪(OPA - AES)等具有国际先进水平的分析技术及仪器产品。如今国内已经全面实现了火花直读光谱仪器国产化,形成了如钢研纳克、烟台东方、聚光科技、北分瑞利等多家从质量到产量再到自主知识产权等方面都很有实力的研发基地。从此次 BCEIA 金奖的新品也可以看到:

①SparkCCD 6000 型全谱直读火花光谱仪(图 3-1-2-4),采用国内新研制的高灵敏紫外增强线阵 CCD 器件作为检测器,由多个 CCD 组成对 130～640nm 范围内光谱线进行检测,实现全谱直读;采用全数字固态光源,激发能量、频率连续可调,能适用于多种基体金属样品的全元素成分分析;仪器整体设计紧凑,火花放电台采用铜底座以提高散热性及坚固性能;采用真空光室,设置真空泵隔离阀,提高运行的长期稳定性。

图 3-1-2-4　SparkCCD 6000 型全谱直读光谱仪

仪器采用高发光全息光栅,焦距 500mm,一级色散率 0.55nm/mm,二级色散率 0.275nm/mm,分辨率优于 0.01nm,具有常规大型实验室仪器的分析性能,与传统仪器相比,分析应用覆盖面广,不受通道及基体限制。该仪器利用软件和合金的数据库可以很容易地鉴定未知样品,具有易用性和成本效率好的优点,是近年来国内多个厂家在直读仪器上配备高灵敏度电荷耦合元件(CCD)探测器而推出的紧凑型台式机的典型代表,与国际上高端直读仪器处于同等水平。

②AES-8000 全谱交直流电弧发射光谱仪(图 3-1-2-5),采用紫外高灵敏度 CMOS 检测器,其灵敏度高、动态范围宽,无需镀膜,无膜层老化问题,无器件光谱增宽效应;采用基于 FPGA 技术的高速多 CMOS 同步采集系统,多谱线自动测量,同时实现了谱线位置动态校正、分子光谱背景动态扣除;采用高效的光学成像系统,使谱线强度均匀,可以有效去除杂散光,消除光晕及色差,减小背景及增强仪器的聚光能力,降低谱线干扰效果,为固体粉末样品中杂质成分快速分析提供了可靠有效的分析手段。该仪器是当前国际上为数不多的提供交直流电弧直读光谱商品仪器,其分析性能优于国外同类型的电弧直读光谱仪器。

图 3-1-2-5　AES 8000 型全谱交直流电弧光谱仪

（3）等离子光谱全谱直读仪器达到国际水平

近几年来国内发展中阶梯光栅双色散-固体检测器技术获得了很好成果，杭州聚光、北京纳克、苏州天瑞、北京博辉公司等推出的全谱直读等离子体光谱商品化仪器，技术指标能达到国外同类仪器的水平。本届重大专项成果钢研纳克的 ICP 痕量分析仪器——全谱电感耦合等离子体光谱仪 Plasma 2000 就是近年来我国 ICP - AES 全谱仪器发展水平的代表。

Plasma 2000 的特点主要有：连续波长覆盖（165nm～800nm），独特的光学设计使得光学系统具有最佳的分辨率（200nm 处 0.007nm）和检出限；自主研发的固态射频发生器，自动调节，适应各种样品类型；采用国内研发的大面积 CCD 检测器，具有低噪声、高灵敏度和宽动态范围的特点，动态时钟系统，所有元素一次测定；采用稳定波长控制技术，全元素波长自动标定；软件操作简便、直观，功能全面，具有多种干扰校正方法和实时背景扣除功能；同时具备激光烧蚀固体进样和溶液进样功能。仪器已经在食品、环境、环保、矿冶、地质、材料等领域上得到实际应用，整体表现与国际先进的同类仪器处在同一个水平上。

在微波等离子体光谱方面，"千瓦级微波等离子体炬发射光谱仪的开发和应用"专项成果，开发出"双谐振结构"微波等离子体炬管，获得了可在千瓦级功率下长期稳定工作的 MPT 等离子体，创建了 MPT - X1000（图 3 - 1 - 2 - 6）光谱仪。所研发的仪器为单通道顺序扫描型千瓦级 MPT 光谱仪以及全谱直读型千瓦级 MPT 光谱仪器，是具有国际先进水平和自主知识产权的国产等离子体光谱仪器。

图 3 - 1 - 2 - 6　MPT - X1000 千瓦级 MPT 光谱仪

国产百瓦级的 MPT - AES 仪器属我国原创，早已在实验室中得到应用，并有商品化仪器面市，本次专项所开发的千瓦级 MPT 光谱仪的全谱直读型仪器开拓了更广泛的应用领域，正在材料、冶金、生物、环保等领域推广应用。

（4）LIBS 激光诱导击穿光谱仪器有世界水平的产品

激光诱导击穿光谱（LIBS）被誉为"未来光谱分析新技术"，一直得到国内外光谱仪器厂家的重视，每届都有新仪器新产品出现。

本届重大专项"创新型多功能激光光谱分析仪器的研发与应用"展示的成果：便

携台式 LIBS 光谱仪(图 3-1-2-7)、高能手持式 LIBS 光谱仪(图 3-1-2-8)、激光诱导击穿-拉曼光谱分析仪,实现了从台式、便携式到手持式的全系列产品研发,达到国际先进水平,并依托成都艾立本科技有限公司实现产业化推广。

图 3-1-2-7 便携台式 LIBS 光谱仪

图 3-1-2-8 高能手持式 LIBS 光谱仪

LIBRAS I 激光诱导击穿-拉曼光谱分析仪(图 3-1-2-9)采用自主研发的微型高能脉冲激光器作为 LIBS 光源,脉冲能量高达 120mJ,使激光单脉冲能量有了数量级的提升;其创新性的 LIBS-Raman 光路设计,使光路系统更加紧凑,将 LIBS 和 Raman 所用的两种不同频率的光束在同一套光学系统中实现共同聚焦,实现两种不同激光波长传输与两种不同类型信号的获取;该仪器创造性地将 LIBS 与 Raman 两种原位检测技术相结合(LIBRAS),发挥激光诱导击穿光谱和拉曼光谱的特点,在一套光学系统上实现了 LIBS 与 Raman 技术的联用,能够同时获取被测物的元素组成和分子结构信息。该仪器整机系统高度集成,且无需水冷装置,光学系统内无任何移动镜片组件,结构稳固,功能性强。应属具有国际先进水平的多功能联用仪器,可应用于地质、生物医学及环境污染监测等多个领域,为相关产业提供有效的原位快速分析新装备,降低分析成本,提高生产效率。在地质勘探领域上,通过对一些代表性的矿物岩石进行 LIBS 与 Raman 光谱的收集,实现了对元素种类和矿物结构的快速鉴定;在微生物检测领域上,该仪器对食源性致病菌实现了两种激光光谱信息的同时获取,提高了致病菌的综合识别能力。

图 3-1-2-9 LIBRAS I LIBS-拉曼光谱分析仪

此外,在激光诱导等离子体光谱分析设备领域,开发出了激光诱导光谱钢水成分在线检测设备及衍生产品,已在安泰科技、北京北冶功能材料公司等生产单位开展了应用。

(5)原子吸收光谱仪器已跨入国际高端仪器行列

国产 AAS 仪器一直与国外仪器同步发展,在国内巨大市场需求的促进下,不断吸收和融合国外先进技术,得到很好的发展,不仅在仪器的性能指标上,而且在仪器制造上按国际标准组织生产,使火焰-石墨炉仪器均能达到国际高端仪器的技术水平。

荣获"2016 年科学仪器行业优秀新产品"奖的第五代原子吸收光谱仪器"东西分析 AA-7090 型原子吸收分光光度计(图 3-1-2-10)"已量产化。该仪器具有横向加热、纵向塞曼效应的石墨炉技术,具有更高的灵敏度、更好的校正线性度;横向石墨炉加热方式,保证了样品在石墨管原子化时具有更高的温度和温度分布均匀性。其升温速率可达每秒 2500℃,保证了高温元素原子化的最优化状态。

图 3-1-2-10　AA7090 吸收分光光度计

我国的石墨炉原子吸收仪器采用的技术已与国际高端仪器水平持平:有双背景校正模式(塞曼及氘灯两种背景校正方式),可选择最佳方式;塞曼效应扣背景技术,采用可变磁场强度技术,使磁场强度在 0.6T～1.1T 范围内以 0.1T 的幅度连续可变,可以实现对每种元素的最佳磁场强度选定,从而得到最佳背景校正效果,并保证其得到最佳的灵敏度;还采用了双气路设计,具有内气路及辅助气路,辅助气路可编程添加合适的辅助气,有助于样品灰化效果或保护石墨管,提高石墨管的寿命。此外,AAS 仪器产品已实现燃烧头自动升降,具有超灯电源、编码灯识别、石墨炉可视系统、石墨炉节气模式等功能设计,与国外高端仪器使用的技术相似。

(6)X 射线荧光光谱仪器研发紧跟世界先端

国内使用的 X 射线荧光光谱(XRF)仪器一直依赖进口,经过近几年的发展,目前国内已经能生产制造波谱型 WD-XRF 及能谱型 ED-XRF 仪器,特别是 ED-XRF 仪器已有江苏天瑞及北京纳克等多家生产,在国内外市场上已占有相当的份额,并有特色产品推广应用。本届专项成果展现的地质实验测试中心波谱-能谱复合型 X 射线荧光光谱仪 CNX-808WE 波谱-能谱复合型 X 射线荧光光谱仪(图 3-1-2-11),更为与国际同步的尖端技术研发。

图 3 - 1 - 2 - 11 CNX - 808WE 波谱-能谱复合型 XRF 仪

WD XRF 对轻重元素均有较好的检测限和分析精度,但对轻元素灵敏欠佳、对重元素分辨率不够理想;ED XRF 则对重元素分析具有检测限、灵敏度和分辨率方面的全面优势。组合两种分析手段,辅之以先进的制样手段,便构成了功能完善应用广泛的元素组成分析系统,这是当前国际 XRF 仪器的尖端技术。国家地质实验测试中心的 CNX - 808WE 波谱-能谱复合型 X 射线荧光光谱仪是"波谱-能谱复合型 X 射线荧光光谱仪的研发与产业化"(2011 年)专项成果,其最大功率 4kW,最大电压 60kV,元素覆盖范围 B~U,72 位样品自动进样装置,微区分析装置最小光斑 0.5mm,通过系统集成、工程技术研究和应用开发,形成了部分质量稳定可靠、功能丰富的产品的能力。

(7)其他光谱仪器

同时,在分子吸收光谱仪器方面,本届仪展会上国内也有与国外同等水平的仪器新品出现。

获得金奖的 RID100 手持式拉曼光谱仪是掌上型拉曼快速检测仪,采用透射光栅,实现较短光学焦距设计,有利于提高光通量、降低 CCD 曝光时间和提高扫面速度。该仪器采用了"JAVA 编程-跨平台""云计算""GPS 数据"和"检测现场拍照录像及实时传播、远程操控"等创新技术,并建立起符合海关查缉实践需求的"毒品-易制毒化学品""危险化学品""生化战剂"以及"珠宝玉石"数据库。该设备外观设计漂亮,机体小,自重 1kg,符合手持仪器特点。该仪器可用手机操作,使用方便,数据可推送至互联网平台的功能,符合时代发展趋势。

上海安杰环保科技股份有限公司获得本届金奖的 AJ - 3000 plus 全自动气相分子吸收光谱仪(图 3 - 1 - 2 - 12)是应用气相分子吸收光谱法来进行水质分析的仪器。

图 3 - 1 - 2 - 12 AJ - 3000 plus 全自动气相分子吸收光谱仪

该仪器采用自主创新的气相分子吸收光谱原理,自动进样,在线消解,通过 NO 气体的气相分子吸收,实现准确的定量。

该仪器具有波长自动调节和光能量自动增益功能,配有高精度的电子流量控制系统。进样器配有的均质装置提高了混浊样品的代表性,自动稀释功能扩展了测定浓度上限,特别适合地表水、生活污水和工业废水中氨氮、硝酸盐氮、亚硝酸盐氮、凯氏氮、总氮、硫化物等指标大批量样品测试。整机在自动化、原位化、实时化方面有非常明显的优势,能够实现在线监测。作为水质监测的利器,该仪器正逐步被环境监测领域所接受。

在紫外可见分光光度计方面,国内厂家的产品技术指标(如基线稳定性、噪声水平等)已与进口紫外分光光度计相当,甚至个别指标有所超出,国产紫外分光光度计技术参数能满足国内需要。

2 国产原子光谱仪器的整体水平

在我国目前的环境下,就仪器产品本身而言,各种类型的原子光谱仪器均有国产化产品上市,国产光谱仪器的制造技术达到国际水平,技术应用上已掌握了中阶梯光栅分光与 CCD 固体检测器相结合的"全谱"技术,跟上了世界光谱仪器发展的潮流。关键元器件的国产化和创新技术,促使国产原子发射光谱仪器缩短了与国外高端仪器品牌的差距,形成自己的品牌和高端产品,从品牌和量产规模上均具有与进口仪器竞争的实力。

特别是近些年来国内不仅在光谱仪器的品种类型、整机制造上紧追世界先进品牌,实现国产化和创新发展,而且注重光谱仪器的关键部件的创新发展,在重大专项成果中,电子 44 所"科学仪器专用 CCD 的研制及仪器开发"专项成果高灵敏紫外增强线阵 CCD 器件、面阵 CCD 图像传感器等器件,以及中科院长春光机所"高端全息光栅开发专项"成果分光模块、光栅,大面积中阶梯光栅、高精度光栅部件,均已在国产光谱仪器新产品中得到应用,成为我国国产仪器创新水平的有力保证。

中科院理化所"新型深紫外全固态激光源及其前沿装备开发"专项成果 177.3nm 深紫外全固态激光源,已装备于光发射电子显微镜、拉曼光谱仪等前沿装备,处于世界领先水平地位。

总体来讲,国内在原子光谱分析仪器中量大面广、常规分析仪器方面已经实现了产业化,并站稳了国内市场;近两年来分析仪器关键零部件的国产化,有力地支持了国产仪器的自主设计制造,促使国产光谱仪器研发向高端仪器,以及现场、便携式仪器等方面发展,并促进了光谱仪器在原理创新方面的研究力度。

三、分子光谱指纹快速识别技术

回顾三十余年的 BCEIA 展会,分子光谱分析技术从定性鉴定到定量测定,呈现出小型化、智能化和多元化的巨大变化:从最初用于实验室的大型商品仪器,发展到现在的便携式、手机型仪器,再到只有手掌般大小,甚至还有夹在指缝间就可以使用的仪器;软件的智能化,使得现场操作鉴别成为可能,几十秒钟或者更短的时间内就可以明确给出化合物的分子结构,做到光谱指纹的快速识别。可以说没有一类仪器如分子光谱仪器小型化发展这样如此迅猛。

本届 BCEIA 展会中国内外多家仪器公司均展出了各自的便携式分子光谱仪器,可用于现场快速检测,以及光谱指纹的快速识别。我们非常高兴地看到,我国自主开发研制的便携式分子光谱仪器崭露头角,该类仪器分析理念新颖,可用手机方便操控,或与云端计算机互动,对未来分子光谱类现场快速检测仪器的发展中起到了引领的作用。

本届 BCEIA 展会的另一特色是在中国分析测试协会的组织下,由仪器评议办公室具体实施,专门为各类便携式仪器开辟了一个特别的"分析仪器互动体验区",包括钢研纳克、合肥领谱、岛津、赛默飞、布鲁克、安捷伦、北分瑞利以及清谱科技等厂商展出了便携式、小型化的原子光谱、分子光谱以及质谱类仪器。为了体现"互动体验",各厂商不仅准备了待测样品,还欢迎观众自带样品,随时展示便捷、快速的分析检测过程。10 月 12 日下午,这个特殊的展区迎来了科技部黄卫副部长、中国工程院王海舟院士以及中国分析测试协会的领导,在场的工作人员利用手持式分子光谱仪器快速、准确地鉴别了黄部长临时从口袋里取出的样品。

1 仪器小型化

用于光谱指纹快速识别的仪器,通常需要分析的对象具有样品数量大、分布地点远等特点,有时甚至需要应对各种极端的环境条件,仪器的小型与便携在此就具有了很重要的作用。

便携式分子光谱仪器主要包括便携式中红外光谱仪、近红外光谱仪和拉曼光谱仪。图 3-1-3-1~图 3-1-3-3 概括了三种便携式仪器的外观及类别。以便携式中红外光谱仪器为例,由图 3-1-3-1 中可见,红外光谱仪器的发展已经由原有的一台仪器占据一间屋子,变为可以双手捧起的大小,甚至可以做到单手操控一台仪器。而近红外光谱的发展就更为迅猛,模块化集成光谱仪器的理念、滤光片的使用、检测器的发展使得近红外光谱仪器可以小型化到夹在手指中间(如图 3-1-3-2 所示),同时测量多个波段的光谱,给出全面的光谱信息。

本届 BCEIA 展会上拉曼光谱仪器,特别是小型化、便携式的拉曼光谱仪器如雨后春笋般蓬勃发展,由于基本上无需样品前处理,直接对着样品即可得到光谱信息。

这几类分子光谱仪器并和使用,完美实现了光谱指纹快速识别技术。

2 操作简单化

操作人员的组成复杂,是现场快速鉴别应用的特点,因此,需要保证操作方法简单,这样才可以使操作人员快速上手,从而实现光谱指纹的快速识别。如本次 BCEIA

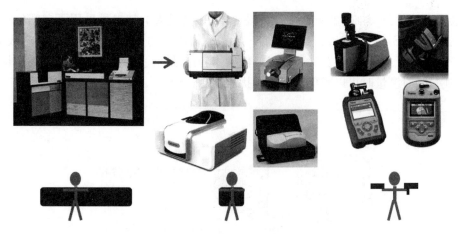

图 3-1-3-1 中红外光谱仪器小型化的进展

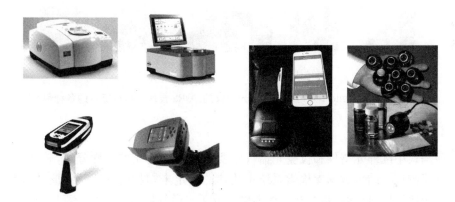

图 3-1-3-2 各类小型及便携式的近红外光谱仪器

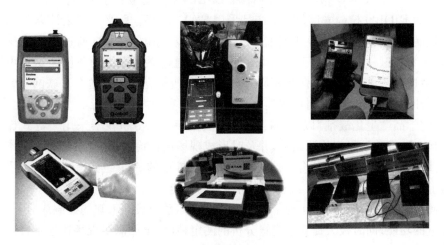

图 3-1-3-3 各种便携式拉曼光谱仪器

展会上安捷伦公司推出的新款手持拉曼光谱仪,其最大的特点是采用了空间位移拉曼光谱(SORS)技术,能够穿透如图 3-1-3-4 所示的典型包装检测并鉴定成分。由于无需打开或破坏包装,从而可以降低操作者接触危险品的风险,降低危险品爆炸的风险,同时测量时可以降低荧光的干扰,真正做到安全、快速和准确。

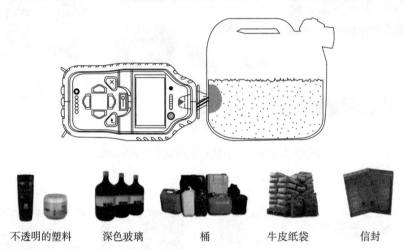

不透明的塑料　　深色玻璃　　桶　　牛皮纸袋　　信封

图 3-1-3-4　Agilent 公司手持拉曼光谱仪的 SORS 技术及可以穿透的各种包装袋

3　软件的智能化

便携式中红外光谱仪和拉曼光谱仪主要用于进行物质的定性分析,软件的智能化不仅仅体现在结合数据库检索系统可快速的确定未知物的种类及组成,随着网络系统的快速发展,化学计量学技术逐渐融入分子光谱领域,目前的检索已经逐渐融入"云"检索中。图 3-1-3-5 所示为本届 BCEIA 展览会获得金奖的合肥领谱科技公司开发的 RID100 拉曼光谱仪。该产品采用"JAVA 编程-跨平台""云计算""GPS 数据""检测现场拍照录像及实时传播"和"远程操控"等创新技术,通过分离式操作系统,可在不接触样品的情况下,在 10m 的范围内通过手机操纵设备快速识别可疑物品,有效避免了可疑物品对检测人员的伤害,其分析数据还可推送至互联网平台的功能,符合时代发展趋势;同时该仪器还建立了符合实践需求的"毒品-易制毒化学品""危险化学品""生化战剂"以及"珠宝玉石"数据库。该分析仪器采用一键式操作测试,可快速、准确的得出检测结果,并及时形成现场快速检验报告。无独有偶,本届展会上 ThermoFisher 公司结合手持式红外光谱仪推出的 App 也具有了同步到手机端后再上传到公有云或者私有云进行数据检索的功能。

此外,目前这类仪器已实现了在复杂混合物体系中找到未知的掺假成分,并给出其含量的功能;同时极大提高了定量分析的测定精度,全面满足现场快速定性定量分析的需求。

图3－1－3－5　合肥领谱科技公司的 RID100 拉曼光谱仪

便携式近红外光谱仪主要用于对物质进行定量分析和聚类分析,可解决化学分析速度慢、精度差以及常规分析仪器单次测量只能测量一种性质的等难题,为此,在油品、矿物、药物等领域均有应用并具有明显优势,近年来获得迅速的发展和普及。本届 BCEIA 展会上,软件的智能化广泛被应用于分子光谱指纹快速识别技术。

4　现场评测体验快速识别技术

如前所述,本届 BCEIA 展会特设了"互动体验区",让参观者参与现场测试,亲身体验了光谱仪器的快速识别技术。北分瑞利公司利用小型红外光谱仪动态跟踪了鲜牛奶的挥发过程(如图3－1－3－6所示),其中可以看到牛奶样品中水分的减少以及糖类物质等的增加;岛津公司则采用最新推出的小型轻便的 IRspirit 仪器,同样分析了该鲜牛奶样品,给出了更易于观察的三维立体图,以及牛奶中糖类物质和脂肪类物质随时间变化的曲线(如图3－1－3－7所示)。由此可见,采用红外光谱法可以实时分析含水量较高的液体样品,且该方法简单、快速、直接,采用自然挥发的方法,非常适合动态跟踪该类样品,结果真实可靠,是分子光谱指纹快速识别技术的具体体现。

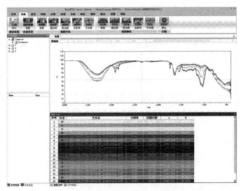

图3－1－3－6　北分瑞利公司的红外光谱仪器及鲜奶样品自然挥发过程的动态跟踪分析

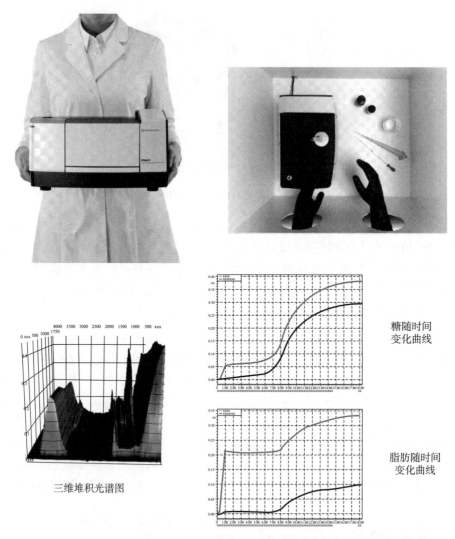

图 3 - 1 - 3 - 7　岛津公司的红外光谱仪器 IRspirit 及鲜奶样品自然挥发过程的动态跟踪分析

众所周知,荧光效应是限制拉曼光谱更快发展的因素之一,奶粉样品就因为具有较强的荧光而使多数拉曼光谱仪上无法获取有用的信息。Burker 公司的 BRAVO 手持式拉曼光谱仪采用专利的连续移频激发(SSE™)技术,不仅有效去除了部分荧光的干扰,其专利的双激发波长(Duo LASER™)技术又将检测范围扩展到 C－H 的测量区域,因此,可以无需经过样品的前处理和数据的后期处理即可顺利获取奶粉样品的拉曼光谱(如图 3 - 1 - 3 - 8 所示);再加上红外光谱的信息,则组成了一套较为完整的分子光谱指纹。

综上,本届 BCEIA 展会中我们欣喜地看到,小型化、便携式仪器发展迅猛,相比

图 3 - 1 - 3 - 8　现场采用 Bruker 公司 BRAVO 手持式拉曼光谱仪器测量奶粉样品

于传统仪器,这类拥有快速指纹识别功能的分子光谱类仪器具备如下特点:第一是更绿色,直接测试样品,减少了样品处理以及分析中试剂的使用;第二更广泛,量大面广,无论是液体是新鲜叶片,都可以应用很多这样的技术直接测量,进而实现许多产品的批批检测,甚至可以快速识别产品生产厂家、生产批次、营养成分、质量情况等;第三是更快速,几十秒的检测时间可大大提高检测效率;第四是更真实,结合化学计量学方法和宏观大数据,加以改进后的各类软件确保了鉴定的结果趋近于真实;第五是更廉价,试剂使用量的下降也必然带来成本上的降低。因此,基于快速指纹识别技术的分子光谱类仪器,其应用前景必然会更加广泛。

四、从 2017 年 BCEIA 仪展会看 XRF 仪器的进展

作为国内外分析仪器生产厂商展示其新仪器和新技术的窗口,在北京分析测试 BCEIA 上所展示的 XRF 仪器,涉及多种类型和多个厂家,反映了 WD - XRF、ED - XRF、带微区应用功能的 XRF 和手持式 XRF 仪器的具体进展及新技术的发展态势。

1　WD - XRF 荧光光谱仪新品的性能比较

与往届 BCEIA 相比,XRF 的参展商和展出新产品的力度有所下降,往年的 XRF 出展大户帕纳科和日本理学本年的 BCEIA 展出都明显着力于 XRD 的相关新仪器。

波谱仪参展的较少,一共有三个厂家的四个型号的仪器,其主要的仪器指标如表 3 - 1 - 4 - 1 所示。

表 3－1－4－1　参展波长色散 X 射线荧光光谱仪主要技术指标表

仪器型号	生产商	仪器规格（mm×mm×mm）	光源	光路	检测器	测定元素	检出限	适用样品	特色
S8	布鲁克	1350W×840D×1040H	60 keV	8 位晶体，Ge 弯晶和 PET 弯晶 XS－CEM 晶体 XS－400 晶体	流气正比 FC、封闭正比 SFC、闪烁 SC	O－U	mg/kg－100%	固体和液体样品	
Sindie	XOS	368W×500D×343H		双分光器，单波长色散	侧照	S	0.15 mg/kg－10%	石化、煤、矿石	低检出限满足国V汽油柴油分析要求
XRF－1800	岛津	1770W×1080D×1350H	4kW 薄窗 X 射线管，Rh 靶	分光晶体 LiF、PET、Ge、TAP	闪烁计数器(SC) 流气正比计数器(FPC)	全元素		固体样品	250μm 小区分析
MXF－N3	岛津			无需测角仪，固定通道	多通道检测器	K、Na、Ca、Mg、Si、Al、Fe、Ti、S、Cl		水泥产品及原料	快速（1～2min）

最新型的仪器是布鲁克 2010 年推出的 S8。S8 的 X 射线光管电流达到 170mA，提升了检测灵敏度。光管采用双路水冷 LT 低温设计，光管头部增加冷却回路，灯丝无挥发，光管发光强度不衰减。在光路的设计中有 8 个晶体，除传统晶体外，还有 Ge 弯晶、PET 弯晶 XS－CEM 晶体备选件以及 XS－400 晶体，采用 XS－CEM 有利于提升 Al、Si、P、S 测定的稳定性，采用 XS－400 晶体有利于提升过渡元素敏度。软件中的计算功能在经验系数法和理论系数法的基础上添加了可变理论系数，能够更科学地扣除元素间的干扰。

岛津 XRF－1800 的 4kW 薄窗 X 射线管使氢元素分析灵敏度较 3kW 的光管提升 2 倍以上。其提供的 Rh/Cr 等双靶 X 射线管，可以提高 Ti、Cl、Rh、Ag 等元素灵敏度。5 种一次 X 射线滤光片，能够降低由 X 射线产生的干扰，可用于微量元素分析。该仪器采取的 3 种准直器交换机构，有效消除了谱线重叠。其双向旋转十位晶体交换机构，不仅可配备十种分光晶体，也缩短了晶体交换时间。

另外两台仪器在特型仪器中介绍。

2 最新 ED‐XRF 荧光光谱仪性能

此次参展的台式 ED‐XRF 仪器共有五个厂商的 12 台仪器,仪器的主要参数如表 3‐1‐4‐2 所示。全元素分析的能谱仪有岛津的 ED‐7000/8000 和布鲁克的 S2 PUMA。参展的 ED‐XRF 仪器多为针对某些特殊需求研发的仪器(在后文详细介绍)。

表 3‐1‐4‐2 参展能量色散 X 射线荧光光谱仪主要技术指标对比表

仪器型号	生产商	仪器规格(mm)	光源	光路	检测器	测定元素	检出限	适用样品	特色
NX‐100FA	钢研纳克	600W×530D×330H	钨靶风冷侧窗 X 射线管 U=65kV/100W		Fast‐SDD,分辨率 125 eV	Cd、Pb、As、Se、Cr、Hg	Cd0.038～2.6mg/kg Se 0.048～2.0mg/kg	食品	超低检出限
NX‐100S	钢研纳克						mg/kg —99.99%	土壤	便捷
XRFZ‐1000	钢研纳克						0.1～20000 μg/m³	工业废气	便捷
AHMA‐1000	钢研纳克						0～5000 μg/m³	大气	便捷
XRF6	普析		多光束可调系统		高分辨SDD硅漂移探测器	Au、Ag、Pt、Pd、Cu、Zn、Ni、Ir	—99.99%	贵金属	一键测试
XRF6C	普析		多光束可调系统		高分辨SDD硅漂移探测器	Au、Ag、Pt、Pd、Cu、Zn、Ni、Ir	—99.99%	贵金属	一键测试
Petra^MAX	XOS	368W×419D×153H	单色聚焦分光器	侧照		S:5.7,P:17,Cl:3, KMnFeCo:0.7, CaNi:0.4, VCuZn:0.1, Cr:0.09mg/kg	液态样品	

续表 3-1-4-2

仪器型号	生产商	仪器规格（mm）	光源	光路	检测器	测定元素	检出限	适用样品	特色
Petra[4294]	XOS				侧照	S	2.6mg/kg～10%（m/m）	液态样品	
EDX-7000	岛津			一次滤光片和准直器	SDD硅漂移探测器,电子制冷	Na-U			
EDX-8000	岛津				SDD硅漂移探测器,电子制冷	C-U			
EDX-LE plus	岛津				电子制冷Si-PIN检测器	Cd、Pb、Hg、Cr、Br、Cl	Cd:7.1;Pb:790;Hg:19;Cr:120;Br:12mg/kg	电子电器产品和报废车辆等样品	针对RoHs/ELV法规,1min测定
S2 PUMA	布鲁克	660W×700D×（37～56）H	Pd或Ag阳极靶X射线光管 U=50kV/50W	10位滤光片,缩短了X光管与样品,样品与探测器间的距离	XFlash LE探测器,分辨率135eV,帕尔贴冷却技术	C-U	mg/kg-100%	多类型样品	4K多道分析器

3 具有微区分析应用的 XRF 仪器的性能

与 μEDX-1200/1300/1400 相比,新推出的 XRF-1500/1700/1800 系列 X 射线荧光光谱仪具有微区分析、分布分析功能,并率先采用了 4kW 薄窗 X 射线管,扩大了 X 射线荧光分析的应用领域,XRF-1800 对仪器硬件与软件的许多细节都进行了改进,进一步提高了仪器的可靠性与可操作性,并新增了 250μm 微区分布成像分析功能,成像范围可达到 51mm×38mm。各型号仪器都提供了不同大小的光斑,S2 PUMA 的光斑更是有 1、3、8、12、18、23 和 28 等 7 种选择。测试者可根据要测定的样品区域选择光斑的大小,进行定量和半定量的分析。但是由于所有仪器都是选择的卡狭缝的方式调节光斑,所以当光斑不断变小时,损失的光强也越多,测定的灵敏度难免受到影响。

上述仪器的性能比性详见表3-1-4-3。

表3-1-4-3 兼具微区分析应用的 XRF 台式仪器性能比较

仪器型号	光路	光斑大小/mm	适用样品	微区分析	特色
μEDX-1200/1300/1400	准直器	1、3、5、10	固体产品	产品异物成分分析	软件操作简单,有报告输出模板,图像和数据同时给出,结果更直观
XRF-1800	准直器	0.5、3、10、20、30	固体样品	指定位置定性定量分析,分布扫描分析	微区范围可达 51mm×38mm
S2 PUMA	准直器	1、3、8、12、18、23、28	固体样品	产品异物成分分析	图像和数据同时给出,结果更直观。

4 手持式 XRF 进展及性能

BCEIA 是国内外分析仪器生产厂商展示其新仪器和新技术的窗口,其中手持式 XRF 因其拥有台式 XRF 所不具备的重量轻、体积小、工作环境温度范围广、开机校准时间短、耗电量低、快速、便于野外操作等优点备受关注。近些年来,手持式 XRF 的进步,总体体现在硬件提高——X 射线管、探测器和电路软件将以客户需求为驱动,继续简化和扩展现场使用特性,更多的应用将成为可能,并且所有的应用程序将运行得更快、更好(详见表3-1-4-4)。

表3-1-4-4 参展手持式 XRF 主要技术指标表

仪器型号	生产商	仪器规格	光源	探测器类型	测定元素	检出限	适用样品	特色
XL5	赛默飞	1.3kg	光管功率为同行业的3倍,射线密度高3~6倍	几何优化的大面积硅漂移检测器(SDD)专属检测器	合金鉴别中最常见的31种元素(轻元素)	低于同行业50%	金属合金	对金属合金进行几秒内材料鉴别;对废金属回收执行准确的元素分析

续表 3-1-4-4

仪器型号	生产商	仪器规格	光源	探测器类型	测定元素	检出限	适用样品	特色
XL3t Goldd＋	赛默飞		50kV/200μA 最大激发	25mm² 硅漂移探测器 (SDD)	42 个轻元素分析性能好	10^{-6} (μg/g)	固体、液体	高级勘探与土壤分析;选矿测试;配矿;实验室分析样品筛选;贵金属指示元素分析
Explorer 9000	天瑞	1.7kg	50kV/200μA 银靶端窗一体化微型光管及高压电源	SDD 探测器及 Fast-SDD 探测器(可选)	Mg 到 U	1~500 10^{-6} (μg/g) 99.99%	固体、液体、粉末	全新大屏高分辨率液晶显示屏及新型数字多道数据处理器
MiX5 系列	聚光科技	1.5kg	高性能 X 光管 50kV	大面积硅漂移探测器 SDD	Mg 到 U	下限低	金属合金	现场材料鉴别、机械加工、废旧金属回收、镀层测厚、贵金属检测

赛默飞世尔尼通手持式 XRF 分析仪配备了 X 射线管和快速的检测器。2008 年上市的 Niton XL3t GOLDD＋分析仪采用将高性能大面积(SDD)探测器与几何最优化设计思想有机结合的 GOLDD 技术,与传统的 Si-PIN 检测器相比测量速度可以提高 10 倍,并且在精确度上与普通小型硅电子漂移探测器(SDD)相比可以提高 3 倍,且无需充氦气或抽真空(注:要进一步增强轻元素分析,可以选配氦气),可用于改善轻元素(Mg-S)分析,同时使检出限更低。

赛默飞世尔尼通 2016 年发布的 Niton XL5 是 Niton 系列便携式 X 射线荧光(XRF)分析仪中最新款。它具有以下特点:①采用几何优化的大面积硅漂移检测器(GOLDD)专属检测器,通量为 180 000cps,②4μm 内在通量为 60000cps 时分辨率<185eV,探测面积更大;③光管功率为同行业的 3 倍,射线密度高 3~6 倍,在相同的检测时间与样品接触更充分;④它具有一个新的电子处理器,能够实时显示结果,并为提高该领域的运营效率提供了热插拔电池和旅行充电器;⑤通过蓝牙和 GPS 连接增强了通信能力。当分析仪被安装在试验台上时,Thermo Scientific 的 NitonConnect companion PC 软件能够提供简单的数据传输和远程查看功能;⑥采用 5WX-RAY 管,进一步完善了轻元素的检测;⑦微观和宏观两个摄像头,增强了数据的收集;⑧在试验前,为不同的应用程序创建定制的配置文件;⑨新的用户界面显示,包括

具有刷卡功能的触摸屏;⑩可用于恶劣环境改善防护等级;⑪专为特定用途而制造,旨在对金属合金进行制造品质保证和控制验证,可在几秒内实现积极的材料鉴别,并针对废金属回收操作执行准确的元素分析;⑫质量更轻、合金库更庞大、分析速度更快,扩展了现场用途;⑬紧凑的几何构造可触及角焊和狭窄的测试部位,更便于现场测试。

江苏天瑞仪器 2011 年推出的 GENIUS XRF 系列共有四款产品,分别是:Genius 3000 XRF 手持式有害元素分析仪、Genius 5000 XRF 手持式合金分析仪、Genius 7000 XRF 手持式矿石分析仪、Genius 9000 XRF 手持式土壤重金属分析仪。GENIUS XRF 系列根据行业客户需求不同,通过调整软硬件配置,主打有害物质检测、土壤重金属、合金成分分析、地质勘探分析等不同领域,进一步为细分市场客户提供了最符合要求的尖端产品。其小功率端窗一体化微型光管、大面积铍窗 SDD 硅漂移探测器、微型数字信号多道处理器三大核心技术的引入,有效增加了仪器分辨率和统计计数,从而确保产品性能更稳定、并能实现轻元素的检测。灵活的应用模式是 GENIUS XRF 系列的另一大特征:仪器既可手持 1～2s 对测试样品,也能使用座式实现较长时间的精细测试,10s 测量结果即可接近实验室精度。

其中, Genius 9000 XRF 在土壤重金属检测时具有以下优势:

①检测汞、镉、铅、砷、铜、锌、镍、钴、钒等引起土壤污染;

②快速普查超大范围的土壤地质污染区;

③发现异常状况,做到优先考虑和治理;

④现场快速追踪污染异常,有效地寻找、圈定污染边界;

⑤对土壤重金属元素能快速地现场原位分析,起到快速筛选、排查的作用;

⑥快速普查各类居住用地、商业用地、工业用地等一级、二级、三级用地;

⑦PDA 自带有 GPS 信号,可以与 GIS 系统进行联网,绘制地图;

⑧设备具有数字多道技术,可以更加快速地分析。设计成高计数率,大大提高了设备的稳定性;

⑨超高的分辨率可以减少砷对铅的干扰和铁对镍的干扰。其超低的检出限也很适合用于环保土壤重金属的检测。

同时期的 Explorer 9000 手持式土壤重金属分析仪,使用全新大屏高分辨率液晶显示屏及新型数字多道数据处理器,对土壤污染物进行原位测试与修复分析,对污染土壤中的汞、镉、铅、砷、铜、锌、镍、钴、钒、铬、锰等重金属元素进行有效检测,该仪器还可根据客户需求定制增加检测元素。该仪器可应用于土壤重金属普查、土壤重金属污染后的应急处理,助力污染区土壤修复。

聚光科技 MiX5 系列具备较强的金属分析能力,可应用于金属牌号鉴别,其特点如下:①MiX5 结合了强大的基本参数(FP)经验系数法(可溯源的标准物质),能在 1～2s 钟内判定金属牌号,若延长检测时间即可获得接近实验室级别的分析结果;

②其牌号库覆盖超过 1600 种合金,并且可对现有牌号库进行修改,添加或者创建新牌号;③MiX5 将高性能 X 光管和大面积硅漂移探测器(SDD)结合在一起,能够满足客户严苛的材质管控需求;④出众的轻元素(镁铝硅磷硫)分析可对组件及系统进行严格控制;⑤质量轻(1.5kg)、体积小,设计符合人体工程学,电池具有 10～12h 的续航能力;⑥最小的仪器头部:可轻松检测弯曲或拐角部位(如焊缝);⑦IP54 防护等级(相当于 NEMA3),具有超高的防尘和防水性能;⑧散热器面积大,即便在高温环境下也能提供理想的可靠性和稳定性;⑨备选防护窗口(MiX5 900 及 MiX5 600)和高强度 Kapton® 防轧膜窗口(MiX5 500),可防止探头和 X 射线管在测试小部件或尖锐物品时受损;⑩具有图标式直观用户界面,易于操作,操作者几乎不需培训;⑪4.3in.[①]大面积彩色触摸屏,即使在阳光直射下也能清晰地看到检测结果。

总之手持式 XRF 的方向在朝着增加野外适用性(如减轻重量、减小体积、增加防护、配备更齐全的辅助配套设备等)的方向发展,同时致力于提高硬件及软件系统的性能来实现快速、准确检测样品。

5 近两年来 XRF 仪器产品发展四个特点

5.1 自主创新的波谱-能谱复合型仪器发展迅猛

WD XRF 对轻重元素有较好的检测限和分析精度、但对轻元素灵敏欠佳、对重元素分辨率不理想;ED XRF 则对重元素分析有着检测限、灵敏度和分辨率方面的全面优势。组合两种分析手段,辅之以先进的制样手段,便构成了功能完善、应用广泛的元素组成分析系统。国家地质实验测试中心的"波谱-能谱复合型 X 射线荧光光谱仪的研发与产业化"(2011 年)专项成果 CNX−808WE 波谱-能谱复合型 X 射线荧光光谱仪也在本次展会上进行了展出,其最大能量 4kW,最大电压 60kV,元素覆盖范围 B−U,72 位样品自动进样装置,微区分析装置最小光斑 0.5mm,展现了我国科学仪器设备的自主创新能力和自我装备水平,也充分展示了我国在该领域重大科学仪器设备产品开发和产业化应用推广,通过系统集成、工程技术研究和应用开发,形成部分质量稳定可靠、功能丰富的产品的能力。

5.2 全元素分析仪器强势依旧

通用型 XRF 仪器,秉承了一贯的强大功能,如布鲁克 S2 PUMA 和岛津的 EDX8000 等仪器可实现 $C_6−U_{92}$ 的元素测定。一些仪器在设计的过程中也考虑到用户对不同样品的测试功能需求。为了减轻分析人员的工作量,设计了连续测定的自动进样机械手,钢研纳克的 NX−100F 设计有 84 位的自动进样系统,真正做到了无需人力值守。EDX8000 等仪器设计了可拆卸的进样器,使样品腔空间更大,能满足不规则样品和大尺寸样品的测定。对样品杯的设计也更多样化,可同时满足固体和液体的测定。在传统的定量分析基础上,以 EDX8000 为代表的 X 射线光谱仪还开发

注:1in≈2.54cm。

出了镀层分析功能,同时分析镀层的厚度和镀层的成分。布鲁克 S2 PUMA 和钢研纳克 NX‐100FA 等仪器还增加了触屏控制器,可避免配置电脑,为建设集约型实验室和车载实验室等特殊要求提供了极大的便利。

5.3　特型仪器百花齐放

近年来科学技术长足发展,人类对生活品质的要求不断提升,因此各行各业不断涌现出有关产品质量的新行规或国标。为了满足众多行业生产和研究中技术上的需求,XRF 的研发者和生产商推出了大量的特型仪器,可谓百花齐放。

随着工业和矿业的发展,其引发的重金属污染引人关注。其中,镉米事件多次发生。但是 Cd 的激发能量较高,测定的检出限较高,无法满足可食用食品的测定要求。钢研纳克针对这一问题对仪器光路进行了改进,使 Cd 的检出限降低,Cd 测定范围为 $0.038 \sim 2.6 mg/kg$,Se 测定范围为 $0.048 \sim 2.0 mg/kg$。仪器运行中只需要电源,无需液体、气体,对环境没有二次污染。该仪器实现触屏设计,一键测试,大大提高了测定的速度,降低了测试成本。其 84 位自动进样系统更满足了粮食存储过程中大量的样品检测工作。研究者通过不断改进,将可测定样品由稻米拓展至茶叶、中药、蔬菜、饲料等,同时将测定元素扩展到 Pb、As、Hg 等。

汽车尾气和工业生产所消耗的燃煤是雾霾的主要贡献者。各国都对燃油、燃煤的质量提高了要求。XOS 针对国Ⅳ、国Ⅴ汽油、柴油超低总硫含量检测标准,开发研制了 SINDIE 实验室分析仪。该仪器通过两次凹晶分光,实现了单波长色散 X 荧光技术,将硫的分析检测下限降低到 $0.4 \times 10^{-6} (\mu g/g)$,同时分析上限可达到 10%。难得的是该仪器无需样品处理,不需要惰性气体,检测只需要 $30 \sim 300s$。该款仪器还可将测定的样品从汽油、柴油、石脑油、航煤、重油等液态样品扩展到焦炭、矿石等固态样品。而该公司的能量型色散 X 荧光分析仪 Petra^{MAX} 使用一次单色技术,不仅可以分析低浓度的硫,还可以同时分析 P、Cl、K、Ca、V、Cr、Mn、Fe、Co、Ni、Cu、Zn 元素。Petra 具有创新样品引入系统,可将意外漏油引入积油盘,避免贵重部件的污损。

近年来我国城市化进程迅速,对水泥尤其是高品质的水泥的需求不断增长。岛津 MXF‐N3 针对水泥产品及原料的分析问题,采用多通道技术,实现了 $1 \sim 2min$ 测定样品中 K、Na、Ca、Mg、Si、Al、Fe、Ti、S、Cl 等元素,测定快速、稳定,仪器故障低,且不使用亚甲烷气体,成本低。满足了在水泥厂等一线厂区环境恶劣、地处偏远、检测样品量大的需求。

随着材料和电子技术的发展进步,X 射线分析仪器也向着小型化快速发展。在 XRF 专用仪器方面,帕纳科的新款桌面式能谱仪 Epsilon1 meso 首次在国内露面。它是一款专门为中国 RoHS2.0 设计的专用型能谱仪,尺寸只有打印机大小,高清 CCD 摄像头结合可选 1mm/3mm 高精度准直器可以方便地对非均质样品上的小区域进行定点分析。该仪器具有大样品室,轻松胜任 RoHS 分析,一键式触屏测量功能和车载移动性能也越来越贴合用户需求。

普析公司的贵金属分析仪 XRF6 和 XRF6C 采用内标法与基本参数法组成强大的分析方法群。XRF6C 将金标样内置于仪器内,开机的同时自动完成能量刻度、标准曲线校正、预热一系列动作,免除了人为操作的误差,一键测定贵金属饰品中 GB/T 18043 所要求的 Au、Ag、Pt、Pd、Cu、Zn、Ni、Ir 元素含量,保证了贵金属的品质和交易的公平性。

5.4 软件设计更体贴

XRF 的探测器接收到的是样品发出的能量信号,而与 XRF 匹配的软件负责将晦涩难懂的能量信号转换为人类语言。随着计算机技术和计算模型的不断发展,软件的设计呈现出实验操作更简单直观、计算结果更精准、拓展功能更强大的发展趋势。

当前 XRF 匹配的软件更简洁易懂而又不失灵活,既确保了当 XRF 到达厂矿等基础生产单位后,在操作人员分析测试基本知识薄弱的情况下,可以通过简单的培训,按照规范操作流程,迅速掌握 XRF 仪器的使用。同时在标准曲线的建立和干扰因素的校正中也预留了可操作空间,满足了专业学者对某些特殊样品更精准分析的需求。

XOS 的 Petra 软件能储存成百上千个测量值,可通过 USB 直接传输数据,使实现 LIMS(实验室信息系统集成)变得容易。借助全新的软件,Petra 可以同时建立 30 条不同基质的校准曲线,实现了线性,并提供二次曲线。布鲁克 S2 PUMA 软件,在传统的经验校正系数法和理论 α 校正系数法的基础上,增加了可变 α 校正系数法,结果的准确度更有保障。

岛津 ED - XRF 7000/8000 配置的 PCEDX Navi 软件不仅操作界面简洁,且在测定界面上可以直接切换准直器,在测定开始时自动保存样品图像。软件还整合了多种报告输出模板,大大减轻了工作人员的工作量。在报告中图像和数据匹配给出,对样品的异物分析可同时得到外观和成分的结果。

布鲁克 S2 PUMA 在提供强大的分析软件功能,为分析操作提供一揽子的解决方案的同时,还与 S2 PUMA SampleCare™(样品保护™)功能联动。当检测到液体样品时禁止运行真空模式,在检测到液体渗漏和小颗粒样品掉落时保护探测器。

五、辉光放电光谱及激光诱导击穿光谱新动向

1　辉光放电光谱发展新动向

辉光放电光谱作为一种用于金属、非金属、薄膜、半导体、绝缘体和有机材料的多面分析技术,成为表面和逐层分析不可缺少的手段。GD - OES 仪器近几年来未有大的变化,但在分析应用上,在实时深度测量技术上取得令人关注的进展。

随着辉光放电光谱仪的发展,它具有其他分析仪器(如 XPS、AES、SIMS、XRF)所不具备的优越性能,在涂镀层的深度轮廓分析方面的应用,如等离子气相沉积、油

漆涂层、电镀板、氮化物层等,可以在几分钟内分析得到十个微米以内的所有元素沿层深方向连续分布的情况,成为一种表面和逐层分析的手段。其深度分辨率可达到小于1nm,分析深度由纳米级至 $300\mu m$ 以上,分析速度为 $1\sim100\mu m/min$。

在辉光放电光谱深度分析中,溅射深度的测量值是重要的分析信息。传统辉光深度分析方法是将在深度测量上需要引入样品的溅射率,通过相应的定量模型得到样品在分析时不同溅射时间所对应的样品溅射深度。早期采用激光共焦位移传感器(LCDS)、激光干涉仪,均难以达到实时测量精度的要求。此外激光干涉仪价格昂贵,不易普及应用。近年来将实时溅射深度测量方法应用于辉光光谱深度分析中,可以得到样品溅射深度的实时测量值。

钢铁研究总院的万真真等人提出了采用双激光位移传感器结合辉光放电光源测量样品溅射深度的方法,设计了符合激光三角测量的新型 Grimm 辉光放电等离子体激发光源构成实时深度测量系统,如图 3-1-5-1 所示。

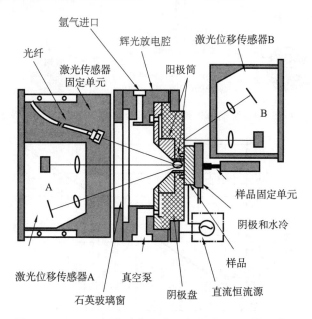

图 3-1-5-1 辉光放电光谱深度实时原位测量示意图

此研究成果已申请并授权了两项发明专利:用于在线实时溅射深度测量的格林辉光放电光源(ZL 201110076714.7),以及用于辉光放电溅射深度测量的双激光器在线实时测量装置及方法(ZL 201110161110.2)。

2016 年前后崛场(HORIBA)公司也将此实时原位深度测量技术运用到该公司的辉光放电光谱仪上,将其称为微分干涉分析(Differential Interferometry Profiling,DiP)技术。DiP 技术在无需校准的条件下,可以为深度剖面分析提供实时的镀层厚度、断面深度和溅射速度信息。采用 DiP 技术可在辉光放电测试过程中直接测得剥蚀深度随时间的变化,据产商宣传手册显示深度分辨率可达纳米级。

DiP 技术通过测量两束反射光间的干涉,从而获得溅射坑的实时深度,如图 3-1-5-2 所示。DiP 技术适用于镜面平整的样品,目前应用表明用于反射表面和材料(如 PVD 涂层、LED、Si 涂层等)非常理想。(如图 3-1-5-3 所示,采用 DiP 技术测量的溅射坑的深度与采用表面形貌仪测量的深度吻合的很好)由于微分干涉分析的光学接口的设计并不改变光谱仪的通光效率,因此产商可直接在现有的辉光放电光谱仪设备上进行升级。

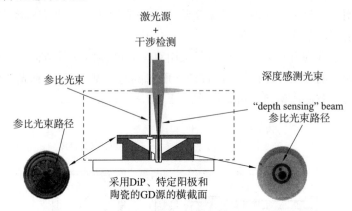

图 3-1-5-2 装配 DiP 和特制铜阳极与陶瓷片的 GD 光源横截面

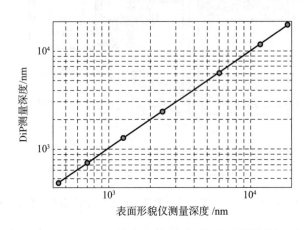

图 3-1-5-3 采用 DiP 技术和表面形貌仪所测的溅射坑深度对比

2 激光诱导击穿光谱新产品动向新进展

激光诱导击穿光谱(Laser Induced Breakdown Spectroscopy,LIBS)分析是利用聚焦的高功密脉冲激光照射于物质上,产生瞬态等离子体,辐射出元素的特征谱线进行定性及定量分析的原子发射光谱分析新技术。作为光谱分析的新技术,为分析领域带来众多的创新应用,目前各国均致力于 LIBS 仪器的研制。

在 BCEIA'2017 展会上,成都艾立本科技有限公司和四川大学分析仪器研究中心展出的 LIBRAS I 激光诱导击穿-拉曼光谱分析仪(图 3 - 1 - 5 - 4),获得了 2017 年 BCEIA 金奖。该仪器产品源于国家重大科学仪器设备开发专项——"创新型多功能激光光谱分析仪器的研发与应用"项目的成果,将用于元素测量的 LIBS 技术与用于分子结构测量的拉曼(Raman)技术有机结合,成功研制出风冷型高性能激光诱导击穿-拉曼一体化的光谱分析仪,并将其命名为 LIBRAS(Laser Induced Breakdown Raman Spectroscopy)。该仪器可对分析样品同时进行原子光谱与分子光谱的原位分析,在获得同一微区位置元素组成信息的同时可以得到分子结构的相关信息,为进一步了解物质结构的微观世界提供了强有力的工具。目前市场上能够同时获取原子和分子信息的测量仪器较少,LIBRAS 仪器的成功研制是这一仪器领域上的突破。

图 3 - 1 - 5 - 4 LIBRAS 激光诱导击穿-拉曼光谱分析仪

LIBRAS 仪器实现了激光诱导击穿光谱与拉曼光谱的联用,将常规联用技术中的激光单脉冲能量进行了数量级的提升。该仪器是整机系统高度集成且无需水冷装置的多功能联用仪器,体积小、体重轻、结构紧凑、性能参数卓越。LIBRAS 仪器能够更好地服务于地质、生物医学及环境污染监测等多个领域,为相关产业提供有效的原位快速分析新装备,同时降低分析成本,提高生产效率。该仪器有着广阔的市场前景及应用空间,也标志着我国激光光谱仪器自主研制能力的快速提升。

该项目成果所推出的创新型多功能激光光谱分析仪器:便携式激光诱导击穿光谱仪、激光诱导击穿-拉曼光谱联用仪、高能手持式激光诱导击穿光谱仪,均具有国际先进水平,在地质勘探及石油钻井行业得到应用、推广。

六、紫外-可见分光光度计与荧光光谱仪仪器进展

1 紫外-可见分光光度计新进展

紫外-可见分光光度法的灵敏度较高,仪器设备简单,操作简便,分析速度快,是

生物、医药、化工、冶金、环境监测、食品安全、材料等诸多领域的科研与生产中必备的常规仪器之一。常规规格的紫外-可见分光光度计普遍受到企业、学校实验教学中心的欢迎。其中,国内厂家的技术趋于稳定并在某些方面可赶上国际水平,一些厂家(如上海光谱、北分瑞利等)可以生产高端性能的自主品牌紫外-可见分光光度计。近年来,随着应用范围的扩大与需求,和其他的仪器分析方法一样,紫外-可见分光光度计继续在以下几个主要方面进行改进与提高:降低杂散光,提高分辨率和灵敏度;多个光源、检测器组合使用,在拓展的检测波长范围内实现高灵敏检测;各种检测附件(如积分球)的使用,拓宽应用领域(如材料科学领域);超微分光光度计的微量体积(量)的样品体积需求以及仪器本身的小型化,使之更适用于生命科学领域的应用;除了常规的光栅扫描型系列,二极管阵列系列产品为动力学研究带来了无与伦比的优势。

1.1　降低杂散光,提高灵敏度

一些紫外-可见分光光度计采用双单色器的设计并结合其他专利技术,可以将杂散光降低至十万分之一以下,保证了高分辨率、高准确度测量(如图3-1-6-1所示)。例如,Agi Lent公司的北京北分瑞利分析仪器(集团)公司的 UV-2200,Shimadzu公司的 UV-3600Plus,Hitachi公司的 U4100 等。

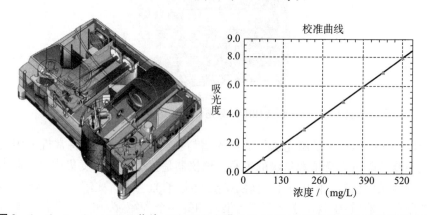

图3-1-6-1　Cary 6000i 紫外-可见双单色器分光光度计及高锰酸钾水溶液校准曲线

1.2　多个检测器组合,结合积分球附件,拓展检测波长以及样品应用范围

一些紫外-可见分光光度计不仅采用双单色器,而且采用多个光源以及多个检测器,包括高灵敏光电倍增管与冷却的半导体检测器,将分光光度计的波长范围从常规的 190~1100nm,拓展到165~3300nm,并保证高的灵敏度、分辨率和速度;同时配合积分球,将样品范围拓展到固体样品测定(如图3-1-6-2所示),简化困难样品(如高吸收玻璃,光学镀膜或薄膜滤光片)的分析步骤,在工业生产质量监控、药物分析以及材料研究等领域都得到广泛应用。例如,PerkinElmer 公司的 Lambda 1050(175~3300nm),Agilent 公司的 Cary 6000i(175~3300nm)与 Cary 5000(175~3300nm),

Shimadzu Scientific Instruments 公司的 UV 4100（185～3300nm），Hitachi 公司的 UH4150（175～3300nm)等。

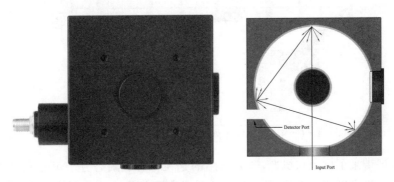

图 3-1-6-2 带光电二极管和三个端口的积分球外观与光路设计图

1.3 超微量分光光度计

超微量分光光度计采用氙闪光灯，实现了超高灵敏度检测，因此非常节约样品，仅需要 1～2μL（甚至 0.5μL)样品，已成为现代分子生物实验室的常规仪器（如图 3-1-6-3 所示），常被用于核酸、蛋白定量以及细菌生长浓度的定量。该仪器甚至自带 WiFi，可实时传输测试结果。例如，Thermo Fisher Scientific 公司的 Nanodrop 系列等。

图 3-1-6-3 超微量分光光度计测定 1μL 样品

1.4 二极管阵列系列紫外-可见分光光度计

除了光栅扫描型分光光度计，一些分光光度计采用二极管阵列检测检测器（见图 3-1-6-4），在同一平面同时接收光谱信号，在进行全谱或者一段光谱测定时没有时间差，这为动力学研究带来了无与伦比的优势。例如，德国 Analytik Jena 的 SPECORD® S600 和 SPECORD 50 plus。

2 荧光光谱仪新进展

生命科学、临床诊断、药物研发、食品与环境检测的发展与需求，给分子荧光光谱

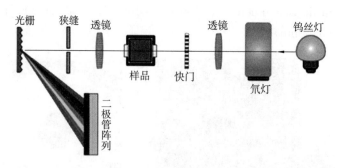

光栅　狭缝　透镜　　样品　快门　透镜　氙灯　钨丝灯

二极管阵列

图 3－1－6－4　二极管阵列紫外-可见分光光度计光路示意图

仪器的发展带来了挑战与机遇,令人欣慰的是在稳态和瞬态分子荧光光谱仪中均看到了国产荧光光谱测量系统,如上海棱光技术有限公司、天津港东科技发展股份有限公司、北京卓立汉光仪器有限公司、上海如海光电科技有限公司、天美(中国)科学仪器有限公司、天津东方科捷科技有新公司、西派特(北京)科技有限公司以及北京塞凡光电仪器有限公司,并且在一些性能上达到了世界先进水平。

2.1　荧光光谱仪的进展

荧光光谱仪在波长范围、波长分辨率、杂散光的消除、灵敏度以及扫描功能方面等都有新进展。由于光学、电子以及材料技术等的发展,目前的中高档荧光光谱仪都可以实现灵敏、快速扫描以及三维扫描,具有荧光、磷光以及发光(生物、化学、电致)检测功能,并具有超高信噪比,最好的荧光仪灵敏度可达 30000:1(水的拉曼信噪比)。

2.2　研究级荧光光谱仪趋向模块化

目前最令人瞩目的进展是研究级荧光光谱仪趋向模块化,并拓展出更多的测量功能。每一个模块都具有超优秀的性能,具有超高灵敏度、光谱分辨率、自动化,可以任意组合,为科研提供了利器,可以满足各种研究领域(材料科学、生命科学、环境科学、法医科学与安全、地质学)的需要,此处列举一二。

Horiba 公司的模块化荧光光谱仪 QuantaMaster 8000 系列,集稳态和荧光寿命测量于一体。整机采用开放式结构设计,增强多功能性,胜任任何荧光应用需求。该仪器配备了四个激发光源和六个检测通道,采用三光栅系统拓展波长范围,使用一个单色仪或双单色仪实现高杂散光抑制。通过选择光源、光栅、PMT 检测器以及各种附件来优化初始配置,为荧光测量提供了多种组合与可能性。开放式结构设计具有多种应用和多重方法学能力,可与多种主流荧光显微镜耦合,实现微区荧光成像分析、微区光谱扫描以及微区强度分析,并可根据实验室应用需求的不断变化进行定制化升级。

天美公司的 FLS1000 爱丁堡-稳态/瞬态荧光光谱仪是一款高性能的测量光致发光的模块化光谱仪,专注于稳态及时间分辨光谱测试。该系统具有超高的灵敏度,可以根据需要从紫外可见到中红外光谱范围内进行灵活配置,寿命测试的时间范围覆盖从皮秒到秒的 12 个数量级。该仪器模块化搭建,配置灵活,升级功能强大,可根据需要选择光源、光栅以及检测器以及组合。

PicoQuant 公司的 FluoTime 300 Easy Tau 全自动稳态瞬态荧光光谱仪,是一款全自动、高性能、带稳态测量选项的荧光寿命分析系统。该仪器模块化设计,应用灵活,包括完整的光电器件,可配合皮秒半导体激光器或 LED 光源使用,通过时间相关单光子计数来记录荧光衰减。该系统可以分辨低至几个皮秒的荧光寿命,此外该系统还采用了简单易用的系统软件,可以帮助客户对荧光寿命测量、荧光各向异性测量、发射光谱或 TRES 采集等应用进行向导式操作;在专业模式下,用户可以进行更加复杂的应用操作。

2.3　各种专门化的荧光光谱测量系统或模块

因发光产生的机理丰富多样,从而带来丰富的测量方法以及不同参数的测试需求。如 Hammamatsu 公司的 Quantaurus－QY 是一款紧凑而易用的仪器,用于测量光致发光材料的量子效率。它能胜任绝对量子效率的测量,而且无需传统相关方法所必需的已知参考标准。该仪器可分析各种形态的样品,包括薄膜、固体、粉末和溶液等。

此外,各种独立光源、光谱仪、检测器和光纤等模块给研究者提供了便利,可以自行搭建具有特殊功能的系统,如海洋光学等公司的一系列产品。

第二节　2017 质谱仪器与技术评议

一、BCEIA'2017 与质谱仪器

1　概况

1.1　参展质谱仪简介

本次 BCEIA 上,广州禾信、清谱科技、江苏天瑞、东西分析、华仪宁创等众多国产厂商发布了各自质谱新品,质谱类型多,各有特色,是历届少有的国产新质谱大展示。各类参展质谱统计结果如下:GC－MS7 台,ICP－MS7 台,过程质谱 5 台,MALDI－TOF MS4 台,气溶胶质谱 4 台,TLC－MS2 台,离子阱质谱 2 台,离子源 2 台,移动式质谱 2 台,LC－MS1 台,单四极杆质谱 1 台,热电离质谱仪 1 台,同位素质谱仪 1 台,在线 TOF 质谱 1 台,质子转移质谱 1 台。参展质谱见表 3－2－1－1。

表 3－2－1－1　BCEIA'2017 参展质谱一览表

No.	仪器名称	质谱厂家
1	AMD5 气相色谱质谱联用仪	常州磐信检测技术有限公司
2	DART 实时直接分析质谱离子源	华质泰科生物技术(北京)有限公司

续表 3-2-1-1

No.	仪器名称	质谱厂家
3	Ebio Reader 3700 基质辅助激光解析飞行时间质谱仪	北京东西分析仪器有限公司
4	GAM200 实验室在线质谱仪	北京哲勤科技有限公司
5	GAM300 通用工业在线质谱仪	北京哲勤科技有限公司
6	GAM400 模块化研发型质谱仪	北京哲勤科技有限公司
7	GC-MS3200 型气相色谱质谱联用仪	北京东西分析仪器有限公司
8	GC×GC TOF MS 3300 全二维气相色谱-飞行时间质谱联用仪	北京东西分析仪器有限公司
9	HM4"超"高相对分子质量 MALDI 质谱检测器系统	华质泰科生物技术(北京)有限公司
10	ICP-oTOFMS OptiMass 9600 等离子体飞行时间质谱仪	北京东西分析仪器有限公司
11	Mini β 小型质谱分析系统	北京清谱科技有限公司
12	NGX 型多接收惰性气体质谱仪	北京莱伯泰科仪器股份有限公司
13	Nimbus 双柱纳喷质谱离子源	华质泰科生物技术(北京)有限公司
14	Phoenix 型多接收热电离质谱仪	北京莱伯泰科仪器股份有限公司
15	PM2.5 在线源解析质谱监测系统	广州禾信分析仪器股份有限公司
16	Portability 移动式便携式质谱	北京培科创新技术有限公司
17	PTR-MS 3500 质子转移反应四级质谱	北京东西分析仪器有限公司
18	Thermo Scientific iCAP TQ 三重四级电感耦合等离子质谱仪	赛默飞世尔科技(中国)有限公司
19	Thermo Scientific ISQ EC 单杆质谱	赛默飞世尔科技(中国)有限公司
20	TM-200 型薄层色谱质谱接口	上海科哲生化科技有限公司
21	薄层色谱与质谱偶联分析	北京博晖创新
22	便携式气相色谱-质谱联用仪	北京吉天公司
23	便携式数字离子阱质谱仪	广州禾信分析仪器股份有限公司
24	单颗粒气溶胶飞行时间质谱仪	广州禾信分析仪器股份有限公司
25	等离子体质谱仪	北京衡升仪器有限公司(实验室绿色技术展区)
26	电感耦合等离子体质谱仪	江苏天瑞仪器股份有限公司

续表 3－2－1－1

No.	仪器名称	质谱厂家
27	电感耦合等离子体质谱仪	北京吉天公司
28	电感耦合等离子体质谱仪	钢铁研究总院
29	电感耦合等离子质谱仪	德国耶拿分析仪器股份公司
30	高灵敏度在线挥发性有机物飞行时间质谱仪	广州禾信分析仪器股份有限公司
31	过程气体质谱分析仪	上海舜宇恒平科学仪器有限公司
32	气相色谱质谱联用仪	江苏天瑞仪器股份有限公司
33	气相色谱-质谱联用-异辛烷中硬脂酸甲酯	北京坛墨质检科技有限公司
34	全在线双冷阱大气预浓缩飞行时间质谱VOCs监测系统	上海磐合科学仪器股份有限公司
35	全自动微生物质谱检测系统	郑州安图生物工程股份有限公司
36	同位素质谱仪	德国艾力蒙塔
37	小型台式质谱仪	北京博晖创新
38	液相色谱质谱联用仪	岛津企业管理(中国)有限公司
39	移动式现场检测质谱分析仪	宁波华仪宁创智能科技有限公司
40	在线水中挥发性有机物(VOCs)质谱监测系统	广州禾信分析仪器股份有限公司
41	在线质谱仪	上海舜宇恒平科学仪器有限公司

CMI－1600 微生物鉴定质谱仪是广州禾信自主开发的基质辅助激光解吸电离飞行时间质谱,特点是:双脉冲宽范围聚焦延迟引出技术,提高宽质量范围上的分辨率;新型离子源独创微小角度激光入射设计,有助于改善灵敏度;2000Hz 高频率固体激光器提高了检测效率;一体化高频光学系统智能调节激光光斑大小和能量,拓展了应用领域;模块化集成设计使仪器更稳定性和可维护性。

广州禾信还推出了 DT－100 便携式数字离子阱质谱仪,采用膜进样装置、紫外单光子软电离、数字方波线型离子阱等技术,结合离子阱的串级功能,具备响应快、能耗低、分辨率高、灵敏度高等优势。该仪器体积小,重量轻,携带方便,开机快,应急响应能力强,可实时在线快速检测空气中挥发性/半挥发性有机物。

Mini β 小型质谱分析系统是清谱科技的首款质谱产品,是原位电离与小型质谱仪的优秀结合,集样品制备、扫描分析、数据处理和结果报告等功能于一体,高度自动化、智能化、简便化、快速化,可广泛应用于毒品快检、生物制药、医疗诊断、食品安全、环境保护等领域。

Ebio READER 3700 是东西分析开发的一款基质辅助激光解吸电离飞行时间质

谱微生物鉴定系统,是一款多用途多功能的生物检测平台,既可以用于临床医学检测,也可以用于非临床领域的检测,如食品安全、非法添加、疾控、工业微生物等。PTR－QMS 3500 型质子转移反应质谱是东西分析展出的新质谱,通过待测组分与反应试剂离子在特定条件下发生质子转移反应而成为质子化的带电粒子,然后被分离和监测,可以实时在线连续检测、连续定量测量挥发性有机化合物。东西分析还展出了旗下子公司澳大利亚 GBC 公司的第三代电感耦合等离子体直角加速式飞行时间质谱仪 ICP－oTOF MS OptiMass 9600,新加入了八级杆碰撞池,减少了样品分析过程中的干扰,灵敏度有提升;同位素比例精度高。

GC－MS 6800 Premium 是江苏天瑞推出的高性能气相色谱质谱联用仪,使用了洁净预四级杆技术,降低了非质量选择离子的干扰,提高了信噪比;新设计的高速数据采集卡使质谱扫描速度和质量范围得到进一步提升。

AMS－100 移动式现场检测质谱仪是由华仪宁创联合宁波大学与清华大学合作研发。采用敞开式大气压离子源,移动性好、操作简便、使用范围广、环境适用性强、自动化程度高,适用于车载、船载等现场快速原位分析和实验室样品高通量筛选,具有良好的市场前景和推广应用价值。

大气压电离飞行时间质谱仪(API－TOF MS) DPiMS－2020 原位探针离子化质谱仪是岛津的最新质谱产品,采用探针电喷雾离子源,无需加热,适用于热不稳定化合物分析,有效避免复杂基质对质谱仪的污染。

普立泰科首次在国内展出 Griffin G510 便携 GC－MS,机身小、轻便,重约 16kg。集成的加热取样探头,在测量模式下可快速识别出热区的蒸汽化学威胁。集成的分流/不分流进样口可以实现环境、法医、危险品等有机溶液快速分析。仪器经受严酷环境考验,支持被动防御、封锁、消除及后果管理任务。

1.2　质谱专题报告情况

本届会议期间召开了"特色质谱技术与应用技术交流与评议"学术交流会,共特邀具有特色的质谱专题报告 5 个:

华质泰科生物技术(北京)有限公司报告题目是"百万级相对分子质量测定技术与应用",介绍了 2 类测超大相对分子质量的方法,nanomateESI 能测到 800ku,MALD－TOF MS HM4 更是突破 1500ku,可能在一些特殊需求有重要应用,如,PEG 修饰蛋白药物分析、疫苗、超大分子聚合体等。

北京清谱科技有限公司报告题目是"Mini β 小型质谱分析系统及其应用",介绍了超小型质谱实物,现场检测,3 分钟出结果,仪器快速、便携,新应用技术多(如食品快检、药物筛选等),该仪器的研发理念是"让用户最简便,让结果最真实",值得质谱仪器开发者借鉴。此外,"Mini β 小型质谱分析系统"还参加了"质谱仪器互动体验区"活动,受到普遍关注。

北京依莎八方科技发展有限公司(荷兰 Antec)报告题目是"Electrochemistry

upfront MS an unknown Panacea"，详细介绍了电化学反应器与质谱的联用技术、自动化技术与多种生物、化学领域的应用，把电化学反应放在质谱进样器前面，让质谱打开了全新的应用领域，如不使用二硫键还原剂，直接就把蛋白铰链区二硫键打开了，这是蛋白质药物分析中的重大改进。

岛津中国北京分公司报告题目是"新一代质谱显微镜及其应用"，介绍了质谱成像技术的最新进展，尤其是解决了软件瓶颈。

中科院合肥物质科学研究院医学物理与技术中心报告题目是"质子转移反应质谱仪创新研制与应用"，介绍了他们独具特色的质谱仪器研发团队开发的最新一代质子交换质谱仪器，仪器品种多，应用广，可望与进口同类仪器进行有力竞争。

2 获金奖质谱仪器产品

本届 BCEIA 申报金奖的质谱共 4 台：宁波华仪宁创智能科技有限公司"AMS－100 移动式现场检测质谱分析仪"、北京清谱科技有限公司"Mini β 小型质谱分析系统"、安图实验仪器(郑州)有限公司"Autof ms1000 全自动微生物质谱检测系统"、江苏天瑞仪器股份有限公司"6800S 气相色谱质谱联用仪"，经严格的评审程序，最后获得金奖的是：宁波华仪宁创智能科技有限公司"AMS－100 移动式现场检测质谱分析仪"和北京清谱科技有限公司"Mini β 小型质谱分析系统"，它们都属于特殊设计、特殊用途的特色质谱仪器，而传统的质谱仪并未获奖，反映了当前我国质谱研发的一个特点：追求新意与特色。

2.1 AMS－100 移动式现场检测质谱分析仪

移动式现场检测质谱分析仪凭借其灵活的机动性、强大的原位电离、简化的样品预处理、直接快速的进样分析、高强的抗污染能力、高效的离子传输和时间串联质谱等功能，对果蔬、水产等中的农药、兽药残留；对原料药、制剂及假药；对包装材料和玩具中的毒性成分；对室内、器皿等现场污染物或化学反应；对文件、伪钞等表面的印章和定色等，均可进行瞬时定量和定性分析。

该仪器应用了全球首创的大气压敞开式介质阻挡放电(DBDI)&敞开式电喷雾(AESI)复合式离子源，集成式气路电路设计，安装离子源时即可实现气路电路连接，自动识别，无需进行额外操作；离子源三维位置连续可调，同时配有高精度的样品自动进样轨道，可以实现 10 个以上样品的连续、自动、高通量的定性及定量分析；几秒内完成样品分析，无需繁杂的样品前处理过和耗时的色谱分离，可在敞开式环境下直接分析固体、液体、气体及异形样品。介质阻挡放电离子源(DBDI)载气流速：0.6L/min～5.0L/min，气体加热温度：25℃～600℃；DBDI 不产生加合盐离子，信号仅含单电荷离子，简化定量分析和谱图解析，可以降低甚至消除样品基质如蛋白质和盐类对分析结果抑制效应，适合离子化极性和非极性的活性组分、药物、毒物、糖类、脂类和残留有机小分子化合物等；敞开式电喷雾离子源(AESI)流速为 0.05μL/min～1000μL/min，适用于极性强、分子量大、稳定性差的蛋白质、肽、糖等有机化合物分析。采用低场离子漂移管设计,进行不同碰撞截面的样品离子分离,实现常规质谱方法不能区分的异构体或复合物等分析;采用方形四级杆实现离子的高效率传输;离子传输管独立加热,最高温度可达 400℃,进一步提高去溶剂效果和确保离子传输系统抗污染能力。

其主要技术参数如下:

1)质量分析器:线性离子阱,可实现高灵敏度检测和多级质谱功能;

2)质量范围:(15～2000)u;

3)质量轴稳定度:±0.1u/8h;

4)多级质谱 MS^N:$N \geqslant 5$;

5)灵敏度:$S/N \geqslant 100:1$(100μg/L 咖啡因);

6)分辨率:单位质量分辨;

7)进样盘:10 个样品;

8)源温:25℃～600℃。

其主要特点是:

1)国际首创基于大气压敞开式介质阻挡放电和敞开式电喷雾复合式离子源,可在常压环境下原位、实时、快速地离子化各类样品。该产品基于国际先进的介质阻挡放电离子化(DBDI)和敞开式电喷雾(AESI)技术,突破单电极放电、离子透镜、多路气体精确控制等关键工程化技术,解决了现有实验室常规质谱离子源受制于样品前处理和色谱分离技术带来的操作烦琐、单次分析耗时长、检测成本高等不足,实现样品原位、快速、高通量的直接进样检测分析,打破传统离子源对质谱小型化和现场应用的制约,使质谱升级成为一种现场分析利器,为食品安全监管、环境监测和医疗诊断等领域提供重要的装备支撑。

2)突破线性离子阱质谱的关键技术,实现了该产品的商品化。该产品基于线性离子阱技术,通过电场仿真,优化了经典双曲四极电场,开发了高精度的离子阱加工工艺和表面烷基化处理工艺,减少样品的吸附,降低系统的本底噪声,提高系统的检测灵敏度,满足复杂样品的定性定量分析要求。该产品打破了线性离子阱技术国外垄断的局面,显著降低国内用户的采购成本,有效推动国内质谱产业水平的跨越式发展。

3)首次实现了基于大气压敞开式离子源的大型离子阱质谱仪器的移动化设计。该产品从质谱仪器的真空密封、真空泵抗震/散热、离子光学器件/电路紧固式设计、散热风道设计、整机减震等几个环节进行专项设计,并从电磁兼容性、环境适应性、震动/跌落等多个维度进行了严格测试,充分验证了仪器的可靠性和抗震性,解决了大型质谱仪器在车载应用环境中的各种常见问题,实现了基于大气压敞开式离子源的大型离子阱质谱仪器的移动化和现场化。

4)采用低场离子漂移管设计,解决了常规质谱方法不能区分的异构体或复合物的预分离难题。采用低场离子漂移管设计和射频幅值、频率以及相位自调整技术,依据离子的大小、形状和电荷,在时间上对离子进行二维分离,达到复杂化合物的高分辨分离,通过获得不同漂移时间内的质谱图和离子碰撞截面(CCS)数据,速度远快于色谱分离的速度,可以降低背景干扰,简化谱图,并且每次分析获得离子碰撞截面相同,不会像色谱保留时间那样发生漂移,从而实现分析物的可靠鉴定和定量,实现常规质谱方法不能区分的异构体或复合物等分析。

2.2 Mini β 小型质谱分析系统

"复杂样品快速检测"仍然是质谱分析领域的技术难题和仪器开发瓶颈之一,为此,北京清谱科技有限公司的科技团队自主研发了"Mini β 小型质谱分析系统"。该产品开发了两大核心技术,即,原位电离技术和质谱小型化技术。它开发了具有自主知识产物的"原位电离一次性进样试剂盒",将纸喷雾及段塞流微萃取技术高效结合,实现了质谱仪简单快速分析复杂样本,而且避免了痕量分析中难以避免的交叉污染,已被国内外客户广泛验证。它解决了多项质谱仪小型化中的技术难题,尤其是单级真空腔体、非连续模式大气接口和串联离子阱分析器,成为目前分析"不挥发物质"最小的质谱仪,突破了检测场地、时间和人员的限制,现场分析一个样本仅需 3 分钟。已实现批量产和云中心数据支持,预计其在食品安全、公安执法和医疗诊断等领域具有强大的市场潜力。

其主要技术参数如表 3－2－1－2 所示。

表 3－2－1－2 Mini β 小型质谱分析系统主要技术参数

尺寸(长×宽×高)	$55cm \times 24cm \times 31cm$
质量	20kg
功率	≤100W
进样/离子化方法	采用一次性(原位电离)试剂盒,实现直接采样、离子化
适用样品	适于血液等多种复杂混合样品
质量分析器	线性离子阱
串联质谱能力	MS^n
描速度	>10000u/s
分辨率	~1u
质量范围	50~2000u
灵敏度	优于 10ng/mL 维拉帕米(Verapamil)
通量	1min/样品
气体需求	无(空气)
控制支持	内置电脑控制

其主要特点是:

1)原位电离技术和质谱小型化两项核心技术,是普渡大学和清华长期合作的结晶。该系统采用原位电离技术,集样品快速前处理和离子化于一身,无需额外样品处理步骤,采样-自动样品纯化-离子化进样,可在现场环境完成。

2)获得国际专利的进样试剂盒大幅简化了操作步骤,优化了检测流程,提高样品前处理速度的同时(1min)降低了对操作人员专业性及检测环境的要求。

3)该质谱仪小型化的实现主要归因于真空和离子传输系统的创新设计。把多级真空腔体被合并为单级腔体,导入离子的连续大气接口也调整为非连续模式,使质谱系统从外界采样时对真空泵保持着最低的需求,仪器真空的维持用小型真空泵即可实现,从而使质量和功率分别降低到 20kg、100W 的水平。

3 质谱技术进展评述

无论进口质谱还是国产质谱,每年都会出现一些质谱新品,每年都有质谱仪器获得各种奖项。质谱仪器和技术整体进展如何?可能各有各的角度和看法,本节内容仅代表一家观点,仅供参考。

近十年以来,质谱主要进展有以下几个方面:

3.1 离子源

这里所指离子源包括离子发生和导入两部分,这是质谱技术领域最活跃的部分,国内外都开发了许多实用技术,最值得关注的是"离子漏斗技术(Ion Funnel)",它大幅度提高了离子聚焦效率从而提高了灵敏度。离轴导入技术在质谱仪器中所占比例越来越高,是降低信号噪音的第一道关键技术,目前早已不是简单的"Z-Spray"一种技术了,各种角度、各种喷头均已成功融入离子源中,从而大大丰富了离子的种类,扩大了应用范围。各种基于"解吸喷雾离子化(DESI)"思路的离子源技术非常活跃,国内外均开发了多种技术和产品,其中部分技术国内还具有知识产权,获得了国家重大专项的支持,值得进一步大力进行产业化开发。"可调气氛离子源"是个非常出色的创意,它把大气压下的电喷雾离子源封闭起来且通入不同类型的反应性气体,然后设计合理的气路进行"气聚焦",可实现特殊目标,该技术是华人学者在国际上首次推出,经实验验证,技术确实可行。在某些情况下可改善信噪比,对于需要"源内裂解(ISD)"的应用,该技术非常有优势。但还有不少问题需要深入研究,包括既要反应性又要避免高反应性给图谱带来复杂性等。高效化、灵活化、专用化、简便化,是离子源重点考虑的性能,还有许许多多技术需要攻克。离子产生方面,涵盖了"电场电离法""光电离法"以及"热电离法",是否还会出现更多形式的电离技术,值得深入研究。离子化效率一直是提高质谱灵敏度的瓶颈,如果能把正离子模式下可能产生的负离子或中性粒子尽可能"原位(in situ)"转化成正离子,灵敏度将极大提高。质谱相关的诺贝尔奖获得项目提示,离子源是最代表质谱核心技术的领域,也是最可能出现原始创新的技术。

3.2 分析器

分析器的进展主要来自国外科研院所,由其合作质谱厂家协同大力开发完成,是目前质谱仪器竞争力的最热点。各种技术名称很多,但技术背后的根本离不开偏转与聚焦之类的离子轨迹控制。"轨道阱(Orbitrap)"无疑是突破性质谱分析器技术,该类质谱仪器在生命科学领域取得了巨大的成就,尽管它的原理在数 10 年前就已经被发明,但真正成为商品化产品,还是近些年才完成的,主要得益于与之相配套的离子传输系统、电源稳定性、超高真空系统的研发取得了实质性进展。多次反射、曲线型或螺旋型分析器显著提高了分辨率,但与多次反射线型分析器一样(如 W 模式),灵敏度损失也比较明显,通过延长离子路径来提高分辨率,并非一个理想化方案,或许聚焦才是根本,因此,分析器改进的方向是分辨率和灵敏度同步提高,许多宣称实现了这项要求的质谱仪器其实并未在应用中得到良好验证。多种分析器的杂交技术是分析器重要进展,QQQ、Q-TOF、TOF/TOF、IT-TOF、Q-LIT 已被证明是质谱最关键的技术进展,市场获益巨大。近期"分析器三重杂交(TriHybrid)"广受关注,在鉴定结果可靠性方面得到了大幅度改善,在功能蛋白质组学、修饰蛋白质组学、复合物蛋白质组学等生命科学等领域得到了良好的应用。目前,TriHybrid 系统的三个主机布局还有改进的地方,这个观点得到了仪器发明人的认可,具体方案和措施有待深入研究。移动式小型 IT-IT 质谱速度快、体积小、高可靠鉴定小分子和肽等方面超过了其他同类质谱产品,结合专利化的样品导入系统,预期将会在临床标志物快速筛查、食品安全、国防与军事等领域具有良好的前景。离子回旋共振(ICR)分析器的重要进展是在磁场和液氦循环方面,调制系统有些局部改进。离子淌度技术应用于质谱有了近 30 年历史[1],离子淌度部件由早期的单一型分析器转变为辅助型分析器,具体部位几经改变:"离子源内"→"四极杆前"→"离子源与四极杆间相对独立",最近几年在技术缺陷改进方面取得了重要进展,如由于真空变低导致的灵敏度降低等的缺陷已经解决,当然离子淌度技术最重要进展还是在软件和应用方面,已经不仅仅局限在大分子体系,也可以用于复杂混合物小分子体系了,增加了新的分离维度,检出容量比非离子淌度分离体系提高非常大,而且与质谱成像技术结合,很好的拓展了质谱的基础研究与应用的范围。

3.3　质谱软件

从用户来讲,质谱软件是评价质谱系统性能指标最重要的因素之一。不同质谱公司的质谱软件差异非常大,而且目前还没有公认的统一的规范。相比而言,国外质谱软件比国内质谱的软件专业性更强、可靠性更高、投入技术和资金也更大。灵敏度是任何一台质谱仪器的必须指标之一,但信噪比的计算方法多种多样,目前每个公司都对软件算法进行保密而计算结果都不一样,即使是第三方质谱软件公司的算法也不一样,因此,用户实际上很难通过信噪比参数来横向比较同类质谱仪器的优劣。对于蛋白质来说,多电荷峰的去卷积算法最为关键,否则,分子量结果的准确性和可靠性难以评估。对目前主流质谱公司的去卷积软件进行比较后发现,只有个别质谱公司的去卷积计算结果有质量控制(QC),有些公司的去卷积软件甚至不是实测质谱图。质谱采集软件由于涉及较多的商业利益,鲜有人进行深层介绍和评价。由于质谱采集卡等硬件速度和带宽的大幅度提高,实时信号的实时处理技术方案就很重要了。有些公司采用内置独立处理电脑,有的是独立采集卡,它们对实时信号的预处理技术和深度差异很大,但是无论如何,简单平滑去噪的方案是不推荐的,而应该是根据质谱硬件情况开发更先进的算法来降低点噪声和化学噪声,从而提高质谱定量分析灵敏度和动态范围。

质谱数据库方面,NIST 依然处于领先地位,近些年增加了许多蛋白质 ms/ms 数据。通过质谱公司与科研机构合作,微生物质谱数据库和代谢物数据库规模正不断扩大,预期将对质谱应用的进一步拓展起到重要的推动作用。目前,提高未知物鉴定效率和可靠性的软件和数据库还没有令人满意的进展。没有强大的数据库,就没有智能质谱。数据库的构建是个工作量巨大、成本巨大的事情,首先需要建立标准体系,然后需要大量人工去伪,还需要良好的算法。欧洲生物信息研究院(EBI)应该成为质谱数据库建设的范例。当质谱硬件发展到一定程度后就会出现平台期,软件和应用支持则是质谱系统的核心竞争力,因此,培养质谱软件技术人员和应用支持人员,是国内外质谱公司研发投入的着眼点,这对于国内质谱的持续发展尤为重要。

3.4 特色应用

质谱成像技术(Imaging MS)诞生了近 20 年,最早主要是在二次离子质谱(SIMS)领域。MALDI－TOF 质谱诞生之后,基于 MALDI－TOF 质谱的成像技术得以发展,并在其前 5 年迅速达到全球质谱热点之一[2,3],并在小分子和整体小动物疾病标志物研究方面取得多项重要标志性成果。该技术对数据分析要求比较高,限制了其应用发展,比如,如何针对质谱成像的海量数据进行统计分析,还缺乏自动化识别质谱图像的专业性统计分析软件,如何采用串联质谱可靠鉴定生物分子也一直难以突破。把显微镜和 MALDI－TOF 质谱联用,相当于增加了一个成像维度,在降低假阳性方面起到了良好的作用。总体上看,质谱成像的硬件技术发展缓慢,基础应用研究强烈依赖于软件技术,离临床应用还有不小的距离。

微生物质谱技术无疑是近几年除了组学质谱技术之外第二大热点。据报道,目前国内市场上 MALDI－TOF 微生物质谱有国外 3 家(生物梅里埃、布鲁克、岛津)和国内 9 家(毅新博创、江苏天瑞(厦门质谱)、融智生物、广州禾信、东西分析、安图生物、复星医药、珠海美华、珠海迪尔智谱)。体外诊断技术公司(IVD)加入微生物质谱检测领域,是近几年的一大特色,说明 IVD 市场急需新技术介入,而质谱则最被看好。从技术层面看,国外微生物质谱远远走在了前列,国内质谱对许多核心技术还缺乏深度理解和可行性解决方案。目前,多家国内外微生物质谱都获得了 CFDA 的医疗器械许可,毅新质谱作为第一家获得 CFDA 批准的国产飞行时间质谱企业,近年来在微生物质谱底层技术、质量标准、数据库和临床应用方面做出了杰出的贡献[4,5],

创建了首家微生物质谱鉴定云中心,2017年获得了北京市科学技术进步奖。总体上看,微生物质谱企业非常看好该领域,但是市场到底有多大、多久可获得利润,并不十分确定。

细胞质谱技术(CytoMS)是指直接对细胞进行分析的质谱技术,可追溯到15年以前,当时采用的是激光捕获微切割(LCM)从目标细胞上采集生物分子,然后在线或离线结合质谱进行分析,主要是蛋白质组学中采用此策略。单细胞免疫质谱技术(Single Cell ImmunoMS)是当前质谱新应用之一,采用多种不同金属标签的抗体对不同细胞分别进行标记,采用流式细胞进行分选,再采用ICP-TOF-MS对金属标签中的金属元素进行定量检测,最后通过统计软件进行分析,获得疾病相关的细胞表位和后选生物标志物[6]。目前该技术可以分析细胞表面和细胞内部的近50种生物标志物,一次收集细胞数可达百万个(含亚细胞),正成为细胞分析领域的革命性技术,许多成果都发表在Nature、Science、Cell、PNAS等顶级科学杂志上。

3.5 其他

从应用角度看,质谱最大的不足在于实测灵敏度,即动态范围,还远远不能满足实际应用需求,比如,混合物检测时永远会丢失低丰度组分,这从离子化过程中的竞争性抑制开始就产生这个问题了。因此,改善离子源才是提高动态范围的根本之道,免疫质谱、亲和质谱等选择性分析体系或许更容易解决实际需求。

整机特色化方面,当前主要是小型化,专用化,移动化。下一步可能出现真正的智能化质谱仪器,知识库则是最关键的,因此,选择一个小的专门的应用来开发智能质谱,可能是一个不错的选择。

新技术突破的根本是理论的突破,质谱新技术急需质谱新理论的突破。质谱基础理论研究具有深远的理论意义和实际价值,质谱每一个重大进步,都是源于理论进展,这从质谱相关诺贝尔奖就可以看出来。非共价复合物研究是生命科学的核心问题之一,但是,质谱一直未发挥太大的贡献,最主要是质谱离子的缔合与解离,如何控制离子旋转状态,尤其是离子自旋状态,对于生命科学的发展具有重大意义,但这个问题的解决必须先从理论开始。质谱理论研究工作主要是在国外,建议我国进行长期布局,从人才和理论研究出发,开展具有自主知识产权的原始创新,实现真正质谱技术的突破。

参考文献

[1] 王海龙,魏开华. 离子淌度质谱及其理论研究进展[J]. 军事医学科学院院刊,2004(6):585-589.

[2] 刘念,魏开华,张学敏,杨松成. 临床质谱学的最新进展:质谱成像方法及其应用[J]. 中国仪器仪表,2007(10):76-80.

[3] Liu Nian, Liu Feng, Xu Bing, Gao Yabing, Li Xianghong, Wei Kaihua, Zhang

Xueming，Yang Songcheng1. Establishment of Imaging Mass Spectrometry for Biological Tissues and Its Application on the Proteome Analysis of Microwave Radiated Rat Hippocampus[J]. Chinese Journal of Analytical Chemistry. 2008，63(4):421－425.

[4] 肖盟,王贺,路娟,等. Three Clustered Cases of Candidemia Caused by Candida quercitrusa and Mycological Characteristics of This Novel Species[J]. Journal of Clinical Microbiology,2014，52(8): 3044－3048.

[5] 周娜,王娜,许彬,等. Whole－cell matrix－assisted laser desorption/ionization time－of－flight mass spectrometry for rapid identification of bacteria cultured in liquid media[J]. Science China－Life Sciences,2011,54(1):48－53.

[6] Sean Bendall,etc. Single－Cell Mass Cytometry of Differential Immune and Drug Responses Across a Human Hematopoietic Continuum[J]. Science, 2011, 332(6030): 687－696.

二、专题评述

1 原位电离超小型质谱仪器、技术与应用

随着生活水平的提高、监管制度的加强,人们对化学分析技术的需求日益增长,质谱分析法因其独特的优势,被誉为复杂样品化学检测的"金标准"。如今,质谱法已在国内外食品安全、环境监测、医疗诊断等多领域得到广泛应用。其中的主流技术为色谱-质谱联用技术,该技术在有极高的灵敏度和特异性的同时,对实验环境、人员素质、安装运营成本有着较高要求,难以进行深层推广使用。

Mini β 小型质谱分析系统(图3－2－2－1)是由北京清谱科技有限公司的研发团队在清华大学和美国普度大学的深度合作下研发、设计、制造的质谱产品,旨在为终端用户提供简单快速的原位化学分析方案。

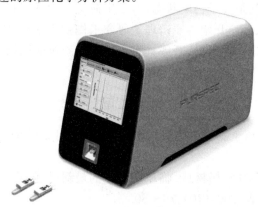

图3－2－2－1　Mini β 小型质谱分析系统

1.1 仪器研发历史、基本结构与性能指标

1.1.1 Mini β 研发历史

Miniβ 小型质谱仪的实现源自两项关键技术的诞生——原位电离和质谱仪小型化技术。原位电离设计概念率先由普渡大学 R.Graham Cooks 和清华大学欧阳证教授团队于 2006 年提出(Cook et al.，2006)，旨在为质谱使用提供简单易用、快速精准的分析方法。十余年间，团队通过不懈创新，开发了以解吸附电喷雾(Takáts et al.，2004)、纸喷雾(Wang et al. 2010)及段塞流微萃取(Ren et al.，2014)为代表的一系列方法，并已经过国际多所高校、科研院所和企业的原理及应用验证。Mini β 小型质谱分析系统将原位电离技术植入了一次性进样试剂盒，在赋予质谱仪简单快速的使用特性的同时，避免了痕量分析工作中由样品造成的潜在设备污染。

同期，R.Graham Cooks 和欧阳证教授的团队也在不断探索质谱小型化的方案，并在 2007 年推出了用于气相分析的质谱小型化技术(Gao et al.，2007)。该技术现已被广泛应用，是市场上便携质谱仪的原型，已被成功用于安防领域的气体和挥发物检测，而具备非挥发物质检测能力的小质谱 Mini 12 是在气相小质谱的基础上多次创新的成果(Gao et al.，2008；Hendricks et al.，2014；Li et al.，2014)，也是 Mini β 系列产品仪器的设计原型(图 3−2−2−2)。

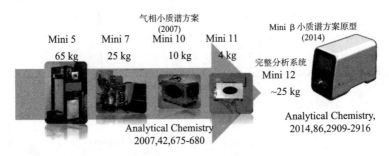

图 3−2−2−2 质谱小型化技术发展沿革

1.1.2 仪器组成结构

Miniβ 小型质谱分析系统由 PCS 原位电离试剂盒和 Mini β 小型质谱分析仪组成。在主机端，传统质谱仪所需的进样系统、质量分析系统、数字控制系统、射频控制系统、真空系统已全部压缩集成在了 55cm(长)×24cm(宽)×31cm(高)的空间中，体积仅和台式电脑主机相当(图 3−2−2−3、图 3−2−2−4)。

1.2 产品特色与核心技术

Miniβ 小型质谱分析系统采用原位电离技术和质谱小型化两项核心技术，是普度大学和清华大学长期合作研发的成果。

1.2.1 PCS 原位电离技术

2004 年，普度大学 R.Graham Cooks 研究组开发出解析电喷雾技术(DESI)，直

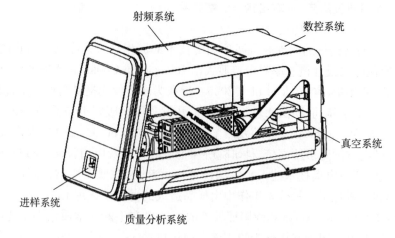

图 3－2－2－3　Mini β 小型质谱分析仪结构

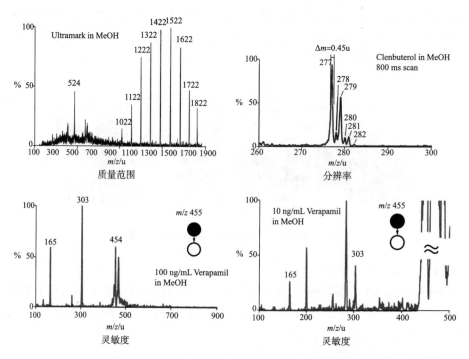

图 3－2－2－4　Mini β 质量范围、分辨率和灵敏度

接离子化质谱技术得到快速发展，纸喷雾技术（PS）、萃取喷雾技术（ExS）相继推出。2015 年纸喷雾技术得到优化升级，得到更稳定的微管纸喷雾技术（PCS），并于 2016 年产业化为 PCS 原位电离试剂盒（见图 3－2－2－5）。

　　常规质谱采用电喷雾（ESI）或大气压化学电离（APCI），要求经分离提纯后进行

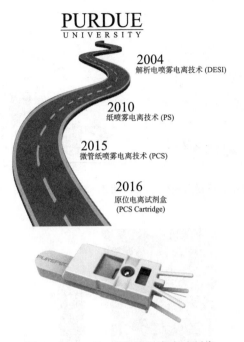

图 3 - 2 - 2 - 5 PCS 原位电离试剂盒

离子化,而 Mini β 小型质谱分析系统采用的 PCS 原位电离技术(Paper Capillary Spray),集样品快速前处理和离子化于一身,无需额外样品处理步骤,即可实现采样-自动样品纯化-离子化进样,并可在采样现场轻松完成。以该技术为核心开发的 PCS 原位电离试剂盒,简化了操作步骤,在提高质谱分析所必需的样品前处理速度的同时(1min),降低了对操作人员专业性及检测环境的要求。

1.2.2 质谱小型化技术

Mini β 小型质谱分析系统的另一核心技术是质谱小型化技术(见图 3 - 2 - 2 - 6)。该技术的实现主要归因于真空和离子传输系统的创新设计(见图 3 - 2 - 2 - 7)。Mini β 小型质谱分析系统将传统质谱仪普遍采用的多级真空腔体合并为单级腔体,传统的连续大气接口也调整为非连续大气接口(DAPI),该设计使 Mini β 对真空泵保持着最低的需求,仪器真空的维持得以用小型真空泵来实现,从而使重达 400kg,功率达 6000W 的传统质谱仪优化为 20kg、100W 的小型质谱分析系统。

清谱科技独有的非连续大气进样接口技术(DAPI)可为质量分析系统提供灵活的压力控制(见图 3 - 2 - 2 - 8),使进样、离子碎裂、质量分析能够在合适的压力区间内进行(见图 3 - 2 - 2 - 9)。此外,借助于 DAPI 技术,Mini β 采用体积更小的真空系统,将功率数千瓦的传统质谱缩小到了 40W 的水平。更为重要的是,得益于单极真空的设计,DAPI 技术使 Mini β 的灵敏度得以提升优化。

图 3-2-2-6 Mini β 小型质谱分析仪

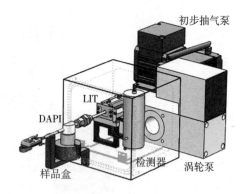

图 3-2-2-7 Mini β 质谱仪真空设计示意图

图 3-2-2-8 非连续进样大气接口(DAPI)

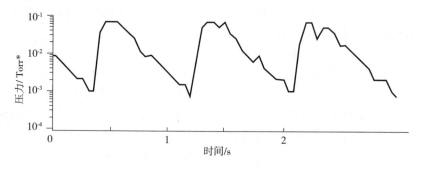

图 3-2-2-9 真空系统压力变化

除此之外,Mini β 的射频系统使其质量范围达到 2000Th,使质谱仪能够分析细胞色素等大质量蛋白样品(见图 3-2-2-10)。

---

* 1Torr=133.32Pa。

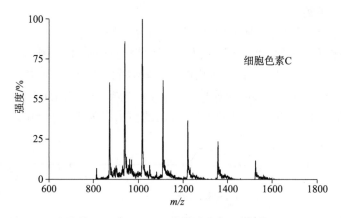

图 3-2-2-10　细胞色素 C 的信号响应

Mini β 采用了最前沿的线性离子阱技术,动态范围达到了 3 个数量级,并具有强大的多级串联质谱分析能力。令人兴奋的是,清谱科技在单阱系统的基础上开发出了双阱系统,保证了离子的高效碎裂,实现了三重四极杆质谱仪的全部功能。

1.3　应用领域

Mini β 小型质谱分析系统是世界首款实现质谱小型化与原位电离技术联用的质谱产品,此项仪器设计极大地降低了质谱分析的复杂程度,增强了检测的移动性、时效性,使仪器使用突破了检测场地、时间和人员的限制,为用户提供及时、准确的化学信息反馈,使检测介入决策中去。在食品安全、公安执法和医疗诊断等领域有着广泛的市场潜力(Li et al., 2014;Ma et al., 2015;Ma et al., 2016)。

在公共安全领域,Mini β 小型质谱分析系统可提供实时快速的毒品检测解决方案。公安缉毒过程中,可疑粉末通常要在实验室分析化验之后才能获知是否为毒品,检测结果的滞后性不利于犯罪嫌疑人的实时抓捕。利用 Mini β,公安机关可在取证现场得出可疑物的判定结果,测试时间小于 1min,提高了毒检效率,尤其适用于新型毒品的快速检测。目前,清谱科技已和上海市公安局物证鉴定中心、嘉兴市公安局展开了合作。

在食品药品领域,Mini β 可帮助执法部门进行现场快速检验。例如,化学染色剂金胺 O,被不法分子用于劣质黄柏、蒲黄、延胡索等中药材的非法染色。金胺 O 被列为非食用物质,在中药材、中药饮片和中成药中均不得检出。执法部门可利用 Mini β 可在药品检验现场做快速筛查检测,及时阻止非法药品流向市场。

在医疗诊断领域,Mini β 可为医生和病人提供具有时效性的检测信息。以血药监控为例,常规流程为护士采血→样品封装→寄送检验室→色谱-质谱检测→生成检测报告,耗时较长。而 Mini β 小型质谱分析系统可设置于门诊或病房,可现场采集病人指血进行测试,1min 内给出结果,帮助医生及时研判病情,调整治疗方案,为患者争取宝贵治疗时间。

1.4 应用实例

1.4.1 体液毒品检测:尿液中苯丙胺类毒品的快速检测

苯丙胺(冰毒)类兴奋剂是苯丙胺及其衍生物的统称,本案例基于小型质谱分析系统开发了尿液中苯丙胺类毒品(苯丙胺、甲基苯丙胺、3,4-亚甲基二氧基甲基苯丙胺)(见图3-2-2-11)的实时快速检测方法,无需烦琐的样品前处理,无需耗时的色谱分离,1步操作1min完成样品分析,本方法的检出限为100ng/mL。

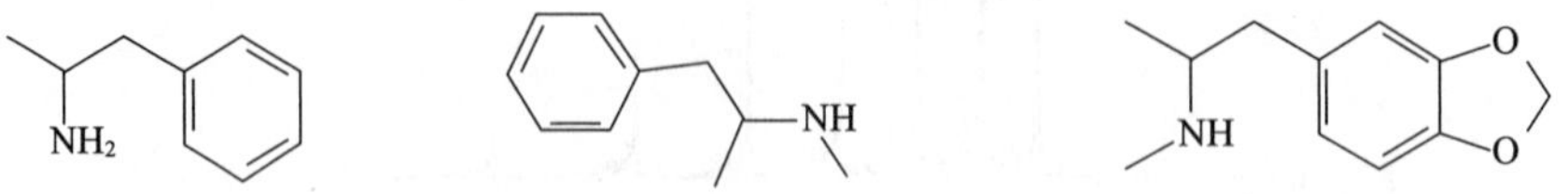

(a) 苯丙胺 (b) 甲基苯丙胺 (c) 3,4-亚甲基二氧基甲基苯丙胺

图3-2-2-11 苯丙胺、甲基苯丙胺、3,4-亚甲基二氧基甲基苯丙胺结构

1.4.1.1 实验样品

苯丙胺,CAS 300-62-9,1mg/mL,Cerilliant。冷冻保存,使用时稀释至所需浓度。

甲基苯丙胺,CAS 33817-09-3,1mg/mL,Cerilliant。冷冻保存,使用时稀释至所需浓度。

MDMA,CAS 42542-10-9,1mg/mL,Cerilliant。冷冻保存,使用时稀释至所需浓度。

尿液样品存于密封容器中,冷藏保存。

1.4.1.2 实验设备

Mini β 小型质谱仪;PCS 液体检测试剂包(含 PCS 试剂盒、微量液体取样器、萃取剂 A)。

1.4.1.3 实验方法

标准溶液分析:移取 5μL 标准溶液,从 PCS 试剂盒加样口加于 PCS 上,从溶剂口加入 3 滴萃取剂 A 后,将试剂盒插入质谱仪进样口,进行质谱分析。

样品分析:用微量液体取样器移取尿液(6.5μL),从 PCS 试剂盒加样口加于 PCS 上,60℃干燥 5min 后,从溶剂口加入 3 滴萃取剂 A,将试剂盒插入质谱仪进样口,进行质谱分析。

MS 条件:

电离模式:正离子模式;检测方式:子离子扫描,监测离子及丰度见表3-2-2-1。

表3-2-2-1 监测离子及丰度

化合物中英文名称	母离子	子离子
苯丙胺 Amphetamine	136	119(100),91(60)
甲基苯丙胺 Methamphetamine	150	119(100),91(60)
3,4-亚甲基二氧基甲基苯丙胺 MDMA	194	135(100),105(40)

1.4.1.4　实验结果与讨论

通过对阴性尿液样品加标(500ng/mL)的方式考察了本方法的检出限,以 $S/N=3$ 计,本方法的 LOD 为 100ng/mL。

苯丙胺类毒品的标准溶液子离子扫描谱图、阴性尿液加标样品子离子扫描质谱图、阴性尿液子离子扫描质谱图见图 3-2-2-12~图 3-2-2-14。

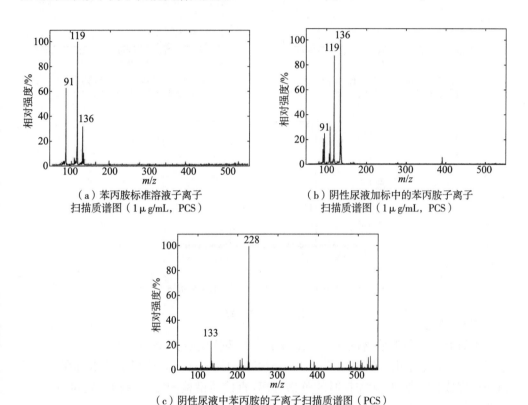

（a）苯丙胺标准溶液子离子
扫描质谱图（1μg/mL，PCS）

（b）阴性尿液加标中的苯丙胺子离子
扫描质谱图（1μg/mL，PCS）

（c）阴性尿液中苯丙胺的子离子扫描质谱图（PCS）

图 3-2-2-12

本方法使用 Mini β 小型质谱分析系统建立了快速测定尿液中苯丙胺类毒品的方法,该方法无需对样品进行处理,无需色谱分离,使用原位电离源 PCS 试剂盒,可快速完成尿液中苯丙胺类毒品的定性检测,为毒品控制、毒驾监管等提供了快速简单的解决方案。

1.4.2　医疗诊断:血液中抗凝药依度沙班的定量分析

患有血栓类疾病的人群不断增大,抗凝药物在血液的浓度需要监测。药物浓度过低达不到效果,浓度过高则引发出血、瘀斑、伤口出血经久不愈等症状,严重者会造成脑出血,危及生命。

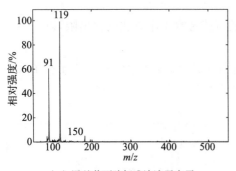

（a）甲基苯丙胺标准溶液子离子
扫描质谱图（1μg/mL，PCS）

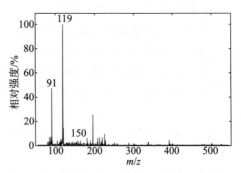

（b）阴性尿液加标中的甲基苯丙胺子离子
扫描质谱图（1μg/mL，PCS）

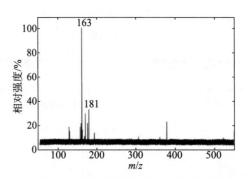

（c）阴性尿液中甲基苯丙胺的子离子扫描质谱图（PCS）

图 3-2-2-13

本研究基于小型质谱仪开发了血液中抗凝药依度沙班(图 3-2-2-15)的快速定量方法,方法利用微流萃取(Slug Flow Micro Extraction, SFME)技术可在 5 分钟内快速完成样品处理,无需耗时的色谱分离,直接质谱检测完成目标物定量分析,本方法的检出限为 50ng/mL。

1.4.2.1　实验样品

依度沙班,CAS480449-70-5,纯度＞95%,阿拉丁。准确称取 10mg 依度沙班标准品于 10mL 容量瓶中,加甲醇溶解并定容,配置成浓度为 1000μg/mL 的依度沙班储备溶液。使用时稀释至所需浓度;血液样品存于真空采血管中,冷藏保存。

1.4.2.2　实验设备

Mini β 小型质谱仪;高硼玻璃微管(内径 0.86mm,长 10cm);高硼玻璃纳喷管(内径 0.86mm,尖端开口 10μm);乙酸乙酯,色谱纯。

1.4.2.3　实验方法

标准溶液分析:移取 10μL 标准溶液,填充于纳喷管中,进行质谱分析。

样品分析:移取 10μL 血液样品于高硼玻璃微管中,再加入 10μL 乙酸乙酯,使两

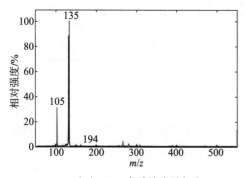

（a）MDMA标准溶液子离子
扫描质谱图（1μg/mL，PCS）

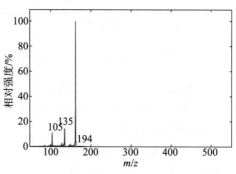

（b）阴性尿液加标中的MDMA子离子
扫描质谱图（1μg/mL，PCS）

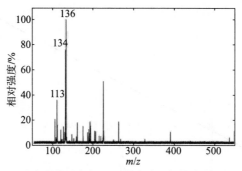

（c）阴性尿液中MDMA的子离子扫描质谱图（PCS）

图 3－2－2－14

图 3－2－2－15　抗凝药依度沙班的结构式

相液面接触，利用移液枪的气流作用使两段液体在微管中来回移动 20 次，依靠微流
萃取完成样品处理。移取乙酸乙酯相填充于纳喷管中，进行质谱分析。

　　MS 条件：

　　电离模式：正离子模式。检测方式：子离子扫描，监测离子及丰度见表 3－2－2－2。

表 3-2-2-2　监测离子及丰度

化合物中(英)文名称	母离子	子离子
依度沙班(Edoxaban)	548	366(100)

1.4.2.4　实验结果与讨论

配制依度沙班浓度分别为 200ng/mL、400ng/mL、800ng/mL、1000mg/mL 的血液,根据前述实验方法进行分析,每个浓度做三次平行实验。以血液中依度沙班的浓度为横坐标,绝对强度(3 次平均)为纵坐标绘制标准曲线,得到如图 3-2-2-16 所示的校正曲线。

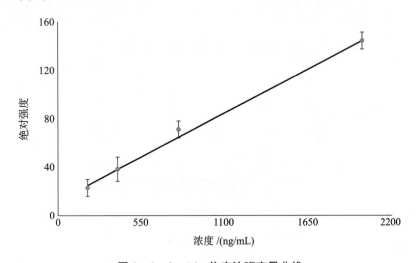

图 3-2-2-16　依度沙班定量曲线

所得到的定量曲线线性范围为 200ng/mL～2000ng/mL,线性方程为 $Y=0.0665X+12.436$,R^2 为 0.9953。表明线性程度良好,可满足快速定量需求。标准溶液依度沙班的子离子扫描质谱图、血液中依度沙班的子离子扫描质谱图见图 3-2-2-17、图 3-2-2-18。

通过对阴性血液样品加标(200ng/mL)的方式考察了本方法的检出限,以 $S/N=3$ 计,本方法的 LOD 为 50ng/mL。

本方法使用 Mini β 小型质谱分析系统建立了快速测定血液中抗凝药依度沙班的方法,该方法只需要微升级样品量,利用快速微流萃取技术完成目标物提取,无需烦琐的净化以及色谱分离,使用纳升喷雾,可快速完成血液中抗凝药的快速定量分析。为临床治疗过程中对抗凝药依度沙班的血液浓度的监控提供快读解决方案。

1.4.3　质量控制:降糖类保健品中非法添加西药成分的快速筛查

保健食品是介于普通食品与药品之间的一类产品,其中具有特定保健功能的保健品表面上效果明显,实际上是非法添加了一些对人体有害的违禁成分。苯乙双胍、

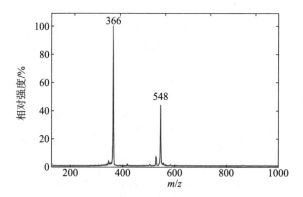

图 3 - 2 - 2 - 17　标准溶液依度沙班的子离子扫描质谱图(800ng/mL,nanoESI)

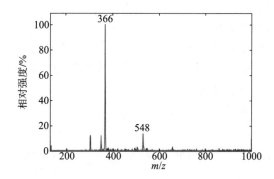

图 3 - 2 - 2 - 18　血液中依度沙班的子离子扫描质谱图(800ng/mL,nanoESI)

格列吡嗪、格列苯脲因其降糖效果显著,被不法商家非法加入一些所谓的"降糖神奇中药"中以增强降糖作用,为患者带来严重的安全隐患。

据报道,2009 年新疆地区发生了两名糖尿病患因服用降糖药死亡事件,经检验,该降糖药非法添加"格列苯脲"与"格列吡嗪",其中格列苯脲含量竟高达 12.3mg。同时,苯乙双胍也经常被检出,其日服化药剂量高达 16~144mg(见图 3 - 2 - 2 - 19)。

本研究基于小型质谱分析系统开发了黄檗中金胺 O 的实时快速检测方法,无需烦琐的样品前处理,无需耗时的色谱分离,1min 完成中成药样品中非法添加的 3 种降糖西药的筛查检测,本方法的检出限为 0.5mg/kg。

1.4.3.1　实验样品

苯乙双胍,CAS 114 - 86 - 3,纯度 95%,J&K。准确称取 10mg 苯乙双胍标准品于 10mL 容量瓶中,加甲醇溶解并定容,配置成浓度为 1000μg/mL 的苯乙双胍储备溶液。使用时稀释至所需浓度。

格列吡嗪,CAS 29094 - 61 - 9,纯度 97%,J&K。准确称取 10mg 格列吡嗪标准品于 10mL 容量瓶中,加甲醇溶解并定容,配置成浓度为 1000μg/mL 的格列吡嗪储

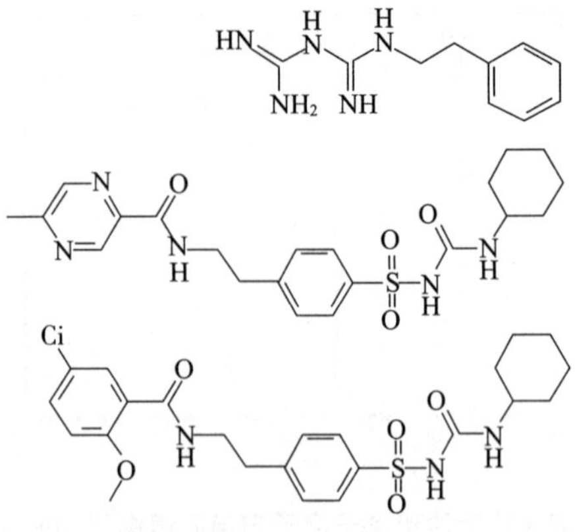

苯乙双胍

格列吡嗪

格列本脲

图 3－2－2－19　降糖类保健品及可能非法添加的西药成分的结构式

备溶液。使用时稀释至所需浓度。

格列本脲，CAS 10238－21－8，纯度 98%，J&K。准确称取 10mg 格列本脲标准品于 10mL 容量瓶中，加甲醇溶解并定容，配置成浓度为 1000μg/mL 的格列本脲储备溶液。使用时稀释至所需浓度。

保健品样品存于密封袋中，常温保存。

1.4.3.2　实验设备

Mini β 小型质谱仪；PCS 固体检测试剂包（含 PCS 试剂盒、微量固体取样匙、萃取剂 A）。

1.4.3.3　实验方法

标准溶液分析：移取 5μL 标准溶液，从 PCS 试剂盒加样口加于 PCS 上，从溶剂口加入 3 滴萃取剂 A 后，将试剂盒插入质谱仪进样口，进行质谱分析。

样品分析：用微量固体取样匙移取半勺保健品粉末（约 1mg），从 PCS 试剂盒加样口加于 PCS 上，从加样口在样品上加 1 滴萃取剂 A，再从溶剂口加 2 滴萃取剂 A，将试剂盒插入质谱仪进样口，进行质谱分析。

MS 条件：

电离模式：正离子模式。检测方式：子离子扫描，监测离子及丰度见表 3－2－2－3。

表 3－2－2－3　监测离子及丰度

化合物中（英）文名称	CAS 编号	母离子	子离子
苯乙双胍（Phenformin）	114－86－3	206	164(100)，189(80)
格列吡嗪（Glipizide）	29094－61－9	446	321(100)
格列本脲（Glibenclamide）	10238－21－8	494	369(100)

1.4.3.4　结果与讨论

通过阴性样品加标的方式考察了本方法的检出限,以 $S/N=3$ 计,本方法的 LOD 为 0.5mg/kg。利用本方法对市场随机购买的 10 批黄檗进行检测,检测结果见表 5。依据金胺 O 特征子离子的响应强度进行外标法单点半定量,该阳性黄檗中金胺 O 的含量约为 68mg/kg,该浓度在文献报道的浓度范围之内。

金胺 O 标准溶液子离子扫描谱图、金胺 O 阳性黄檗子离子扫描谱图、金胺 O 阴性黄檗子离子扫描谱图见图 3-2-2-20 至图 3-2-2-22。

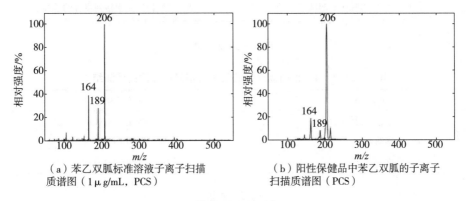

（a）苯乙双胍标准溶液子离子扫描质谱图（1μg/mL，PCS）　　　（b）阳性保健品中苯乙双胍的子离子扫描质谱图（PCS）

图 3-2-2-20

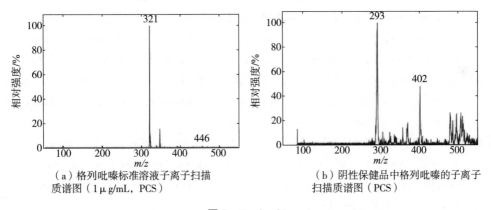

（a）格列吡嗪标准溶液子离子扫描质谱图（1μg/mL，PCS）　　　（b）阴性保健品中格列吡嗪的子离子扫描质谱图（PCS）

图 3-2-2-21

本方法使用 Mini β 小型质谱分析系统建立了快速测定降糖类保健品非法添加的 3 种西药成分的方法,结果如表 3-2-2-4 所示。该方法无需对样品进行复杂的前处理及色谱分离,使用 PCS 试剂盒作为集合了样品萃取功能的离子源,可以通过简单的一步操作快速完成定性半定量分析。这对于保健品非法掺假的现场快速甄别提供了简单有效的解决方案。

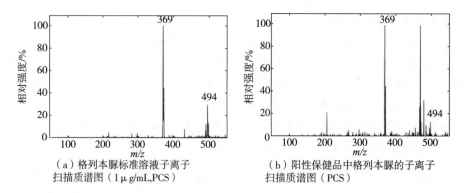

（a）格列本脲标准溶液子离子
扫描质谱图（1μg/mL,PCS）

（b）阳性保健品中格列本脲的子离子
扫描质谱图（PCS）

图 3-2-2-22

表 3-2-2-4 食药监通报的某不合格降糖保健品检测结果

化合物	检测结果
苯乙双胍	阳性（＋）
格列吡嗪	阴性（－）
格列本脲	阳性（＋）

参考文献

［1］ Cooks R G, Ouyang Z, Takats Z, et al. Detection Technologies. Ambient mass spectrometry[J]. Science, 2006, 311(5767):1566.

［2］ Gao L, Song Q, Noll R J, et al. Glow discharge electron impact ionization source for miniature mass spectrometers. Journal of Mass Spectrometry[J], 2007, 42(5):675.

［3］ Gao L, Cooks R G, Ouyang Z. Breaking the pumping speed barrier in mass spectrometry: discontinuous atmospheric pressure interface. Analytical Chemistry[J], 2008, 80(11):4026-32.

［4］ Hendricks P I, Dalgleish J K, Shelley J T, et al. Autonomous in situ analysis and real-time chemical detection using a backpack miniature mass spectrometer: concept, instrumentation development, and performance. Analytical Chemistry [J], 2014, 86(6):2900-8.

［5］ Li L, Chen T C, Ren Y, et al. Mini 12, Miniature Mass Spectrometer for Clinicaland Other Applications—Introduction and Characterization. Analytical Chemistry[J], 2014, 86(6):2909.

［6］ Ma Q, Bai H, Li W, et al. Direct identification of prohibited substances in cosmetics and foodstuffs using ambient ionization on a miniature mass spectrometry system. Analytica Chimica Acta[J], 2016, 912:65.

［7］ Ma Q, Bai H, Li W, et al. Rapid analysis of synthetic cannabinoids using a miniature mass spectrometer with ambient ionization capability. Talanta［J］,2015,142:190－196.

［8］ Ren Y,Mcluckey M N,Liu J,et al. Direct mass spectrometry analysis of biofluid samples using slug－flow microextraction nano－electrospray ionization. Angewandte Chemie［J］,2014,53(51):14124.

［9］ Takáts Z,Wiseman J M,Gologan B,et al. Mass spectrometry sampling under ambient conditions with desorption electrospray ionization. Science［J］,2004,306(5695):471.

［10］ Wang H,Liu J,Cooks R G,et al. Paper spray for direct analysis of complex mixtures using mass spectrometry. Angewandte Chemie［J］,2010,122(5):889－892.

2 质子转移反应质谱仪创新开发与应用

2.1 仪器研发历史、基本结构与性能指标

质子转移反应质谱(PTR－MS)技术由奥地利 Innsbruck 大学的 Lindinger 等人发明,目前是世界上最先进的痕量挥发性有机物(VOCs)实时检测技术。中国科学院合肥物质科学研究院(以下简称合肥研究院)是国内首家成功研制 PTR－MS 仪器的单位。早在 2003 年,合肥研究院储焰南研究组已经开始着手相关预研,并在2005 年获得中科院仪器研制项目和国家自然科学基金项目的资助后,正式开始研制 PTR－MS,最终于 2007 年建成国内首套 PTR－MS 装置,之后在国家 863 计划项目、国家重点研发计划、中科院重要方向项目和国家自然科学基金项目的资助下,开发出了质子反转移质谱新技术,进一步完善了仪器性能,拓展了仪器功能和应用领域,现已建成可长期稳定运行的标准型 PTR－MS、紧凑型 PTR－MS、双极性质子转移反应质谱(DP－PTR－MS)和高灵敏型双极性质子转移反应质谱 DP－PTR－MS 仪器(图 3－2－2－23)。

图 3－2－2－23 标准型 PTR－MS、紧凑型 PTR－MS、DP－PTR－MS 和 高灵敏型 DP－PTR－MS(从左至右)

PTR－MS 的基本结构如图 3－2－2－24 所示,主要由离子源、漂移管和离子探测系统组成。利用离子源制备高浓度的母体离子 H_3O^+ 与进样口处加入的挥发性有机物进行离子-分子反应($H_3O^+ + VOCs \rightarrow H_2O + VOCsH^+$),反应区施加适当电场可增加离子-分子碰撞能量,阻止团簇离子的产生,使得每种 VOC 分子被离子化为

单一的 $VOCH^+$ 离子,通过质谱对各种离子的计数进行测量,完成对 VOCs 的检测。

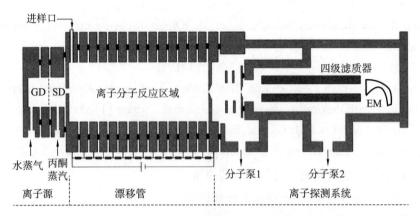

图 3 - 2 - 2 - 24   质子转移反应质谱仪结构原理图

图 3 - 2 - 2 - 25 所示为近期开发的双极性质子转移反应质谱 DP - PTR - MS 示意图,在正离子模式下,进样口加入的 VOCs 可以与母体离子 H_3O^+ 发生离子-分子反应 $H_3O^+ + VOCs \rightarrow H_2O + [VOCsH]^+$,生成产物 $[VOCs + H]^+$;在负离子模式下,母体离子转换为 OH^-,漂移管中的离子-分子反应变为 $OH^- + VOCs \rightarrow H_2O + [VOCs - H]^-$,生成产物离子 $[VOCs - H]^-$,可见,配合两种检测模式,可以提高仪器的定性能力。

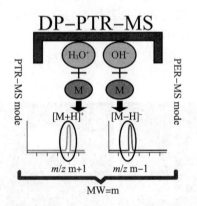

图 3 - 2 - 2 - 25   双极性质子转移反应质谱 DP - PTR - MS 的技术原理示意图

四种仪器的性能指标如表 3 - 2 - 2 - 5 所示,与奥地利 Ionicon 公司产品相比,本单位产品在质量范围、探测范围和响应时间方面已经接近或者赶上国外产品水平,而且随着双极性质谱新技术的发展应用,合肥研究院的 DP - PTR - MS 产品在离子定性方面将超过 Ionicon 公司的产品。

表 3 - 2 - 2 - 5 四种 PTR - MS 产品的主要性能指标

产品	质量范围	探测范围	响应时间
标准型 PTR - MS	$(1\sim300)u;(1\sim510)u$	100ppt～10ppm	1s
紧凑型 PTR - MS	$(1\sim300)u;(1\sim510)u$	500ppt～10ppm	1s
DP - PTR - MS	$(1\sim510)u;(1\sim1000)u$	10ppt～10ppm	1s
高灵敏型 DP - PTR - MS	$(1\sim510)u;(1\sim1000)u$	1ppt～10ppm	1s

注:1ppt＝1pg/g;1ppm＝1ng/g。

2.2 产品特色与核心技术

2.2.1 产品主要技术特色和优势

(1)响应速度快,检测时间短:从进样到质谱出信号,仅需 1s 左右时间,可实现实时在线检测,特别适合于浓度快速变化的场合(如重点污染源监测、生物化学反应过程监测等)和空间快速变化的场合(如机载、车载和船载等对环境气体的监测),不再需要冗长的前处理过程。

(2)灵敏度高,检测下限低:对于 ppbv[①] 浓质量级以下的痕量 VOCs 检测而言,常规的色谱类仪器需要浓缩之后才能检测到,而 PTR - MS 技术的检测限已达到了 1pptv[①] 量级以下,可以直接检测,无需浓缩,不仅节省时间,而且避免了浓缩过程引入的污染和成分丢失。

(3)结果分析简单:PTR - MS 中的离子-分子反应是一种化学电离的软电离方式,这种软电离保证了待测有机物与产物离子的一一对应,只需将产物离子质量数减 1 即可推测到待测有机物的相对分子质量。对于复杂样品的分析而言,相比电子轰击电离等技术获得的结果,谱图分析更简单。

(4)线性范围宽:在 10pptv 到 20ppmv[①] 量级范围内信号响应呈线性,线性范围跨越 5 个数量级,一次检测可对多种浓度范围的有机物进行检测。

(5)直接采样,不需要对样品进行处理:因 PTR - MS 技术灵敏度高,无需采样浓缩等样品处理过程。仪器通过气压差直接将待测气体吸入反应区,进行离子化检测,无需额外的处理过程,操作简便、节省时间。

(6)选择性好:质子亲和势大于水的 VOCs 才能在反应腔被离子化,从而被质谱检测到,空气中 O_2、N_2、CO_2、Ar 等主要成分质子亲和势小,无法被离子化,因此不会对空气中 VOCs 的检测构成影响。

2.2.2 产品主要知识产权的核心技术

核心技术 1:质子反转移反应质谱技术[1]。合肥研究院在国际上首先提出了质子反转移反应质谱技术,并依靠该技术成功研制了质子反转移反应质谱仪,该仪器的电

---

① 1ppmv＝1μL/L;1ppbv＝1nL/L;1pptv＝1pL/L;下同。

离方式更加柔和,碎片离子更少,因此更利于质谱分析。

核心技术 2:双极性质子转移反应质谱技术[2]。结合质子转移反应质谱和质子反转移反应质谱技术,提出了双极性质子转移反应质谱技术,即在一台仪器上,通过切换电源极性,即可实现正负离子切换,得到 $m/z+1$ 离子和 $m/z-1$ 离子,推测待测物质的相对分子质量(等于 m/z),有助于提高对待测物的定性能力。

2.3 市场情况

目前 PTR-MS 产品主要应用于环境、医学、生产过程控制、公共安全等领域,因此,产品的预期销售对象主要有环保部门、医院、化工厂、质检部门、火车站、机场、地铁站、汽车站等。在国内,合肥研究院率先攻克了 PTR-MS 的关键技术,而且在国内一直处于技术领先水平,已经生产了可以满足不同需求的系列产品,并在环境监测领域实现销售。同时,还将该仪器应用于癌症患者呼气检测、产品质量监控和公共安全等领域。

国产化仪器成本更低,而且配备了多种进样口,在产品价格和应用领域范围等方面都有较强竞争力。结合目前市场情况,合肥研究院目前的产品方向主要锁定在环境监测、疾病辅助诊断、产品质量监测、公共安全等几大产品领域:

(1)环境监测系列仪器

目前环境 VOCs 检测使用的色谱类仪器速度慢、灵敏度低,需采样浓缩等人工处理工程,不适合痕量 VOCs 在线监测的需求。配备 PTR-MS 技术产品是未来的必然趋势,现在已经有两家环境检测机构购买了合肥研究院的 PTR-MS 产品。PTR-MS 最直接的应用方向即为环境监测,可以作为通用的 VOCs 监测仪,满足一些重要污染源气体泄漏监测报警、建筑装修行业的室内空气质量评价和车内气体评价的需求。

(2)疾病辅助诊断仪器

通过检测呼出气体来研究呼气与疾病的关系,是目前国际上热门的研究课题,因为该研究的目标有望开发出通过呼气进行疾病快速无创诊断的设备和方法,将来或可直接通过呼气检测完成多项体检,便于开展大规模疾病无创筛查。目前已经有相关的呼气检测设备应用于临床,如呼气[13/14]CO_2 检测仪(检查胃中幽门螺旋杆菌)、呼气 NO 检测仪(检查肺部感染)、呼氢检测仪(检查乳糖缺乏症)等。除了呼气,PTR-MS 也可以测尿液气味,所以未来开发的仪器可以是呼气检测仪、尿液检测仪、以及专门的疾病检测仪。目前合肥研究院正在开展大规模的初诊肺癌病人呼气检测研究。

(3)产品质量监控系列仪器

根据前期研究可知,PTR-MS 因灵敏度高、速度快,还可以用于产品质量监控,因此,可以开发出相关的产品质量控制检测仪器,如沉香检测仪、中药材检测仪、PVC 医用材料检测仪等,满足市场对产品的真假或质量高低进行鉴别和评定。还可以用于监测工业发酵或合成过程中的成分在线监测,提高目标物的产率,可开发成工业发酵/合成过程监测仪等。

(4)公共安全系列仪器

在公共安全领域,PTR－MS也能发挥作用,合肥研究院已经将其应用于炸药检测,可对多种炸药开展检测,应用于机场、火车站等重要场所的安检。目前车站、机场使用的痕量炸药安检仪是基于离子迁移谱原理,该技术虽然成本低,但误报率相比质谱来说较高。随着人们对安全要求越来越高,质谱替代目前的离子迁移谱仪是未来的必然趋势,所以PTR－MS可开发成炸药检测仪。另外,在潜艇、太空舱或训练舱等密闭舱体内的毒害气体监测也可以使用PTR－MS,可被开发成相应的气体监测仪等。

2.4 应用实例

2.4.1 在线监测空气中痕量VOCs——以合肥董铺水库参考站点为例[3]

2.4.1.1 仪器与试剂

空气VOCs在线监测在自主研制的有机物监测仪PTR－MS(标准型PTR－MS)上开展的,它主要由离子源、漂移管和离子探测系统组成。该装置通过离子源内的水蒸气放电,制备高浓度反应离子H_3O^+,H_3O^+注入漂移管后与空气中的待测VOCs碰撞,如果VOCs的质子亲和势大于H_2O的质子亲和势,则在漂移管内发生质子转移反应($H_3O^+ + VOCs \rightarrow VOCsH^+ + H_2O$),从而使待测VOCs质子化为$VOCsH^+$,产物离子$VOCsH^+$和反应离子$H_3O^+$在漂移管电场作用下最终进入质谱腔被质谱检测。空气中N_2、O_2等主要成分的质子亲和势小,不与H_3O^+发生质子转移反应,所以空气中N_2、O_2不会对VOCs检测产生干扰,因此PTR－MS特别适合检测空气中VOCs[4,5]。根据离子-分子反应动力学理论,可直接计算得到VOCs浓度[4,5]。

空气VOCs离线取样检测实验采用的SPME萃取头型号是$75\mu m$的CAR/PDMS,检测仪器GC－MS/MS是美国Thermo Fisher公司的TSQ QUANTUM XLS型号仪器,通过SPME采样方法在现场进行浓缩取样,利用GC－MS/MS进行气化、分离和质谱检测。

2.4.1.2 实验方法

空气VOCs实时在线监测实验中,PTR－MS仪器放置在科学岛医院二楼靠路边的呼气检测室内,将聚四氟乙烯材料的取样管道通过窗户顶端的开孔伸出窗外,将室外空气引入室内,气体通过催化转化装置,再通过过滤接头,最后进入PTR－MS进样口(见图3-2-2-26)。催化转化装置是由填充铂丝绒毛、可加热控温的两通管道构成,目的是去除空气中VOCs,获得PTR－MS仪器信号背景。在连续的空气监测过程中,该装置从管路中移除。温度和湿度自动检测器的探头与VOCs在线监测取样口相邻放置。VOCs离线取样检测实验时,SPME取样点位于窗外窗台上。

PTR－MS扫描质量范围是$m/z20-36$、$m/z38-150$两段(避开$(H_2O)_2H^+$离子

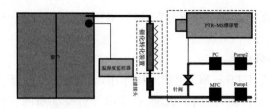

图 3-2-2-26 取样方法和管路

在 m/z 37 的强信号),扫描步长是 1amu,每步扫描 2s,每 10min 自动扫描一次,即质谱约 5min 扫描一次全谱后,停顿 5min 后再扫描第二次全谱,每天 24 小时连续扫描,共监测室外空气 13 天。在室外空气检测前通过催化转化装置获取仪器信号背景,并考察仪器自身的稳定性。

SPME-GC-MS/MS 取样检测时,取样前 SPME 老化 30min,采样 40min,GC-MS/MS 采用分流模式进样,分流比 10:1,进样口温度 200℃,解析时间 30s,载气流速 1.0mL/min,色谱柱升温程序是:40℃,保持 1min,以 5℃/min 升到 180℃,保持 2min。质谱扫描 m/z 45-200 范围。每天分别在 7:00、10:00、13:00、16:00、19:00、22:00 每隔 3 小时取样检测一次。

2.4.1.3 结果与讨论

2.4.1.3.1 催化效果(图 3-2-2-27)

为了考察自制的催化转化装置的效果,在装置未加热条件下,最先以室外空气进样,之后 3 人先后向取样口吹气,可见到呼气中丙酮(m/z 59)的检测信号升高,之后将催化转化装置升温至 300℃,可见到 m/z 59 和 79 信号都有明显下降,之后 3 人再先后向取样口吹气,未见到呼气中 m/z 59 检测信号升高。由此可见,催化转化装置可有效去除空气中和呼气中的 VOCs。

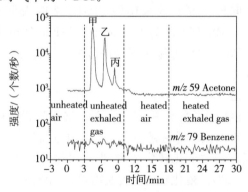

图 3-2-2-27 催化转化装置效果测试

2.4.1.3.2 PTR-MS 稳定性

利用催化转化装置去除有机物后,让 PTR-MS 连续运行 36 小时监测,多次测量平均后的质谱图作为仪器背景信号。图 3-2-2-28(a)图为温湿度和露点监测结果,(b)图为从监测的质谱数据中提取出的 m/z 21,33,59,69,79,93,107 等多种离子监测图。可见,虽然室外温湿度变化较大,但自主研制的 PTR-MS 仪器背景信号具有很好的稳定性,m/z 21 离子监测数据的标准偏差是其平均强度的 0.74%。

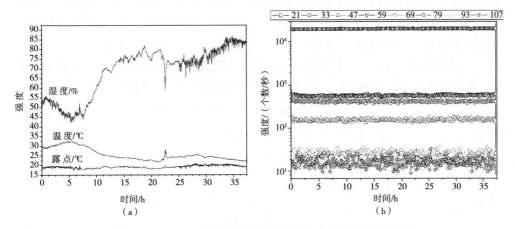

图 3-2-2-28　室外空气温湿度监测与仪器背景信号监测

2.4.1.3.3　监测对比

图 3-2-2-29 所示为空气中苯的监测结果,连线数据为 PTR-MS 连续监测获得的苯变化趋势,方框数据点为 SPME-GC-MS/MS 离线取样检测结果。比较两种结果可以看出,前两天苯浓度波动较大,最高浓度值约达到 2.6ppbv,之后浓度相对平稳。两种监测的苯变化趋势基本相同,只是 PTR-MS 的在线监测结果更精细,更能够反映实时变化特征。

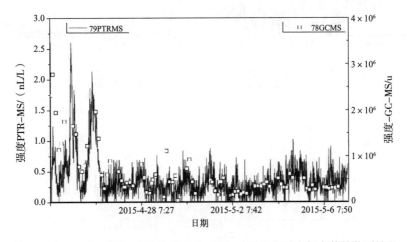

图 3-2-2-29　PTR-MS 和 SPME-GC-MS/MS 对空气中苯的监测结果

2.4.1.3.4 PTR－MS 监测结果

图 3－2－2－30 给出了 PTR－MS 连续 13 天监测另外四种 VOCs 的结果。从结果可以看出，大多数成分都是在前两天浓度较高，而之后较低，这可能与 4 月 28 日之后经常降雨有关。另外，甲苯和二甲苯(93,107)的变化趋势与图 7 中苯的变化趋势非常相似，可能他们来自相同的源。乙醇($m/z47$)是日变化较大的成分之一，它不仅在前两天波动较大，而且在 5 月 1 日中午和傍晚有两次明显波动，可能与路边汽车尾气排放相关，也有可能来源于医院病房。总体来说，由于我们的监测点位于合肥科学岛上，距离市区较远，绿化环境好，这些 VOCs 浓度常在 1ppbv 以下，这也正是合肥市将科学岛作为空气质量监控点的参考站点(董铺水库站点)的原因。

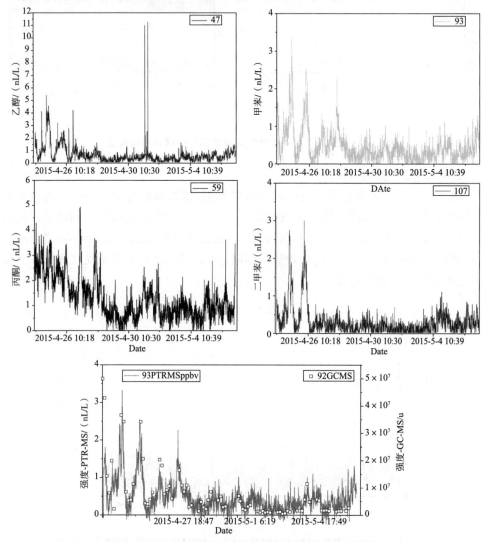

图 3－2－2－30　PTR－MS 连续 13 天监测 VOCs 结果

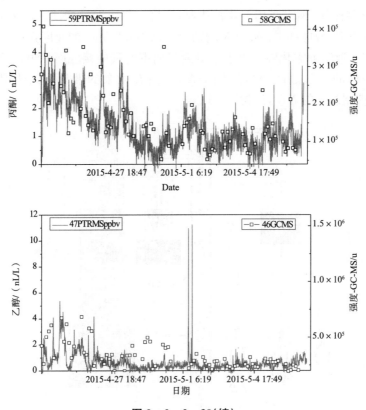

图 3 - 2 - 2 - 30(续)

2.4.1.4 小结

将自制催化转化装置接入自主研制的 PTR - MS 仪器,在考察催化转化装置可有效去除有机物的前提下,考察了自主研制 PTR - MS 的稳定性;以合肥空气质量监控点——董铺水库参考站点处的空气监测为例,利用自主研制的 PTR - MS 仪器开展了为期 13 天的在线监测,获取了 ppbv 浓度以下 VOCs 的变化趋势,结合 SPME - GC - MS/MS 对空气进行同步的离线比对检测,发现二者监测到的苯浓度变化趋势相同。研究结果表明,自主研制的 PTR - MS 完全可应用于空气质量监测和重点污染源实时监控等领域。

2.4.2 同时检测水中 6 种不同类型的 VOCs[6]

2.4.2.1 仪器与试剂

本实验采用自主研制的 PTR - MS 装置结构及原理与 5.1 中相同,可以实现对气态 VOCs 的快速高灵敏检测,但是目前无法直接对水中 VOCs 进行检测,因此设计了如图 3 - 2 - 2 - 31 所示的喷雾 VOCs 提取装置,雾化提取装置主要包括(1)样品瓶、纯水瓶和清洗瓶;(2)样品引入装置蠕动泵(英翔科技有限公司);(3)雾化喷头;(4)雾化腔;(5)旁路气泵(含质量流量控制器,mass flow controller,MFC)。样品瓶用于盛装待测样品,纯水瓶用于获得待测样品的本底信号,清洗瓶用于清洗进样管道。测样过程中,液体样本在蠕动泵的动力下以 46mL/min 的速度到达喷头,经喷头雾化成许多小液滴到雾化腔。由于小液滴与周围空气的接触面积很大,VOCs 在液滴与喷雾腔内的空气之间快速达到平衡,然后在气泵的带动下到达 PTR－MS。MFC 用于控制载气的流速,设为 50mL/min。

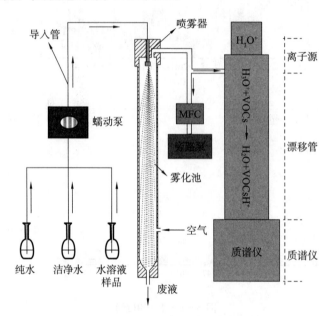

图 3－2－2－31　喷雾进样结构示意图

　　氯化钠、乙腈、乙醛、乙醇、丙酮、乙醚和甲苯采购于国药集团化学试剂有限公司,纯度均为分析纯。实验室所用纯水为两级纯水机串联制备得到,纯水机采购于合肥科宁特水处理设备有限公司和赛默飞世尔科技有限公司。混合标准液的配制:分别取色谱纯标准 $56\mu L$ 乙腈、$141\mu L$ 乙醛(40％纯度)、$56\mu L$ 乙醇、$55\mu L$ 丙酮、$62\mu L$ 乙醚和 $51\mu L$ 甲苯于先加入适量甲醇的 50mL 容量瓶,用甲醇稀释至刻度,摇匀 5min。再取该稀释溶液 $125\mu L$ 于先加入适量纯水的 250mL 容量瓶中,用纯水稀释至刻度,摇匀 5min。最后,取该稀释溶液 0.625、2.5、10、20、40、70、和 100mL 于先加入适量纯水的 500mL 容量瓶中,用纯水稀释至刻度,摇匀 5min,配制浓度分别为 0.55、2.2、8.8、17.6、35.2、61.6、88$\mu g/L$ 的乙腈、乙醛、乙醇、丙酮、乙醚和甲苯混合溶液。

2.4.2.2　结果与讨论

(1)响应时间

　　图 3－2－2－32 给出了 SI－PTR－MS 装置检测水体中乙腈、乙醛、乙醇、丙酮、乙醚和甲苯的响应时间测试数据。如图 10(a)所示,响应时间是指开始进样时间点与信号强度达到最大值的$(1-1/e)$时间点之间的时长[7]。配制 $61.6\mu g/L$ 的乙腈、乙

醛、乙醇、丙酮、乙醚和甲苯的混合溶液,监测这 6 种 VOCs 对应质子化产物(m/z 42、m/z 45、m/z 47、m/z 59、m/z 75、m/z 93)的信号强度,检测结果如图 10(b)所示。表 3-2-2-6 给出了 SI-PTR-MS 检测这 6 种有机物的响应时间,其中乙醚的响应时间最短,达到了 47s,该结果均优于膜进样-质子转移反应质谱[8]和 EI-PTR-MS[7,9]的响应时间。根据响应时间和 46mL/min 的水样进样速度,容易算得 SI-PTR-MS 装置所需的样品量最低可达到 36mL。

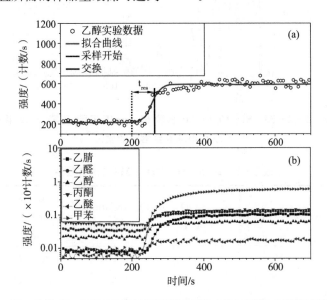

图 3-2-2-32 装置 SI-PTR-MS 检测乙腈、乙醛、乙醇、丙酮、乙醚和甲苯的响应时间

(2)方法有效性

在将该方法用于实际样品检测之前,我们首先考察了该方法的检出限、线性范围以及重复性。配制 0.55、2.2、8.8、17.6、35.2、61.6、88μg/L 的乙腈、乙醛、乙醇、丙酮、乙醚和甲苯混合溶液,依次进样检测,扫描范围设为 m/z 38~150。图 3-2-2-33 是 61.6μg/L 混合样品的质谱图,可以看到 6 种 VOCs 对应的质子化产物在 m/z 42、m/z 45、m/z 47、m/z 59、m/z 75、m/z 93 处有明显的质谱峰。

经过 SI-PTR-MS 对不同浓度的混合样品进行检测,得到混合样本中每种 VOC 的标准曲线,从而得到该方法的检出限和线性范围如表 3-2-2-6 所示。以 S/N=3 计算检出限,具体计算方法见前人文献[10]。所有 VOCs 检出限都在 10μg/L 以下,特别是乙醛和甲苯,检出限小于 1μg/L,和在线装置 MI-PTR-MS[11] 的检出限相当。拟合曲线的相关系数都在 0.9 以上。

配制 61.6μg/L 的 6 种 VOCs 混合样品,连续进样 5 次,考察装置 SI-PTR-MS 的重复性。结果如表 2 所示,6 种 VOCs 的相对标准偏差(relative standard deviation,RSD)范围是 0.8%~3.1%,可见该方法重复性良好。

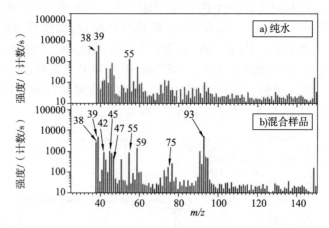

图 3 − 2 − 2 − 33   SI − PTR − MS 检测 61.6μg/L 乙腈、乙醛、乙醇、丙酮、
乙醚和甲苯混合溶液的质谱

表 3 − 2 − 2 − 6   SI − PTR − MS 方法有效性

VOCs	Response time(s)	LOD μg/L	Correlation coefficient	Linear range μg/L	RSD (%, n=5)
乙腈	80	3.85	0.995	8.8～88	3.1
乙醛	57	0.39	0.988	8.8～88	2.0
乙醇	65	3.92	0.998	8.8～88	2.6
丙酮	55	7.18	0.986	8.8～88	1.4
乙醚	31	7.28	0.985	8.8～88	1.5
甲苯	88	0.90	0.998	0.55～88	0.8

(3)实际水样检测

我们利用 SI − PTR − MS 装置对自来水和作为本地饮用水源的湖水进行检测。结果如图 3 − 2 − 2 − 34 所示,相比较于纯水,在湖水中没有检测到明显的 VOCs;在自来水的质谱图中 m/z 45、m/z 52、m/z 64、m/z 65、m/z 83、m/z 85、m/z 100 和 m/z 102 处多出明显的离子峰。m/z 45 处离子应该是乙醛[12],m/z 52 处离子应该是质子化的一氯胺($NH_2{}^{35}ClH^+$),m/z 100 和 m/z 102 处离子应该是质子化的二氯甲胺($CH^{35}Cl_2NH_2H^+$、$CH^{35}Cl^{37}ClNH_2H^+$),氯胺类有机物是常用的饮用水二级消毒剂[13,14],m/z 83、m/z 85、m/z 64、m/z 65 处离子有可能是质子化二氯甲胺分别丢失 NH_3、NH_3、Cl 和 HCl 的碎片离子($CH^{35}Cl^{2+}$、$CH^{35}Cl^{37}Cl^+$、$CH_4{}^{35}ClN^+$、$CH_3{}^{35}ClN^+$),准确的定性还需另行研究。

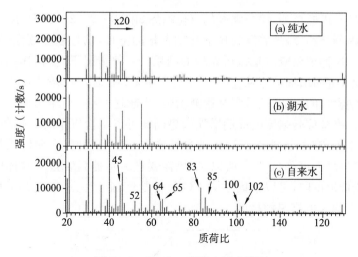

图 3-2-2-34 实际水样全谱图

为了检验该装置在不同水样中的检测效果,利用自来水和湖水配制 61.6μg/L 的乙腈、乙醛、乙醇、丙酮、乙醚和甲苯混合溶液(自来水中乙醛含量为 2.9μg/L,因此配制的自来水中乙醛含量为 64.5μg/L),进样检测,计算回收率。结果如表 3-2-2-7 所示,自来水中 6 种有机物的回收率为 96.3%~105.6%,湖水中 6 种有机物的回收率为 94.6%~106.0%。可见,该检测方法监测自来水和湖水中乙腈、乙醛、乙醇、丙酮、乙醚和甲苯的回收率良好。

表 3-2-2-7 实际水样中乙腈、乙醛、乙醇、丙酮、乙醚和甲苯的回收率

VOCs	自来水			湖水		
	浓度 μg/L	混合样品加入后 μg/L	相对回收率 %	浓度 μg/L	混合样品加入后 μg/L	相对回收率 %
乙腈	0	59.3	96.3	0	60.3	97.9
乙醛	2.9	65.6	101.7	0	64.7	105.0
乙醇	0	63.3	102.8	0	58.3	94.6
丙酮	0	61.3	99.5	0	61.9	100.5
乙醚	0	65.0	105.6	0	65.3	106.0
甲苯	0	59.7	96.9	0	63.8	103.6

(4)样本中盐度的影响

盐度对有机物的气-液分配比有一定的影响[15,16],因此,调节样品盐度有可能进一步提高装置的检测灵敏度。本实验以 61.6μg/L 的乙腈、乙醛、乙醇、丙酮、乙醚和甲苯混合溶液为研究对象进行实验,考察样本中氯化钠含量对信号强度的影响。在上述样本中加入氯化钠,依次配制含量为 0%、5%、10%、15%、20% 和 25%(质量浓度)的含盐溶液,进样检测,信号强度的变化趋势如图 3-2-2-35 所示。对于乙腈、乙醛、乙醇、丙酮和乙醚,随着溶液中氯化钠含量的增加,信号强度逐渐增强,最多提高了近 5 倍。这种现象应该是盐析作用的结果。一般情况下,盐析作用可以降低待测物的溶解度,进而增加信号强度[15]。而对于甲苯,在 0%~15%(W/V)区间,随着溶液中氯化钠含量的增加,信号强度逐渐增强,当超过 15%(质量浓度)之后,信号强度反而下降。甲苯信号强度的前期增强趋势同样可以用盐析作用来解释[15],而当氯化钠含量大于 15% 时,可能由于溶液的黏性增加到一定程度,从而使质量传输率减小,进而导致信号强度降低[16]。所以,如果需要进一步提高装置对水体中 VOCs 检测灵敏度,降低检出限,可以根据不同 VOCs 的盐度响应特点,通过调节样本的盐度来实现目标 VOCs 的高灵敏检测。

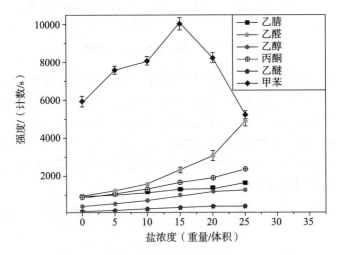

图 3-2-2-35 溶液中盐度和信号强度之间关系

2.4.2.3 小结

本实验利用自主搭建的 SI-PTR-MS 装置检测水体中 6 种不同类型的 VOCs,包括乙腈、乙醛、乙醇、丙酮、乙醚和甲苯。首先利用该装置对标准样品进行检测,结果表明,该装置对以上 6 种 VOCs 的响应时间均小于 88s,乙醚的响应时间达到 31s,检测所需最低样品量达到 36mL;而且该装置对以上大部分 VOCs 的检出限都在 10μg/L 以下,特别是乙醛的检出限达到 0.39μg/L;对以上 6 种 VOCs 的同一样品连续 5 次进样,相对标准偏差范围是 0.8%~3.1%,可见重复性良好。最后利用该装置对实际水样自来水和湖水进行检测,在两种水样中添加 61.6μg/L 的乙腈、乙醛、乙醇、丙酮、乙醚和甲苯混合溶液,回收率为 96.3%~105.6%(自来水)和 94.6%~106.0%(湖水)。以上研究结果表明,装置 SI-PTR-MS 在水体中痕量 VOCs 的快速在线监测方面有重要应用价值。考虑到实际应用的便捷性,装置评价和实际样品测量时,未对样品盐度进行调节,但由盐度对信号强度影响的结果可见,调节盐度还可进一步降低检出限。

2.4.3 食管癌患者呼气 VOCs 检测分析[17]

2.4.3.1 仪器与试剂

本实验在研制的标准型 PTR－MS 上完成,但是为了满足呼气检测要求,对仪器参数进行了更改,同时设计搭建了在线呼气进样系统。

由于常规呼气检测中在高质量范围未见明显的质谱峰,所以实验中将质谱扫描上限设为 m/z 150;另外,PTR－MS 母体离子 H_3O^+ (m/z 19) 及其水团簇离子 $(H_2O)_2H^+$ 的强度过高,所以实验中通过分成 m/z 20～36 和 m/z 38～150 两段进行质谱扫描,避免对探测器造成损害,通过监测 H_3O^+ 的 ^{18}O 同位素 $H_3^{18}O^+$ (m/z 21) 来推算母体离子 H_3O^+ (m/z 19) 的强度。实验中质谱扫描步长设为 1 个质量数,每步扫描的驻留时间为 1s,两步扫描间隔时间为 0.1s。

按照上述质谱扫描参数,容易推算扫描一幅完整质谱所需时间约为 143s,远大于人吹一口气的时间。为了可以在一次吹气的前提下获得完整的质谱,实验中采用了如图 3－2－2－36 所示的进样控制管路,首先将质量流量控制器(MFC)设定为 500mL/min,吹气人员向一次性吹嘴吹一口气,持续 7s 以上,第 7 秒时将 MFC 流量设为 0,存储在进样管路中的样气在真空作用下缓慢地进入 PTR－MS,完成质谱全谱扫描[18]。为了保证全谱扫描的正常工作,每天实验开始前,由实验操作员按照上述实验步骤吹气,质谱监测呼气中 m/z 59 的离子信号强度随时间变化趋势,验证 m/z 59 离子信号强度能否维持足够长的时间,确认满足全谱扫描再开始病人呼气检测。

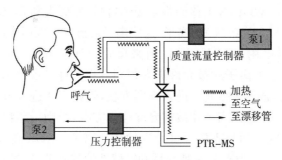

图 3－2－2－36 在线呼气进样示意图

2.4.3.2 实验方法

(1)呼气实验过程

整个实验在中国科学院合肥物质科学研究院肿瘤医院开展,历时 38 天。参加实验的 29 名病人均为在该医院被确诊为食管癌的住院病人,57 名健康志愿者是该院病人陪床家属和医院内部医护人员,年龄控制在 43～76 岁之间,其中 29 名食管癌病人样本未做其他特殊控制,包含了正在接受手术、放疗和化疗的病人以及尚未接受治疗的病人。具体的年龄和性别信息见表 3－2－2－8。实验获合肥物质科学研究院医学伦理委员会批准,严格遵守赫尔辛基宣言,所有被实验人需签署知情同意书。

实验室内温度控制在 $(24\pm1)℃$。病人和健康志愿者在实验前一天晚上 8 点以后停止进餐和饮水,早上起床后不刷牙,实验前用 100mL 凉的纯净水漱口 3 次,并在实验室内静坐 5min,然后按照实验要求向连着 PTR-MS 的一次性吹嘴持续吹气 7s以上,开始 PTR-MS 检测分析。为了监测仪器性能的稳定性,并获得空气背景的质谱数据,实验中每隔半小时对实验室空气做一次质谱扫描。

表 3-2-2-8　受试者信息

	Esophageal cancer 食道癌患者	Healthy people 健康人群
被测试人数	29	57
年龄(平均值±标准偏差,岁)	61.3±9.4	55.4±8.6
性别(男性/女性)	27/2	28/29

(2)统计方法

环境空气中的 VOCs 会随着呼吸进入人体,因此排除环境对人体呼气的影响至关重要。我们对质谱数据做如式(2)所示的预处理:

$$II = IIEA - IIIA \tag{2}$$

式中 II 为离子强度,IIEA 为呼出气离子强度,IIIA 为呼入气离子强度。数据预处理后,利用 Mann-Whitney U 检验判断 29 名食管癌病人和 57 名健康人呼气数据中的具有显著性差异($p\leqslant0.05$)的离子,这些离子被挑选出来用作进一步的逐步判别分析。在判别分析中用 Wilk'lambda 值来反映统计显著性,在每一步中,只有让 Wilks'lambda 值最小的离子才被允许进入判别方程。每一步判别分析中,当被加入离子的 $F\geqslant3.84$ 时,该离子被允许进入判别方程,否则不能进入方程;当要从方程中移出离子的 $F\leqslant2.71$ 时,该离子才被允许移出方程,否则不能移出方程,根据这一判别过程即可得到区分两类人群呼气数据的特征离子。ROC 曲线是反映特异度和灵敏度连续变量的综合指标,揭示特异性和敏感性的相互关系,通过将连续变量设定多个不同的临界值,从而计算出一系列敏感性和特异性,再以敏感性为纵坐标、(1—特异性)为横坐标绘制曲线,曲线下面积(AUC)越大,诊断准确性越高,AUC 在 0.9以上时说明有较高准确性。我们结合判别分析得到特征离子做 ROC 分析。整个统计过程在软件 SPSS 19.0 中完成。

2.4.3.3　结果与讨论

(1)仪器稳定性

对实验期间每天第一次扫描的空气背景质谱图中的 $m/z\ 21$ 离子信号进行提取,得到如图 3-2-2-37 所示的 $m/z\ 21$ 随天数的变化图。在 38 天的实验期间,

m/z 21 的信号强度相对波动仅为 1.1％。可见，整个实验期间，仪器性能稳定可靠。

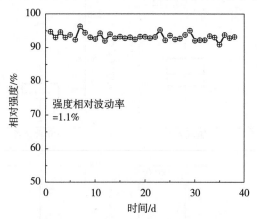

图 3－2－2－37　实验期间反应离子波动

（2）统计分析结果

实验共对参与实验的 29 名食管癌患者和 57 名健康人呼气的质谱数据做了 Mann－Whitney U 检验。检验结果显示，共有 20 种离子的 $p \leqslant 0.05$，质荷比分别是 27、31、33、34、45、51、54、58、59、60、62、63、76、89、93、95、105、107、128 和 136。然后利用这 20 种离子对应的两类数据做逐步判别分析，根据前述判别规则，质荷比等于 136、34、63、27、95、107 和 45 的 7 种离子（按照进入判别方程的顺序）被挑选出来建立判别方程，真阳性率和真阴性率分别为 86.2％和 89.5％。联合这 7 种离子做 ROC 分析，如图 3－2－2－38 所示，曲线下面积（AUC）是 0.943。

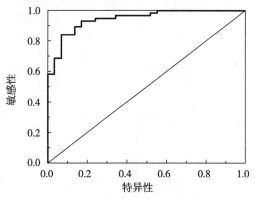

图 3－2－2－38　ROC 曲线

（3）呼气中 VOCs 的离子信号强度

判别方程中 m/z 136、34、63、27、95、107 和 45 七种离子在食管癌患者和健康人呼气中的信号强度分布如图 3－2－2－39 所示，m/z 34、63、95、107 和 45 离子信号强度在食

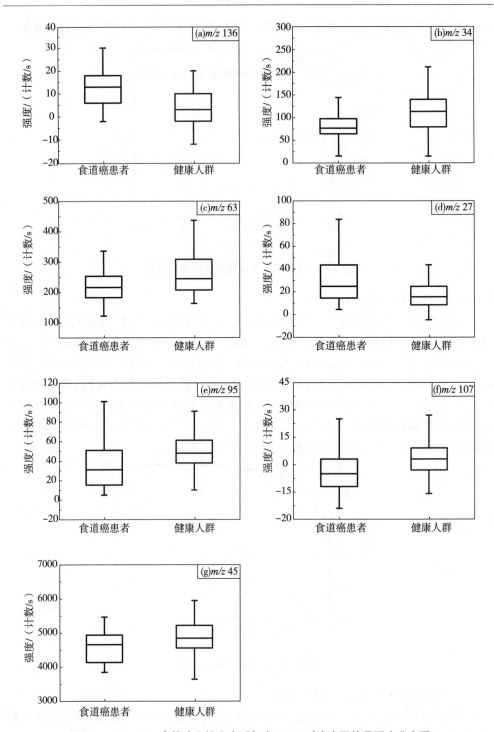

图 3-2-2-39　食管癌和健康人呼气中 VOCs 对应离子信号强度分布图

管癌患者呼气中含量低于健康人呼气中含量,而 m/z 136 和 27 两个离子在食管癌患者呼气中含量高于健康人呼气中含量。具体信息如表 3-2-2-9 所示,离子 m/z 34、63 和 45 在食管癌患者呼气中含量略低于健康人呼气中含量。离子 m/z 95 在食管癌患者呼气中信号强度约等于健康人呼气中的一半,有大幅度的降低。健康人呼气中 m/z 107 离子信号强度大于零,但是在食管癌患者呼气中小于零,趋势相反。另外,相比较于健康人,食管癌患者呼气中 m/z 27 的离子信号强度有小幅度升高。而离子 m/z 136 对应物质在食管癌呼气中浓度等于健康人呼气中的四倍,浓度升高幅度很大。

（4）特征离子强度变化规律

本实验中,相比较于健康人,食管癌患者呼气质谱中 m/z 34、63、95、107 和 45 的离子信号强度降低, m/z 136 和 27 的离子信号强度升高。虽然目前尚无对于食管癌患者呼气中 VOCs 浓度变化规律的研究,但是在其他癌症的呼气检测方面发现了类似现象,例如 Ma 等人[19]在研究中发现异戊二烯和戊烷在肺癌患者呼气中含量低于健康人呼气中的,而丙酮、丙醇和甲醇在肺癌患者呼气中有升高趋势。Ulanowska 等人[20]在研究肺癌患者和健康人呼气时发现,相比于健康人,肺癌患者呼气中丁烷、二甲基硫醚、丙醛、1-丙醇、2-戊酮、呋喃、邻二甲苯和乙苯的浓度升高,而乙醛、戊烷和3-甲基戊烷等物质浓度降低。在对肺癌细胞培养液顶空气体的研究中也发现了相似现象[21-23]。而且有研究表明,肺癌患者呼气中异戊二烯浓度减小跟患者的免疫力降低有关[24],所以可推测本研究中部分离子浓度降低源于患者身体机能下降,而另外一部分离子浓度升高跟癌症导致的某种身体代谢加快有关。但是本实验未对呼气VOCs 定性,所以具体原因有待后续分析。

（5）特征离子对应的可能物质

我们对判别方程中的 7 个离子对应的物质做粗略推断。Costello[25]总结了健康人呼气中的 872 种 VOCs。根据 872 种 VOCs 的质荷比信息,我们对判别方程中的七种离子对应物质做出如下推断: $m/z=63$:二甲基硫醚;硫醇;氯乙烯。 $m/z=95$:苯酚;溴甲烷;1,3-环庚二烯;二甲砜;2-甲基-1,3-间二嗪;1-亚甲基-2-环己烯。 $m/z=107$:乙苯;苯甲醛;对-二甲苯;邻-二甲苯;间-二甲苯。 $m/z=45$:氧乙烯;乙醛。但是考虑到只有质子亲和势大于 691kJ/mol 的 VOC,才能与 H_3O^+ 发生质子转移反应,我们在表3-2-2-9 中给出了判别方程中离子可能对应的物质。

相关实验也检测到本文中食管癌患者呼气中的部分 VOCs。Smith 用 SIFT-MS检测到胃-食管患者呼气中含苯酚（MW=94）[26],质子亲和势等于 817.3kJ/mol,能够发生质子转移反应,生成产物 $C_6H_7O^+$ （ m/z 95）。本实验中检测到的食管癌标志物中也有离子 m/z 95。

表 3-2-2-9　特征离子 m/z 136,34,63,27,95,107 和 45 的中位值和四分位值，以及对应的可能物质

m/z	食道癌患者		健康人群		可能物质 PA,KJ/mol
	中值/cps	内距/cps	中值/cps	内距/cps	
136	13	(5.5~18)	3	(-2~10.5)	一腺嘌呤(C5H5N5) 2-氨基脲
34	77	(59~100)	113	(79~139)	—
63	218	(185~256)	246	(209.5~312)	二甲基硫醚(830.9) 硫醇(789.6)
27	25	(14~45)	16	(8~27)	—
95	31	(15~54)	48	(38~61)	苯酚(817.3)
107	-5	(-12~5)	3	(-3~9)	乙苯(788) 苯甲醛(834) 对二甲苯(794.4) 邻二甲苯(796) 间二甲苯(812.1)
45	4660	(4155.5~4958)	4864	(4533~5259)	氧乙烯(774.2) 乙醛(768.5)

2.4.3.4　小结

利用质子转移反应质谱仪(PTR-MS)对 29 名食管癌患者和 57 名健康人的呼气进行直接检测,通过对食管癌患者和健康志愿者呼气数据进行统计分析,给出 7 种特征离子,并且发现其中 5 种离子强度要低于健康人员。呼气检测食管癌的真阳性率、真阴性率分别为 86.2%、89.5%,而且未接受治疗的 3 名病人全部被判别为阳性。利用判别方程中的 7 种离子做 ROC 分析,AUC 达到 0.943。该研究表明呼气在线检测 PTR-MS 有望应用于食管癌的大规模无创筛查与辅助诊断。

参考文献

[1] 沈成银,黄超群,王宏志,等. 一种负离子质子反转移反应质谱的有机物检测装置及检测方法,ZL201310236907.3.

[2] 沈成银,邹雪,王鸿梅,黄超群,储焰南. 一种双极性质子转移反应质谱的有机物检测装置及检测方法,ZL201610580356.6.

[3] Kang,M. Zou,X. Lu,Y. etal.,Chem. Res. Chin. Univ. 2016,32:565-569.

[4] Hansel,A. Jordan,A. Holzinger,R. et al. Int. J. Mass Spectrom. 1995,150:609-619.

[5] Lindinger, W. Hansel, A. and Jordan, A. Int. J. Mass Spectrom. 1998,173: 191-241.

[6] Zou,X. Kang,M. Wang,H. M. et al. Chemosphere,2017,217-223.

[7] Kameyama, S. Tanimoto, H. Inomata, S. et al. Anal. Chem. 2009, 81:

9021 -9026.

[8] Beale，R. Liss，P. S. Dixon，J. L. et al. Anal. Chim. Acta，2011，706：128 -134.

[9] Kameyama，S. Tanimoto，H. Inomata，S. et al. Mar. Chem. 2010，122：59 - 73.

[10] Hayward，S. Hewitt，C. N. Sartin，J. H. et al. Environ. Sci. Technol. 2002，36：1554 - 1560.

[11] Beale，R. Liss，P. S. Dixon，J. L. et al. Anal. Chim. Acta，2011，706：128 -134.

[12] Hirayama，T. Kashima，A. Watanabe，T. J. Food Hyg. Soc. Jpn. 1993，34：205 - 210.

[13] Cimetiere，N. De Laat，J. Chemosphere，2009，77：465 - 470.

[14] Pan，Y. Zhang，X. R. Li，Y. Water Res. 2016，88：60 - 68.

[15] Bagheri，H. Ayazi，Z. Babanezhad，E. Microchem. J. 2010，94：1 - 6.

[16] Sarafraz - Yazdi，A. Yekkebashi，A. New J. Chem. 2014，38：4486 - 4493.

[17] Zou，X. Zhou，W. Z. Lu，Y. J. Gastroen. Hepatol. 2016，31：1837 - 1843.

[18] Shen C. Y. Li J. Q. Wang H. Z. et al. Chinese J. Anal. Chem. 2012，40：773 -777.

[19] Ma H. Y. Li X. Chen J. M. et al. Anal. Methods 2014，6：6841 - 6849.

[20] Ulanowska A. Kowalkowski T. Trawinska E. et al. J. Breath Res. 2011，5.

[21] Filipiak W. Sponring A. Filipiak A. et al. Cancer Epidem. Biomarkers & Prevention 2010，19：182 - 195.

[22] Filipiak W. Sponring A. Mikoviny T. et al. Cancer Cell Int. 2008，8.

[23] Sponring A. Filipiak W. Mikoviny T. et al. Anticancer Res. 2009，29：419 - 426.

[24] Fuchs D. Jamnig H. Heininger P. et al. J. Breath Res. 2012，6.

[25] Costello B. D. Amann A. Al - Kateb H. et al. J. Breath Res. 2014，8(1).

[26] Kumar S. Huang J. Abbassi - Ghadi N. et al. Anal. Chem. 2013，85：6121 - 6128.

3 电化学系统及其与质谱联用仪器、技术与应用

3.1 仪器研发历史

1999 年，van Berkel[1] 将电化学流通池与质谱联用，研究化合物的氧化过程。2003 年，Bruins 等人[2] 将 EC 与 MS 直接联用，成功地将蛋白质中的酪氨酸和色氨酸上的肽键进行电化学裂解。2009 年，ROXY EC 系统（Antec Scientific，荷兰）首次亮相在美国费城举行的第 57 届 ASMS 质谱会议上。2010 年，Antec 公司凭借 ROXY EC 系统赢得了著名的分析技术创新奖。之后，使用该仪器发布的论文数量大幅增加到超过 100 篇[3-6]。

3.2 基本结构与仪器配置

在过去的几年中,ROXY 系统已经多次升级、改进(软件和硬件),以覆盖更广泛的应用范围,不仅仅是与 MS 联用,例如还可以进行电化学法合成(制备)。在图 3-2-2-40 中,示意图显示了基本结构:输液泵、ROXY 电位器、电化学流通池(反应器)和用于仪器控制的对话软件。

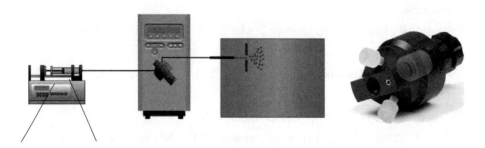

图 3-2-2-40 配有一个放大的反应流通池(底部)的 **ROXY EC** 系统与质谱联用的示意图,从左到右:输液泵,配备了反应流通池的 **ROXY** 电位器和质谱

在图 3-2-2-41 中,EC-MS 的仪器配置示意图有三种基本的配置:直接注入模式、分离前反应模式、分离后反应模式,第一种没配 HPLC,后二种有配 HPLC。在直接注入模式中,样品(通常是单底物)用输液泵直接注入电化学反应流通池,反应后进入质谱。施加电压的方式是每 2min 100mV 的递增电压步骤,并记录得到的谱图,可以在几分钟内记录下 MS 的伏安谱图。在图3-2-2-45中显示了一种典型的药物化合物阿莫地喹的 MS 伏安谱图。

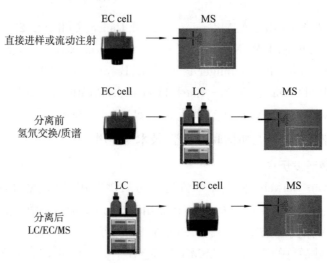

图 3-2-2-41 **EC-MS 仪器配置示意图**

在"分离前反应"模式下,EC 流通池位于 HPLC 色谱柱之前。这已经成为 HDX－MS 的通用配置。对于这样的配置,需使用特殊的高压 EC 反应流通池。在"分离后反应"模式中,EC 流通池位于 HPLC 色谱柱之后。这种模式主要用于复杂的样品,这些样品需要在电化学处理前分离成单独的成分。在药物稳定性测试中可以找到例子,但也可以应用在 bottom－up 的蛋白质组学中进行蛋白质/肽的评定。对于检测,任何配备了 ESI 接口的通用 MS 都可以使用。关键仅是对 ESI 接口的适当接地,以及适当的流动相,也就是必须对 EC 有一定的导电性同时又能挥发适合 MS。

3.3　性能指标(见表 3－2－2－10)

其主要特点如下:

- 可以单独使用,也可以与任何品牌 MS 在线联用;
- 可编程,直接控制,直流,扫描和脉冲模式;
- 电压范围宽:±4.9V;
- 多电极控制(标准 2 个,可选配到 4 个);
- 可以控制所有的 Antec 公司的电化学反应流通池。

该产品(见图 3－2－2－42)用于在线 EC/MS,以及合成(制备)流通池(不与 MS 联用),可用于快速合成氧化还原产品,实现批量毫克级制备。在世界范围内,Antec 科学公司是唯一的与质谱联用的专门的电化学反应系统的供应商。

表 3－2－2－10　ROXY EC 的主要性能指标

操作模式	直流,脉冲和扫描
双通道	可控制 2 个流通池
可选配	4 通道
电压范围	±4.9V
MS 触发	通过触点闭合
反应流通池	提供 4 种工作电极:BDD,GC,AU,Pt
μ－微量制备流通池	提供 2 种工作电极:MD,GC. 可用于微量制备代谢物
Ti 工作电极	用于蛋白质/肽的二硫键还原、HDX
合成(制备)流通池	RGC 工作电极,用于 mg 级制备
输液泵	微处理器双注射器

ChipCell™微量反应流通池
（50-1000）µL/min

ReactorCell™通用反应流通池
（1-20）µL/min

µ-PrepCell™高产率流通池
（20-200）µL/min

SynthesisCell™毫克级批量定量流通池
80mL

图 3 - 2 - 2 - 42　电化学流通池(反应器)及其相应的工作电极

3.4　市场情况

在线电化学(EC)与质谱(MS)的联用有许多应用领域,从蛋白质组学、脂类、药物代谢、药物稳定性测试、环境降解、DNA 损伤,到法医毒理学,如图 3 - 2 - 2 - 43 所示。通过将一个电化学流通池(反应器)与质谱仪联用,可以直接监测氧化还原反应,从而直接识别生成的氧化或还原产物,包括短命的中间产物。自然界中氧化还原反应的相关性具有重大意义。对于大多数的酶、水、微生物、光解、反应性氧化产物(ROS)和其他(生物)-化学反应,基本原理是基于氧化还原反应。

电化学-质谱(EC-MS)是一种强大的、易于使用的平台,它可以在几秒钟内模拟许多反应。应用范围变得非常广泛,范围从对蛋白质/多肽的选择性还原二硫键,到对药物代谢(模拟细胞色素 P450 酶反应的氧化代谢),可控制的药物降解(药物稳定性测试),直接监测和识别磷脂质的脂肪氧化产品,模拟由 ROS 或辐射造成的DNA 损伤。

3.5　应用实例

3.5.1　药物代谢

新药物的代谢途径和生物转化的知识对于阐明新活性化合物的降解途径是至关

图 3 - 2 - 2 - 43 EC - MS 的市场和应用领域

重要的,特别是在可能的毒性方面。体外研究是基于培养候选药物,例如肝细胞培养(在细胞色素 P450 的微粒体活动是高的),并分离和检测代谢产物。

药物代谢通常发生在肝细胞中,通过细胞色素 P450 氧化,ROXY EC 系统可以在几秒钟内成功模拟氧化代谢,并通过电喷雾质谱(ESI - MS)检测[7-11]。将 ROXY EC 系统与 MS 相结合,为氧化代谢研究提供了一个强大的平台,克服了需要分离代谢物的许多烦琐工作,如体内研究中尿、血浆等,或体外研究,如鼠肝微粒体(RLM)或人类肝微粒体(HLM)。电化学方法的进一步优势是产生中间产物和短期的不稳定代谢物,而这些是不可能通过体内或体外技术得到的。

阿莫地喹(AQ)是一种抗疟药,用于对抗恶性疟原虫,一种能引起脑疟疾的原生动物。虽然该药物因其肝毒性而从市场上撤出,但它仍广泛应用于非洲的疟疾治疗。阿莫地喹被代谢为活性的亲电代谢物,由于它们的寿命是短暂的,所以很难被发现。

图 3 - 2 - 2 - 44 为阿莫地喹的代谢途径,显示了三种最丰富的代谢物:代谢产物 1m/z 354,代谢产物 2m/z 326,代谢产物 3m/z 299。

3.5.1.1 仪器与方法

在图 3 - 2 - 2 - 40 中,显示了 ROXY EC 系统的示意图。

这个反应流通池包含一个玻碳工作电极和 HyREF™ 参比电极用于样品的氧化。阿莫地喹溶液是用注射泵输送的,配备了一个 1000μL 的注射器。一个配置了 Apollo II ion funnel electrospray source 的 MicrOTOF - Q (Bruker Daltonik,德国)质谱用于检测,并通过 Compass 软件分析 MS 数据。相关的电化学和质谱参数分别列在表 3 - 2 - 2 - 11 和表 3 - 2 - 2 - 12 中。该方法使用 10μM 阿莫地喹溶液进行了优化。

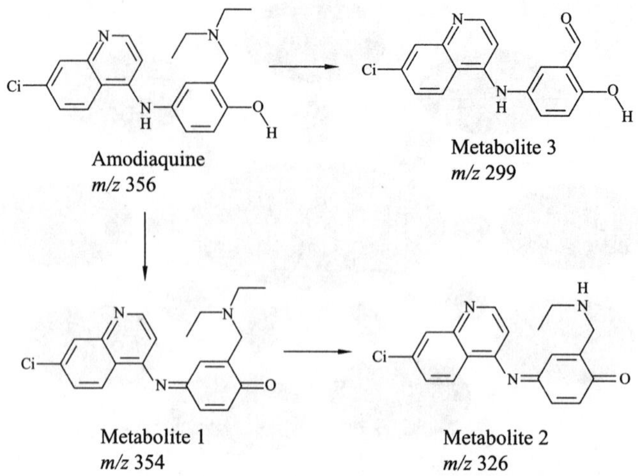

图 3 - 2 - 2 - 44　Amodiaquine(m/z 356)的代谢途径

表 3 - 2 - 2 - 11　EC 条件

电化学系统	ROXY EC System(p/n 210.0070)
流通池	ReactorCell with GC WE and HyREF
流速	10 μL/min
电压	0～1500 mV（扫描模式）
流动相	用 50％乙腈配置的 20mM 甲酸铵,用氢氧化铵调到 pH 值＝7.4

表 3 - 2 - 2 - 12　MS 条件

质量扫描范围	(50～1000)m/z
正负离子极性	正离子
毛细管电压	－ 4500V
喷嘴压力	160kPa
干燥器流量	8L/min
温度	200℃
内标碰撞诱导解离能量	0 eV
六极杆(脉冲峰峰电压)	100 Vpp
离子能量	5 eV

3.5.1.2　结果

在图 3 - 2 - 2 - 45 中,将阿莫地喹的 MS 伏安图谱以三维的形式展示(离子丰度与 m/z 作为 EC 电压的函数)。这是分析物的氧化模式(指纹)的一个简单的图示。这些数据是使用扫描模式进行记录的,其电压范围在 0 到 1500mV 之间,扫描速率为

10mv/s。

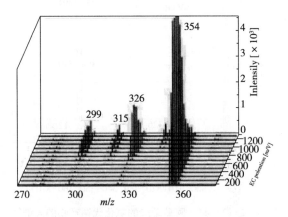

注:m/z 354、326 和 299。m/z 315 是代谢产物 3(m/z 299)的氧化产物。

图 3 - 2 - 2 - 45　Amodiaquine 的 3 种主要氧化产物(代谢产物)的 MS 伏安图谱

阿莫地喹(m/z 356)及其代谢物(m/z 354;326;299 和 370)的二维 MS 伏安图谱如图 3 - 2 - 2 - 46 所示。基于这个伏安图谱,对特定代谢物形成的最优电压估计为:400mV 用于脱氢阿莫地喹(代谢物 1),1200mV 用于代谢产物 2、3 和 4 的形成。此外,如果电压高于 1400mV,则可以观察到阿莫地喹的羟基化产物(m/z 370)。

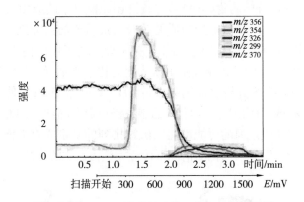

图 3 - 2 - 2 - 46　阿莫地喹的二维 MS 伏安图谱

图 3 - 2 - 2 - 47 显示了反应流通池关闭(控制测量)和使用了 400mV 和 1200mV 的电压时的质谱图。流通池不施加电压(控制测量)不产生氧化产物。在 400mV 时产生主要代谢物 1(m/z 354),1200mV 时产生代谢产物 2(m/z 326)和代谢产物 3(m/z 299)。

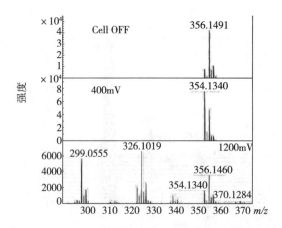

图 3-2-2-47　阿莫地喹的氧化代谢产物的质谱图

3.5.1.3　结论

电化学与质谱在线联用(EC-MS)提供了一个灵活通用、用户友好的平台,用于快速筛查目标化合物的氧化代谢,从而模拟 CYP450 反应的代谢途径。可以自动记录 MS 伏安图谱,在很短的时间内获得目标化合物的代谢"指纹",比如少于 10min 的情况下。迄今为止,已经发现在超过 40 种同行出版物报道,在电化学产生的代谢物和体内及体外技术产生的代谢物之间有非常好的一致性。

3.5.2　在单克隆抗体药物(mAbs)二硫键还原监测中的应用

二硫键(图 3-2-2-47)是蛋白质的转录后最重要的修饰之一。它们能够稳定蛋白质的三维结构,对它们的生物学功能至关重要。为了用质谱成功地定性键位点,必须还原分子内和分子间的二硫键,使用高浓度的化学制剂,如二硫苏糖醇(DTT),进行二硫键还原,在 LC/MS 分析之前需要去除 DTT。另外,也可以使用无硫化的还原剂,如三(2-羧乙基)膦(TCEP)。然而,样品制备仍很费力,很难与 LC/MS 进行在线结合。此外,在线二硫化键还原的可能性对二硫键排列的确定或直上而下的蛋白质组学策略是有益的,它能在没有酶消化的情况下传递完整蛋白质的碎片。

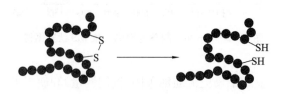

图 3-2-2-48　二硫键还原成硫基的示意图

3.5.2.1　选择性还原二硫键

电化学还原的另一个优点是通过增加负电位,在蛋白质/多肽的大量二硫键中进行有选择性地还原二硫键。对蛋白质/肽,例如带有分子间二硫键的胰岛素和抗体,二硫键的还原导致肽链的裂解,导致截然不同的肽,很容易被质谱检测到。然而,对带有分子内二硫键的蛋白质/肽,例如,溶菌酶(含 4 个二硫键),二硫键的还原会在每个键上增加两个名义质量单位(2H,2.015650 Da)。由于较大的生物分子种类的扩展同位素模式,将新还原的物种(+2H)的同位素模式与未反应(未还原)的物种分离开来是特别具有挑战性的,即使对于超高分辨率的 MS 仪器也是如此。取而代之的是一种统计方法,即每一种同位素和它的强度都是由每一种被观测到的每一种电荷状态来测量的,每一种都是由 ROXY EC 系统产生的,构成了大约 2500 种可检测的同位素。在一定的还原电位上,一些二硫键被还原,而另一些则保留了下来,通过与控制(未还原的)同位素模式的同位素强度比较,同位素可以用来计算有多少二硫键被还原,见图 3-2-2-49。

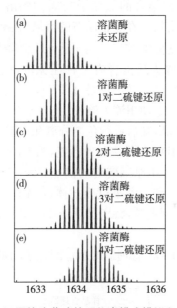

图 3-2-2-49　未还原的溶菌酶的同位素模式模拟和电化学还原的溶菌酶

　　这一分析是针对每种蛋白质的每个电荷状态进行的,对每一个还原电压都会超过很大范围。结果(图 3-2-2-50)表明还原过程是连续的,并且通过施加正确的电压可以有选择性地还原二硫键。研究结果还表明,当二硫键被还原时,它们可以在变性条件下展开,变性条件是 50/50(体积化)水/乙腈加 1‰甲酸,并在整个 ESI 过程中获得较高的电荷状态,并且通过施加正确的电压能有选择性地还原二硫键[12]。

3.5.2.2　在线二硫键还原

　　构象变化和蛋白质动力学在蛋白质的活动中扮演着重要的角色。氢-氘交换(HDX)和质谱分析(MS)的结合是用来研究蛋白质的构象和动力学的变化[13]。

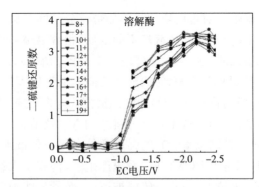

图 3 - 2 - 2 - 50　利用 ROXY EC 系统还原溶菌酶(A)所还原的二硫键数量与电化学施加的电压的关系

在溶液中,与蛋白质骨架结合的氢原子与周围的溶剂交换质子。当蛋白质在 D_2O 中溶解时,氢原子与氘交换。在非常动态的区域,在毫秒到秒的时间内发生交换反应,而其他的氢交换的速度更慢[13-14]。通过将 pH 值降低到大约 2.5 来抑制 HDX 反应,从而冻结氘化模式。淬火溶液含有一种还原剂,例如,tris(2 - carboxyethyl) phosphine[三(2 - 羧乙基)膦]或二硫苏糖醇(DTT),为了弥补传统化学法在低 pH 值时还原活性不佳的状况,需大量使用淬火溶液(4)。淬火和二硫键还原后立即使用固定化胃蛋白酶消化蛋白质样品,随后进行色谱分离和质谱分析。

为了最大限度地提高 HDX 工作流程的性能,需要一个更快、更有效的还原工具。我们在此演示电化学法(EC)还原二硫键的优点,用于分析 cystine knot(牛胱氨酸结):神经生长因子- β(NGF)和一种单克隆抗体(mAb)。在低 pH 值的快速和高效的电化学还原大大改善了序列覆盖,特别是对于 TCEP 抵抗的蛋白质情况,比如半胱氨酸结(cystine knot)。

在图 3 - 2 - 2 - 51 中,HDX 管理器的示意图显示内部使用了高压电化学流通池(μ - PrepCell 2.0,Antec)。

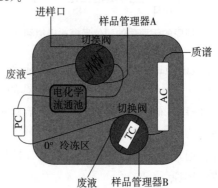

注:PC—胃蛋白酶消化柱,TC—捕集柱,AC—分析柱。

图 3 - 2 - 2 - 51　使用电化学流通池(黄色)的 HDX 管理器

在图 3-2-2-52 中,使用化学(TCEP)和电化学还原法对 NGF 进行序列覆盖。采用电化学还原方法,获得了 99％的显著高序列覆盖率[14]。与化学法还原相比,电化学法还原具有更高的序列覆盖率(～99％ vs. 46％),这使得对 NGF 的定性更加全面。

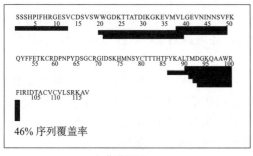 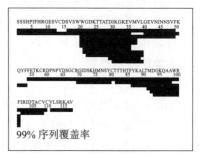

a)化学还原   b)电化学还原

图 3-2-2-52   用化学法和电化学法还原 NGF-β 的顺序覆盖

如果抗体还原,如 mAb Herceptin,在铰链区域(200～230)的完整的序列覆盖现在可以通过使用 EC 还原得以实现。在这个区域中,使用化学还原无法得到序列信息(见图 3-2-2-53)。

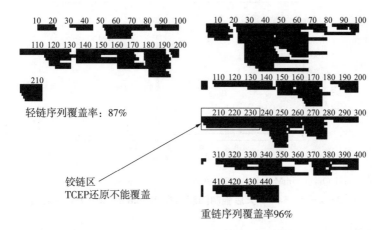

图 3-2-2-53   在 HDX-MS 中使用电化学还原,在 mAbs 的铰链区域可实现完整序列覆盖

电化学允许快速、自动和有效地还原蛋白质/多肽。配备了 Ti 电极的 μ-Prep-cell2.0 可以很容易地连接到 HDX-MS 或 LC-MS 工作流程中,与传统的化学方法相比,可导致 MS 具有更卓越的定性能力。对许多被调查的蛋白质而言,用电化学法还原要比由化学法还原得到的序列覆盖要大得多。进一步的优点是使有选择性地还原分子间 S-S 键成为可能,仅仅通过施加(负)电位即可。

3.5.3 药物稳定性测试

了解药品的稳定性对制药行业是至关重要的。使用化学和热法对不同温度、湿度和有目的的降解实验的稳定性研究被广泛应用于研究活性药物成分及配方药物的稳定性和降解性。许多药物降解反应是通过氧化还原机制发生的，而现在使用 EC-MS 可以快速而方便的研究这些反应。通过将 EC 与 LC-MS 的在线联用，在不同的实验条件下，可以立即识别和量化降解产物。电化学反应是选择性的和可调的，只要改变 pH 值或施加的电压就可以了。此外，还可以对 EC 的反应进行放大，以便快速合成 mg 级的降解产物[15-17]。

在图 3-2-2-54、图 3-2-2-55 中，LC/UV 色谱图显示了一种药物化合物（辉瑞公司）的强制化学和电化学降解。使用化学降解（过氧化氢和自由基引发剂）只会产生少量的氧化产物，与此同时，在电化学降解（电压和 pH 值）的情况下，通过加速稳定测试而得到的所有相关降解产物都可以被 MS 发现和识别。

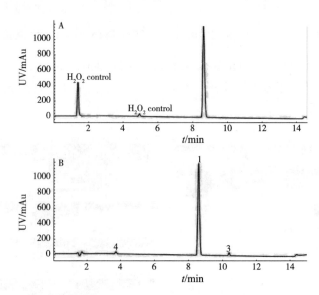

条件：(A)0.3%H₂O₂，(B)5mM AIBN：2,2'-Azobis(2-methy lpropionitrile)

图 3-2-2-54　3 天后强制降解物在 225nm 的 LC-UV 色谱图

3.6　小结

EC-MS 是研究各种分子的氧化还原反应的通用工具，例如肽、蛋白质、抗体、内源性和外源性小分子以及脂质。EC-MS 是一种纯粹的工具性方法。EC 支持快速、自动化和成本低廉的氧化还原反应，它是一种真正的"绿色化学"技术，即用电化学反应代替了通常有毒有害的化学物质或昂贵的酶反应。EC-MS 常与 LC 分离组合使用，允许对所获得的反应混合物进行全面的定性。EC-MS 是对代谢组学、蛋白质组学、脂类和有关应用领域内的体外和体内技术的一个非常有用的补充。EC-MS 仍

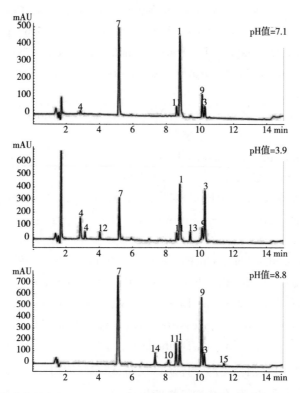

条件:1200 mV,pH 值分别为 3.9,7.1,8.8。峰 1 对应于研究中的药物物质

图 3－2－2－55　电化学氧化产品在 225nm 的 LC－UV 色谱图

然是相对较新的技术,因此对于分析化学家来说是一种探索未知化合物的强有力工具。EC－MS 应用的出版物数量的快速增长也说明了这一点。"电子"技术,将有助于 MS 用户更广泛的接受和使用。

参考文献

[1] H. Deng, G. J. Van Berkel; Electroanalysis, 11 (1999) 857－865.

[2] H. P. Permentier, U. Jurva, A. P. Bruins; Rapid Commun Mass Spectrom, 17 (2003) 1585－92.

[3] S. Jahn, U. Karst; J. Chromatogr. A, 1259 (2012) 16－49.

[4] H. Faber, M. Vogel, U. Karst; Analytica Chimica Acta, 834 (2014) 9－21.

[5] H. Oberacher, F. Pitterl, J－P. Chervet; LCGC Europe, Vol 28, 3 (2015) 138－150.

[6] R. Bischoff, U. Karst, U. (Eds.), (2015), Electrochemistry－Mass Spectrometry: Fundamentals and Applications in Pharmaceutical and Environmental

Sciences [Special issue]. Trends in Analytical Chemistry, (70).

[7] W. Lohmann, U. Karst; Anal. Bioanal. Chem. 386 (2006) 1701－1708.

[8] W. Lohmann, H. Hayen, U. Karst; Anal. Chem., 80 (2008) 9714－9719.

[9] H. P. Permentier, A. P. Bruins, R. Bischoff; Mini－Rev. Med. Chem., 8 (2008) 46－56.

[10] U. Jurva, H. V. Wikstrom, L Weidolf, A. P. Bruins; Rapid Com. Mass Spectrom., 17 (2003) 800－810.

[11] W. Lohmann, B. Meermann, I. Moller, A. Scheffer, U. Karst; Mass Spectrometry, Anal. Chem., 80 (2008) 9769－9775.

[12] C. A. Wootton et al., Antec Scientific, Application Note https://antecscientific. com/markets－and－solutions/proteomics－and－protein－chemistry/increasing－sequence－coverage.

[13] S. Mysling et al.; Anal. Chem, 86 (1), (2014) 340.

[14] E. Trajberg et al.; Anal. Chem., 87 (17), (2015) 8880.

[15] S. Torres et al.; J. Pharm. Biomedical Analysis 115 (2015) 487－501.

[16] S. Torres et al.; Org. Process Res. Dev. 19 (2015) 11, 1596－1603.

[17] S. Torres et al.; J. Pharm. Biomedical Analysis 131 (2016) 71－79.

4 激光剥蚀-电感耦合等离子体质谱仪器、技术与应用

4.1 仪器研发历史、基本结构与性能指标

激光剥蚀-电感耦合等离子体质谱仪 LA－PlasmaMS 300(见图 3－2－2－56)是钢研纳克检测技术有限公司自主研发的国内第一款激光烧蚀-电感耦合等离子体质谱仪。该仪器是国家科学仪器设备开发专项"痕量分析仪器的研制与应用"(项目编号：2011YQ140147)的成果之一。项目由钢研纳克检测技术有限公司牵头,从 2011 年 11 月正式启动,至 2015 年 10 月结束并通过验收。目前该仪器已实现量产并进入市场销售。

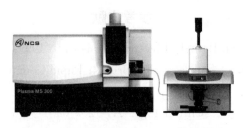

图 3－2－2－56　激光烧蚀-电感耦合等离子体质谱仪 LA－PlasmaMS 300

钢研纳克自主研发的激光烧蚀-电感耦合等离子体质谱仪 LA－PlasmaMS 300,采用非接触式的高功率激光作用于材料表面,将样品表面熔融、溅射和蒸发后,再将产生的蒸气和细微颗粒用载气直接带入等离子体吸热、解离并电离,通过 ICP－MS,

分析材料中各痕量元素成分及夹杂物的含量;能够用于表面规则平整的导体样品和微小缺陷样品,涂镀层材料,非导体材料以及非平面表面材料的分析。同时能够实现样品深度方向上的连续激发,进行深度分布分析。为新材料以及新工艺研究,及矿石矿物成分和表面分析提供了有力的检测手段。

LA－PlasmaMS 300 是一款针对痕量元素分析测试的高端分析仪器。其基本原理是:在大气压环境下,惰性气体氛围中,密闭的剥蚀池内,将激光微束聚焦/成像于样品表面,激光束与样品相互作用,使之熔蚀气化形成固体气溶胶,由载气将剥蚀下来的样品气溶胶送入等离子体中,气溶胶在此蒸发、原子化及离子化,经质谱系统进行质量过滤,用接收器分别检测不同质荷比的离子。并通过大范围的扫描分析,实现元素成分和状态的分布分析。LA－PlasmaMS 300 的总体结构如图 3－2－2－57 所示。

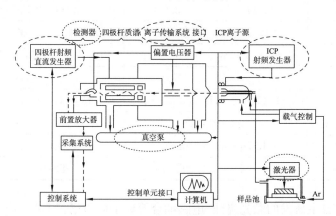

图 3－2－2－57　LA－PlasmaMS 300 激光烧蚀-电感耦合等离子体质谱仪总体结构

PlasmaMS 300 是一台电感耦合等离子质谱仪(ICP－MS),能实现大气压下质谱进样,拥有极高的检测灵敏度,是多元素分析的极佳工具。PlasmaMS 300 具有高灵敏度,极佳的稳定性等优点,主要的技术指标与国家计量技术规范《JJF 1159—2006 四级杆电感耦合等离子体质谱仪校准规范》的对比结果如表 3－2－2－13 所示。

4.2　产品特色与核心技术

目前市场上主流的 ICP－MS 产品都是国外品牌,如 ThermoFisher,Aglient 和 PE 等,钢研纳克自主研发的 LA－PlasmaMS 300 同样具有国外厂家 ICP－MS 的优点:(1)图谱简单,检出限低,分析速度快,动态范围宽;(2)可进行同位素分析,单元素和多元素分析;(3)离子源效率高,基本上能电离所有的金属元素和少量的非金属元素。除此之外,LA－PlasmaMS 300 独具与激光烧蚀进样系统联用的优点:(1)在大气压下,可以固体进样,避免了烦琐的样品制备过程,节约了测试时间;(2)通过原位统计分析模块,可实现元素成分和状态的分布分析;(3)其中的 ICP－MS 系统还可以与其他设备联用,如 LC,从而实现有机物中金属元素的形态分析。

表3-2-2-13　产品主要性能指标与国家计量技术规范比较

指标名称	国家计量技术规范 （JJF 1159—2006）	技术指标 2017-10
质量范围	2—255u	2—255u
分辨率	≤0.8u	≤0.8u
质量轴稳定性(u/8h)	Be(9),In(115), Bi(209)：±0.05u	Be(9),In(115), Bi(209)：±0.05u
仪器灵敏度 Mcps/(mg·L^{-1})	Be：≥5;In：≥30;Bi：≥20	9Be：≥5;115In：≥120;209Bi：≥80
氧化物离子	$^{156}CeO^+$/$^{140}Ce^+$：＜3.0%	$^{156}CeO^+$/$^{140}Ce^+$：＜3.0%
双电荷离子	$^{69}Ba^{++}$/$^{138}Ba^+$：＜3.0%	$^{69}Ba^{++}$/$^{138}Ba^+$：＜3.0%
检出限 ng·L^{-1}	Be：≤30;In：≤10;Bi：≤10	9Be：≤10;115In：≤5;209Bi：≤5
背景噪音(220u)	≤5cps	≤5cps
丰度灵敏度	I_{M-1}/I_M≤1×10^{-6},I_{M+1}/I_M≤5×10^{-7}	I_{M-1}/I_M：≤1×10^{-7};I_{M+1}/I_M：≤1×10^{-7}
检测器线性动态范围	≥8 个数量级	≥8 个数量级
短期稳定性	RSD：≤3%（20min）	RSD：≤2.5%（20min）
长期稳定性	RSD：≤5%（2h）	RSD：≤5%（2h）

　　钢研纳克自主研发的激光烧蚀-电感耦合等离子体质谱仪 LA-PlasmaMS 300，结合了激光烧蚀进样系统的功能，实现了 ICP-MS 固体直接进样，不仅避免了复杂的样本制备过程，而且消除了制备过程中带入的空白干扰，提高了进样及测试效率，扩展了 ICP-MS 的检测能力，可同时测定样品气溶胶中主、次、痕量元素的含量。

　　全中文界面的操作软件，结合了各行业测试的应用经验，优化了仪器控制和测试分析的功能。有效地提供了 LA/ICP-MS 联用的同步和采集功能，为进行样品的固体直接进样，元素的分布分析及形态分析，并且进一步实现固体表面形貌分析，提供了有效的控制手段。

　　丰富的附件。不仅可与激光烧蚀系统联用，还开发了与液相色谱联用的接口和控制软件，提供了有机物中元素形态分析的功能，进一步扩展了 ICP-MS 的检测能力和效率，为用户提供更全面的应用解决方案。

　　本产品拥有多项具有知识产权的核心技术，主要包括：

　　走在了世界前列的自主研发的四极杆电源技术[1]，国内独此一家，国外也仅一家公司有相关技术。有机地结合了原位统计分析功能。在实现材料中各痕量元素成分及夹杂物的含量测定的同时，通过大范围的扫描分析，实现元素成分和状态的分布分析，为新材料以及新工艺研究，及矿石矿物成分和表面分析提供了有力的检测手段。

4.3 市场情况

LA－PlasmaMS 300 激光烧蚀-电感耦合等离子体质谱仪,结合独创的激光原位进样技术,可以解决环境介质中痕量重金属元素监测,地质矿产中稀土、稀有、稀散元素以及二次资源中有价有害元素的分析,金属材料中的痕量化学成分及其分布分析,食品中有毒、有害元素不同形态、价态分析,提高我国痕量分析的总体水平,满足前沿科学研究、环境保护、食品安全和战略新兴产业等领域对痕量分析技术的需求。

（1）材料科学领域

材料是人类赖以生存和发展的物质基础。20 世纪 70 年代,人们把信息,材料和能源作为社会文明的支柱。随着高科技的兴起,又把新材料与信息技术,生物技术并列为新技术革命的重要标志。现代社会,材料已成为国民经济建设、国防建设和人民生活的重要组成部分。

材料科学中,小规格样品分析所面临的最大问题是对空间分辨率的要求,为满足此类样品的分析要求,需选择较高的空间分辨率,但高空间分辨率所带来的直接影响就是检测灵敏度与精度的问题。由于小规格样品分析需要高分辨率,这势必影响到采样量,采样量的下降会直接造成待测元素的绝对灵敏度损失,影响材料中各组成元素尤其是痕量元素的检测能力。而痕量元素又很容易出现偏析现象,造成材料性能的下降,了解这些元素的分布信息在材料研究中极其重要。目前激光烧蚀－电感耦合等离子体质谱仪是解决小规格异形非平面材料中痕量元素的成分分布的有效手段。另复杂材料体系的痕量元素成分分析、材料化学、力学、组织结构等性能的原位统计分布分析表征以及冶金工艺在线测量是目前材料科学领域十分重要的三个研究领域。LA－PlasmaMS 300 是如上三个研究领域发展所凭借的主要技术手段之一。

（2）地质分析领域以及二次资源再利用领域

对矿石矿物中"三稀"元素进行湿法测定时,样品前处理非常困难且耗时。同时将样品消解后,测得的元素含量为矿物样品中元素的平均值,无法判断元素在样品中的分布情况,在一些实际的矿物分析中,这样的结果是不全面的。

另外,二次资源,如废旧电路板、贵金属废催化剂、电镀污泥、废旧电池等,中有价和有害元素检测是一个典型的复杂体系,样品组成复杂、多变,样品非均相、难分解,样品中部分有价元素（贵金属、稀有金属、稀散金属和稀土）含量很低。

激光烧蚀技术与 ICP－MS 仪器技术结合,由于在非水溶液中实现 ICP－MS 测定,可进一步提高测定灵敏度和检出限、减少干扰、避免样品难处理、节约检测所需要的时间。同时,由于保持了样品的本来形貌,不但可以满足痕量金属元素含量测量,还能进一步提供元素含量分布信息。为矿产及二次资源再利用提供了更为丰富的全面的信息。

LA－PlasmaMS 300 目前已有多家用户在使用,领域涵盖了环境样品检测,食品样品检测和稀土类样品的检测等。有客户使用 PlasmaMS 300 进行土壤、地表水和地下水等环境样品中重金属元素的检测;有客户进行食品样品中重金属元素的测定;稀土检测类客户,其中有一家使用LA – PlasmaMS 300进行测定;有使用LA – PlasmaMS 300仪器进行科研和教学的高校及科研院所。

4.4 承担课题与获奖情况

激光原位-电感耦合等离子体质谱仪获得2015年BCEIA金奖,2017年获得CILISE 2017"自主创新金奖"。

4.5 应用实例——采用LA – ICP – MS实现微区微量元素的二维分布显示

4.5.1 仪器与试剂

LA – ICP – MS(NCS LA – PlasmaMS 300,钢研纳克,北京);钕铁硼(山西国营,山西)

4.5.2 实验方法

在试验中,样品经过激光烧蚀形成气溶胶,ICP – MS作为检测器检测被测元素的信号强度。激光剥蚀系统采用面扫描(逐行扫描)的剥蚀方式,面扫描中设定每行的扫描长度L、扫描速度V、行间距Δw,以及扫描总行数n,扫描宽度即$W(W=n\times \Delta w)$。ICP – MS的扫描时间设定为$t(t=L/V)$。ICP – MS采集到同步信号后,得到强度随时间变化的时间分辨谱图。由于谱图上的每个采样点和扫描位置相对应,根据$L=V\cdot t$,将时间分辨谱图转化为强度随位置变化的位置谱图。通过插值的方法,将这n行位置谱图转化为以扫描长度为横轴,扫描宽度为纵轴的二维谱图。根据上述方法,得到的二维谱图为被测元素在面扫描区域的含量分布,谱图上每个位置的强度,为该元素在该位置上的含量。利用该方法我们对某种钕铁硼材料进行了铽和镝元素的分布分析。

4.5.3 结果与讨论

经LA – ICP – MS检测及数据处理,得到Tb、Dy元素含量在扫描区域的二维分布,扫描区域如图3 – 2 – 2 – 58所示,扫描是从左到右,从上到下进行逐行扫描。经过数据处理,得到Tb,Dy两种元素的二维分布,如图3 – 2 – 2 – 59所示,可以看到这两种元素从两端到中间含量呈递减趋势。在钕铁硼永磁材料的制备过程中,为了提高材料的性能,经常会向材料内添加其他元素,如Tb和Dy等,添加是通过高压渗透的方法实现。本实验测定的样品使用的方法就是从材料两端向中间高压渗透Tb和Dy两种元素,高压渗透的工艺会导致在材料两端元素分布较多,材料中间元素分布较少。本实验结果与材料使用工艺吻合,证明LA – ICP – MS可以对固体样品中元素的微区二维分布进行有效分析。

4.6 参考文献

[1] 唐兴斌等.一种用于四级杆质谱仪的电源.中国,201610006009.2[P],2016 – 01 – 04.

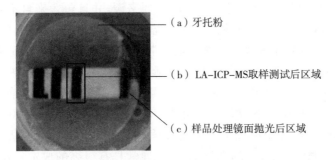

（a）牙托粉

（b）LA-ICP-MS取样测试后区域

（c）样品处理镜面抛光后区域

图3-2-2-58 LA-ICP-MS测定钕铁硼样品

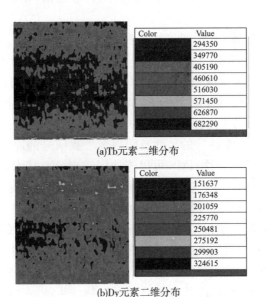

Color	Value
	294350
	349770
	405190
	460610
	516030
	571450
	626870
	682290

(a)Tb元素二维分布

Color	Value
	151637
	176348
	201059
	225770
	250481
	275192
	299903
	324615

(b)Dy元素二维分布

图3-2-2-59 Tb、Dy元素二维分布

5 离子迁移质谱（IMS）技术与应用

据欧洲议会的报道,橄榄油是世界市场上最受欢迎,但也是最常见的掺假食用油之一。典型的造假手段包括:贴上错误的质量或原产地标签（例如,用希腊或土耳其橄榄油冒充意大利橄榄油）,与其他植物油混合,或使用劣质橄榄油。这使得橄榄油的真实性控制相当复杂,通常需要复杂的目标或非目标分析技术。

虽然有大量出版物通过高端和复杂的分析技术（如质谱,稳定同位素分析或核磁共振光谱）进行橄榄油的真实性和质量评估,但必须强调,我们对于快速,成本效益和强大的筛选技术来进行质量和真实性的快速评估具有很高的需求。在理想情况下,这些技术也应该可以在非实验室环境中使用。迄今为止使用的常用技术主要基于IR或拉曼光谱或挥发性有机碳（VOC）馏分的分析。从以前的橄榄油真实性研究中已知,这些挥发性有机化合物是油香气的主要来源,并且包含来自不同化学类别的 100 多种 C5-和 C6-链的挥发性化合物的混合物(主要是醛,醇,酯,酮类等)。令人惊讶的是,这些物质在许多橄榄品种中是非常稳定的。已出版的确定橄榄油的产地和真实性与其挥发物含量有关的方法包括直接顶空质谱分析,静态和动态顶空 SPME-GC-MS,电子鼻或电子鼻系统等。特别地,后者仍然受到诸如低再现性和低选择性的限制。相比之下,基于 MS 的技术,特别是多维方法,如 GCxGC-TOF-MS,具有高选择性和灵敏度,并可提供非常多的信息。但是这些方法由于需要经常维护,具有昂贵的载气和敏感的高真空系统,通常具有很高的成本。在这种情况下,由于相对简单的系统设置,耐用性和价格,离子迁移光谱(IMS)是一种很有希望的技术。

IMS 总结了许多技术,其根据与其扩散系数直接相关的碰撞横截面来分离气相中的电离分子。原理上,IMS 类似于质谱。然而,分离是基于离子迁移率而不是质量与电荷(m/z)比。只要碰撞横截面(CCS)不同,就可以分离异构化合物。IMS 的最常见是漂移时间(DTIMS),行波(TWIMS)和场不对称离子迁移谱(FAIMS)。DTIMS 通过在弱电场中大气压下的缓冲气体中的漂移时间来分离离子。通常 IMS 系统的分辨率比较低,这是由于漂移管的尺寸有限以及干扰信号的原因。为了提高复杂基质中特征化合物鉴定的选择性,IMS 可以连接到正交分离技术,如气相色谱(GC)或液相色谱质谱(LC-MS)。在气相色谱领域,顶空 GC-IMS 已经是在 IMS 分离之前通过 GC 来分离挥发性或半挥发性化合物的应用最广泛的连接技术。针对 IMS 报道的最先应用是药物和化学试剂监测和呼气分析,后来在食品质量和安全性控制分析领域。

到目前为止,仅有少数的文献报道静态顶空耦合 GC-IMS 用来研究在食品质量控制领域的应用。例如,使用顶空方法,GC-IMS 已被用于区分初榨橄榄油(VOO)和特级初榨橄榄油(EVOO),或区分来自不同植物或生产方法的食用油。这些研究使用快速色谱分离,或是使用由数百个短毛细管(高至 25cm)组成的多维毛细管柱(MCC),或是使用等温模式的毛细管柱(CC)(FlavourSpec,G. A. S. 多特蒙德),证明了等温 MCC-IMS 和 CC-IMS 是评估植物油质量和真实性的合适工具。这些系统最突出的优点之一是简单稳健的设置,且具有低 ppb 级的灵敏度。然而,在大多数情况下,因为低色谱分辨率导致化合物的共洗脱,使得与信号分辨率特别相关的限制仍然保留。如果这些分析物也具有相似的漂移时间,那么在这些条件下,它们不能被 MCC/CC-IMS 系统解析。植物油的评估,特别是使用 IMS 对 EVOO 的评估仍然是一个挑战,这反映在质量和真实性评估领域的出版物数量不足。

因此,本研究的目的是克服这些局限,并通过将温度梯度气相色谱系统与修饰的 DTIMS 单元耦合,显著提高分离能力来改善 GC 和 IMS 的连接。为了展示所得到的高分辨率 3D 指纹图的质量提高,我们对来自西班牙和意大利的特级初榨橄榄油进行了产地区分的验证性实验。

5.1　实验部分

5.1.1　橄榄油样品和试剂

所有试剂和溶剂都是可获得的最高质量(≥98%),最低是 HPLC 级别。

在本研究中,分析了不同产地(意大利北部 20 个和西班牙南部 20 个)的 40 个 EVOO 样本,其中包括不同品种,并在 2014~2015 年生长季节收获的样品。样品由 Coop Group(瑞士)提供,或直接从供应商 Nortoliva S. A.(西班牙)获得。所有样品 的真实性由供应商通过同位素分析验证。样品在室温下黑暗中储存直到分析。

无水 NaCl 从 VWR International GmbH 获得。超纯水是用 Milli - Q 水净化系 统制得。内标 2 -乙酰吡啶,苯乙酮和苯甲醛都是从 Sigma - Aldrich Chemie GmbH 购买。分析标准包含以下物质:乙醇,丙酮,无水乙酸乙酯,1 -辛烯 - 3 -醇,2 -辛酮, 叶醇,已醛。通过将每种化合物溶解在超纯水中制备储备溶液(1000mg / L)。现制 备饱和氯化钠溶液,并在每个分析试验中用作空白。所有库存和标准溶液在使用前 均储存在 4℃条件下。

5.1.2　HS - GC - IMS 仪器和分析参数

分析是由 G. A. S. 制造的 GC - IMS 原型机进行的,通过安捷伦 6890N 气相色谱 与漂移时间 IMS 耦合(图 3 - 2 - 2 - 60)。系统配有 CombiPal 气相自动进样器 (CTC),具有顶空采样装置和 2.5mL 的气密性可加热进样针。分析时,以 250μL/s 的速度进样 500μL,进样针温度为 80℃,避免冷凝。为了避免交叉污染,每次分析前, 进样针都自动用氮气吹扫 2min。注射进入分流/不分流进样器,分流模式下运行温度为 150℃(分流 1:30)。注射器端口配备有顶空玻璃衬套(内径 1.2mm),以最小化峰宽。

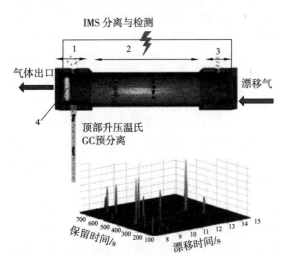

(1)电离室,(2)漂移区,(3)检测器(法拉第盘),(4)电离源(氚³H)和可视化 3D 谱图(从 G. A. S. 获得)

图 3 - 2 - 2 - 60　HRGC - IMS 示意图

GC 配有 NB－225 毛细管柱(25％苯基,25％氰基甲基硅氧烷),25m×0.32mm×0.25μm 膜厚。GC 柱温箱温度设置如下:初始温度 40℃,保持 2min,以 8℃/min 升至 120℃,保持 10min。使用 99.99％的氮气为载气,流速为 1.5mL/min。且使用了一个气体净化器。IMS 单元安装在 GC 顶部。

连接至 IMS 单元的传输线保持在 120℃。在气相色谱分离后,分析物在 IMS 电离室中被 ^{3}H 电离源(活度 300MBq)离子化。迁移管长度为 10cm,并在恒定电压 5kV,90℃,氮气流速 150mL/min 下运行。气体流量由质量流量控制器控制。IMS 单元在正离子模式下运行。每个光谱是通过使用 150μs 的注入脉冲宽度,150kHz 的采样频率,21ms 的重复频率和 70 和 2500mV 的阻塞和注入电压获得的六次扫描的平均值。

为了分析,将 1g 样品转移到 20mL 顶空瓶中,加入 18μL 作为内标的 2－乙酰基吡啶储备溶液(1008mg／L),与 1mL 饱和氯化钠溶液混合,压紧,然后在 60℃下孵化 10 分钟。所有分析进行两次平行实验。

5.1.3　CC－IMS 仪器

G. A. S. 商业化 CC－IMS 系统(FlavourSpec®)配备有可加热不分流进样器,温度可达 150℃,以及 GC 自动进样器(CTC－PAL)。以不分流模式,顶空进样 500μL。柱箱配有 FS－SE－54(5％-苯基－1％乙烯基-甲基聚硅氧烷)大口径毛细管柱,30m×0.53mm×1μm 膜厚。由于等温 GC 分离通常会使得峰形变宽,且与分析时间成比例地增加,因此使用更高的流速和流量坡度来补偿这些扩散效应;然而,这需要使用大口径毛细管。因此,载气流量梯度设置为 30min 内以 2.5mL/min 的增速从 5mL/min 上升至 80mL/min。色谱分离在恒温 40℃下进行。样品处理、顶空进样和 IMS 测量参数(漂移电压、漂移温度、采样频率等)与上面的 GC－IMS 分析一致。

为了直接比较 GC－IMS 与 CC－IMS,还使用前面提到的 FS－SE－54 柱改造了 GC－IMS 原型机,以评估优化的温度梯度色谱分离对 3D 指纹图整体分辨率的影响。

5.1.4　数据处理

获得的数据是 3D 阵列,每个点均包含色谱柱中的保留时间(以秒为单位),漂移时间(以毫秒为单位),离子电流信号强度(以毫伏为单位)。使用 G. A. S. 的 LAV 2.2.1软件进行数据分析。数据以伪色图表示,其中漂移时间沿 x 轴设置,保留时间沿着 y 轴设置。信号强度用颜色表示(图 3－2－2－61)。

在最优化分析之前,使用 MATLAB® 软件(R2015b)对原始的 VOC 谱进行预处理,对样品间可能发生的偏差进行校正(例如仪器的变化,如压力和温度的影响),这些误差可能会导致主成分分析(PCA)时不准确的聚类结果。预处理过程如下:最初,对所有 EVOO 样本进行基线校正和基于二阶 savitzky－golay 平滑滤波以提高光谱的信噪比。下一步,光谱相对于预期的反应离子峰(RIP)位置归一化,这意味着它们的漂移时间中心坐标和漂移时间宽度被描述为当前 RIP 的漂移时间位置的倍数。在

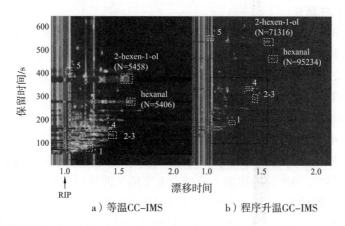

a）等温CC-IMS   b）程序升温GC-IMS

注:1-5选择的峰在两个设备中相匹配

图3-2-2-61 EVOO样品的IMS谱图

该处理步骤之后,对于所有光谱,RIP归一化漂移时间轴刻度不再均匀,因此,通过使用样条插值算法创建主轴。之后,对于每个样本的三份测量值进行平均,并且仅选择特征光谱区域(RIP信号除外),保留时间为60s～800 s(5035个变量),漂移时间为7.04ms～13 ms(781个变量)。选择该区域后获得的数据集为40个样本和5035×781个变量。在进一步多变量分析之前,所有离子迁移率数据均取中心值。

5.1.5 多变量数据分析

在本研究中,PCA用于可视化,并作为对EVOO样本的不同产地之间区分的工具。由彼此正交的主成分(PCs)分析从数据矩阵中提取的信息,即在数学上是独立的。然而,PCA是一种非监督的技术,并不预先定义类。因此,通过使用前三个PCs的分数作为变量,在后续步骤中执行线性判别分析(LDA),以便将EVOO样本分类为正确的组,并找到最大化分类的方向,同时旨在最小化每个组内分散。以这种方式,LDA产生的分类函数,可用于确定每个样本最可能属于哪个组。每个函数可以计算出每个样本与每个组的分类分数。此外,应用第二种方法,即k-最近邻(kNN)分类器,以便使用欧几里得距离在数据集中找到与未知样最近的五个样本($k=5$)。基于最接近未知样本的样本身份来预测未知样本的类别。因此,它是基于样本之间的距离比较的分类模型。最后,创建了用于分层k-折交叉的随机分区,通过k-折交叉验证($k=10$)评估了两种模型的预测能力。组中每个子样本具有大致相同的大小和大致相同的类别比例。为了更好的可比性,在两种模型的交叉验证中使用相同的随机数。

5.1.6 软件

所有的计算和预处理过程都使用了自制的MATLAB®程序。使用MATLAB®统计工具箱建立PCA和PCA-LDA模型。数据导出使用了G. A. S. 的LAV软件。

5.2 结果与讨论

5.2.1 GC－IMS 与 CC－IMS 的评估:对分辨率和选择性的影响

为了改进特级初榨橄榄油的挥发性成分的表征,基于具有分流/不分流进样器的程序升温 GC 的高级 GC－IMS 原型机被认为是等温 CC－IMS 系统的替代物。等温 GC 分离通常具有较低色谱分辨率的强扩散效应;GC－IMS 原型系统没有这个限制,因此能提供分辨率显著提高的 3D 指纹图。

在本工作中,通过分析 EVOO 样品中存在的所有 VOCs,对 EVOOs 进行了化学计量学的非目标指纹分析。在这种情况下,当应用多变量统计分析以获得充分的差异时,高分辨率对于实现好的辨别力是特别重要的。此外,适当的光谱分辨率是有效优化选择性的关键标准,从而提高 GC－IMS 的分辨率。

为了评估程序升温 GC－IMS 相对于常规 CC－IMS 系统的光谱分辨率和选择性的优势,对两种装置进行了 EVOO 香气分布的比较分析。实验在相当的分离条件下进行,如 GC 柱(均为 FS－SE－54),样品制备,进样体积和分析时间。图 2 显示了使用两个仪器分析的 EVOO 样品的谱图。与 CC－IMS 系统相比,由 GC－IMS 获得的挥发性化合物谱图显示出更高的分辨率。这对于具有低相对分子质量和沸点、保留时间在 100－300s 范围内的 VOCs 尤为明显。并通过使用己醛和 2－己烯－1－醇计算理论塔板数(N)作为柱效率的量度来说明结果。计算结果表明,程序升温 GC－IMS 分析效率提高了至少 10 倍,从而导致更尖锐的峰形,同时具有改善的信噪比(参见图3－2－2－61中所选信号 1－5)。

5.2.2 仪器参数优化

下一步是优化 GC－IMS 的关键实验参数,以获得最佳分离效果,并使得各 VOCs 的灵敏度和选择性最大化。第一步,选择内径较小的中等极性 NB－225 GC 柱(25m ×0.32mm× 0.25μm 膜厚),增加分离能力,分离那些大口径 FS－SE－54 柱无法分离的关键化合物。影响分离过程的其他重要变量是 GC 温度和气体流量。通常来讲,高柱温(120℃)和载气流量为 1mL/min～2mL/min,VOCs 快速洗脱而不损失分辨率。迁移管温度在 50℃～100℃ 之间优化。温度的升高导致 RIP 改变,因为原聚体,形成相对较小、较快的离子,漂移时间缩短。据 Hill 报道,高温下的解析作用可以将不会形成水簇的分析物的灵敏度提高几个数量级。在 90℃ 时获得最佳的结果。由于 RIP 的强度是影响检测 VOCs 的灵敏度的主要因素,150 mL/min 的高漂移气体流量保持在一个恒定的水平,以避免记忆效应和拖尾。最后,除了 GC－IMS 参数外,样品孵化时间,培养温度和进样体积等进样参数也很重要。评估结果表明,样品孵化时间和温度分别为 10min 和 60℃ 时最佳。选择性和灵敏度之间的良好平衡是在分流模式下以 30:1 分流进样 500μL 下实现的。在这些参数下可以识别最高数量的 VOCs。

5.2.3 挥发性组成概况评估

采用 GC－IMS 分析一组 EVOO 样本的挥发性组分,以评估基于 EVOO 中不同

VOC 分布来区分产地的可行性。

在评估轮廓之前,通过在同一天对同一 EVOO 样品进行十次独立测量,对系统的重复性和稳定性进行了调查。通过挑选 EVOO 样品中发现的相关峰(总共 15 个信号,包括内标)计算峰高,漂移时间和 GC 保留时间的相对标准偏差(RSD)(见图 3－2－2－62)。通过在连续三天内分析相同的 EVOO 矩阵的五个独立样品来测试再现性。平均 RSD 值的总结如表 3－2－2－14 所示。所得结果表明 GC－IMS 系统具有良好的精度。

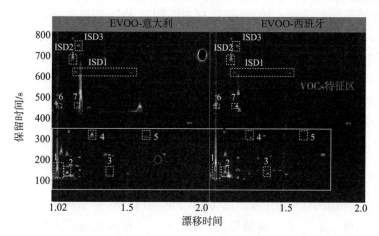

识别信号:(1)乙醇,(2)乙酸乙酯单体,(3)乙酸乙酯二聚体,(4)己醛单体,(5)己醛二聚体,(6)顺式－3－己烯－1－醇单体(7)顺式－3－己烯－1－醇二聚体内标:ISD 1——苯甲醛;ISD 2——乙酰吡啶,ISD 3——苯乙酮

图 3－2－2－62　意大利和西班牙 EVOO 的 GC－IMS 谱图

表 3－2－2－14　使用优化的 HS－GC－IMS 方法在 EVOO 中确定的显著信号的精确结果

参数	重现性(RSD)/%	连续几日的重现性(RSD)/%
强度	0.6～3.5	0.70～8.4
漂移时间	0.06～0.28	0.07～0.37
保留时间	0.02～0.46	0.04～0.62

我们通过分析两个不同组的 EVOO 样品中测定的 VOC 的差异来评估挥发性组成分布。解析 GC－IMS 谱图中的所有化合物的峰值强度获得指纹信息。结果表明,EVOOs 测定的 VOC 组分由超过 50 种化合物的复杂混合物组成。许多 VOCs 形成了不同的产物离子(在相同的保留时间内具有不同漂移时间的峰),单体具有较高的离子迁移率,二聚体或三聚体的迁移率较低。图 3－2－2－62 显示了来自西班牙和意大利的 EVOOs 的典型 GC－IMS 谱图。通过 GC－IMS 获得的不同产地(意大利和西班牙)的信号峰较为相似,这并不奇怪,因为油本身也是如此。谱图中的一些信号对于所有的油是常见的,但是 IMS 信号强度(浓度)不同。例如,己醛二聚体的信

号峰依赖于每个样品中存在的己醛的量而不同,而单体离子的信号保持恒定。也观察到了乙酸乙酯二聚体和顺式-3-己烯-1-醇二聚体。然而,来自不同产地的 EVOOs 的挥发物的比例存在显著差异,特别是 GC 保留时间在 60~350s,漂移时间在 7.1~11.3ms 之间的区域。

这表明具有低分子量,沸点或蒸汽压的挥发性有机化合物与特征香气有关,这可以被认为是不同产地的 EVOO 的指纹图谱。这就产生了这样一种假设:挥发性成分可能会受环境条件的影响。基于 GC 的保留时间和 IMS 中分析物的漂移时间,使用用水稀释的标准物质参考,在谱图中确定了一些化合物如乙醇,己醛,乙酸乙酯和顺式-3-己烯-1-醇。如图 3-2-2-62 所示,EVOO 样品中两种风味化合物己醛和顺式-3-己烯-1-醇的信号强度差异显著,橄榄因有氧发酵产生的乙酸乙酯和乙醇在西班牙的 EVOO 样品中含量较高,而意大利的 EVOO 则具有更高的己醛含量。本研究的重点集中在基于指纹谱图的非目标分析方法,以此来对 EVOOs 的产地进行区分,而不是单个化合物的测定。然而,在数据库中编译未知 VOCs,例如参考 NIST,可以帮助今后的分析。

5.2.4 化学计量学区分产地

利用前面所述的优化条件,测试 40 个 EVOO 样品,每个样品测三次,目的是区分橄榄油的产地。由于谱图复杂度高,通过多变量技术提取了 EVOO 组之间的差异。为此,采用 PCA 作为减少变量的第一步,并确定潜在变量组。因此,以 PCs 为新坐标,通过计算,将每个离子迁移谱投影到所选择的 PCs 上,形成散点图。为了研究 EVOO 样本根据产地表现出的任何潜在的聚类,我们进行了两种不同的 PCA 计算。首先,PCA 是在 EVOO 样品中检测到的全部 VOCs 上进行的,随后仅在显示出 VOCs 特征的区域(60~350s 的 GC 保留时间)进行(见图 3-2-2-62)。图 3-2-2-63(a)显示了 PCA 评分图,前两个 PCs 覆盖了总方差的 76%,以从全范围 VOC 谱图提取的信息来显示意大利和西班牙的 EVOO 样本之间的区别。图 3-2-2-63(b)显示了变换 PCA,仅使用了特定指纹区域中的特征 VOCs 的前两个 PCs。结果表明,在任何一种 PCA 方法中,来自相同产地的 EVOO 样品倾向于组合在一起,不管其个体种类如何。其中,西班牙的 EVOO 分布在负 PC1 区域,意大利的 EVOO 分布在正 PC1 区域。

由于 PCA 本身不是分类方法,而是数据缩减技术,随后在 PCA 评分上执行了两种不同的分类模型,即线性判别分析(LDA)和 k-最近邻(kNN)。通过对 EVOO 样品的整个 GC-IMS 谱图进行分类的化学计量方法的预测能力列于表 3-2-2-15。可以看出,在应用 PCA-LDA 和 kNN 分类器后,大多数 EVOO 样品(在交叉验证后准确率达 98% 和 93%)根据其来源进行了正确分类。最佳结果是通过 PCA-LDA 模型获得的。

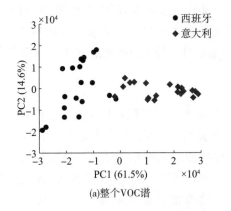 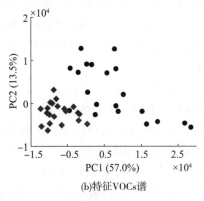

图 3-2-2-63　意大利和西班牙 EVOO 的 PCA 图

表 3-2-2-15　不同方法分类结果

模型	方法	整体正确分类率/％
EVOO-意大利模型,	PCA-LDA[a]	98[c]
EVOO-西班牙模型(n＝40)	kNN[b]	93[c]

[a] 计算考虑所有两组的样本；

[b] kNN, k-最近相邻分类($k=5$)；

[c] k-交叉验证($k=10$)。

特别地,来自西班牙的样品与乙醇,顺式-3-己烯-1-醇和乙酸乙酯的含量相关,而来自意大利的样品与己醛含量相关。但是,在考虑到个别地区的结果时,根据国内的地理位置,不同品种的使用情况和收获年份,VOC 的形态在形成的群集内会有所不同。

这使得两个不同产地的 EVOO 样本的区分变得更加复杂,这也反映了现实情况。

这里呈现的 GC-IMS 结果反映了测试的 EVOO 样品的预期高变异性,因此很适合找出可用于验证 EVOO 真实性的特征性质和区分模式。需要注意的重点是,一般来说,根据产地对诸如橄榄油等复杂产品的区分是一个困难的,甚至是不可能的任务,因为多种参数影响产品的化学成分,并导致明显的年份变化。

然而,在 2014 年和 2015 年的两个生产年份内,仍然有可能区分来自两个不同国家的橄榄油,这在大多数情况下对于(食品)质量保证应用来说是足够的。

此外,显而易见的是,与已有的多维技术(如 GC×GC-TOF-MS)相比,由于在第二维中分离和精确的质量检测能力较低,GC-IMS 设备缺乏选择性。然而,我们通常不需要进行深入的分析,只要能用快速且不太复杂的方法进行筛选即可。必须强调,高度复杂的系统提供高度复杂的数据,这显然需要更复杂的数据处理。我们的

GC－IMS 方法应该被理解为一种强大而快速的筛选技术,可以在更复杂(MS)分析之前,以最少的样品制备,短运行时间和低运行成本满足这一需求。与从参考产品获得的数据库数据一起,GC－IMS 可以作为远远优于常规 IR 光谱方法的有效指纹识别工具。

5.3　结论

在这项工作中,通过使用非目标 VOC 指纹方法对不同产地的 EVOO 进行区分,成功地评估了具有正交和高分辨率的程序升温 GC－IMS 的应用潜力。用 GC－IMS 获得的 VOC 指纹成功地证明了不同产地和品种的 EVOO 样品的差异,并且不需要单独鉴定橄榄油中存在的挥发性有机化合物。PCA－LDA 分析表明,即使在每个产地组中不同个体品种的条件下,西班牙橄榄油也被成功地与意大利油类区分开来。

通过提高 VOC 谱图的总体分离质量,清晰地证明了程序升温 GC－IMS 的优点。此外,简单的样品制备,相对短的时间分析,实验装置的成本效益以及获得的高质量的结果表明这是一种有效的分析方法。

因此,我们的研究结果表明,GC－IMS 与多变量统计结合可以用作特级初榨橄榄的真实性评估的快速筛选工具,是对以前使用的方法的有效补充甚至替代,并且优于目前的商业 GC－IMS 系统。

据我们所知,这是首次将温度梯度 GC 耦合到 DTIMS 设备,以产生更高分辨率的 3D 指纹图,与目前商业化系统相比,具有更高的辨别质量。此外,我们已经开发了一种优化的、基于自己的 MATLAB® 程序的化学计量方法,用于评估较高分辨率的数据。

6　微生物质谱系统及云中心

在国家重大科学仪器设备开发专项(2012YQ180117)、传染病重大专项(2013ZX10004612)、2017 精准医学临床质谱专项等国家基金支持下,由军事科学院牵头,中科院微生物所、国家疾控中心、301 医院、302 医院、毅新质谱等十几家国内知名医疗单位及机构联合,研发了国内第一台飞行时间质谱微生物鉴定系统 Clin－ToF,技术指标优异(见表 3－2－2－16)。研发了微生物全细胞蛋白组提取试剂。建立了超过 370 属、2200 种、8100 株的微生物蛋白指纹图数据库及微生物质谱云中心。该系统 2012 年通过了 CE IVD 认证,2014 年通过了 CFDA 认证。获发明专利 4 项、实用新型 4 项、软件著作权 6 项,发表论文 20 余篇。该成果已在 40 余家医院及科研单位开展应用,获得了包含北京协和医院、解放军 302 医院、浙江大学附属第二医院、深圳北大医院、北大口腔医院等机构在内的一致好评。该成果获得中国分析测试协会优秀新产品奖、北京创新产品金奖、FROST&SULLIAN 产品创新奖和 2017 年北京市科技进步奖(2017),相关平台获批"北京市临床质谱国际科研合作基地"称号。

表 3-2-2-16　技术指标比对

型号	CLIN－TOF Ⅰ	microflex
厂家	毅新博创	布鲁克
脉冲延时系统	延时抖动<1ns,延时时间 500μs	延时抖动<2ns,延时时间 100μs
真空控制系统	7×10^{-7}mbar*	6×10^{-6}mbar
数据采集系统	采样率 3G,800M 带宽,精度 12bit	采样率 1G,500M 带宽,精度 8bit
运动控制系统	1μm,速度 10m/min	重复定位精度 10μm,速度 2m/min
离子检测系统	脉冲 2ns,ETP 电子倍增器	脉冲 3ns,ETP 电子倍增器
高压控制系统	离子源 20kV,高压耦合 5kV	离子源 20kV,高压耦合 5kV
离子光学系统	337nm 激光,>170μJ	337nm 激光,>130μJ
最高质量范围	～500ku	～500ku
分辨率	>2500	>2000(m/z 1619.8u)
灵敏度	10fmol(m/z1532.86),S/N 10∶1	0.5pmol(m/z 66000),S/N 50∶1
质量准确度	内标法:<100ng/g 外标法:<200ng/g	内标法:<150ng/g 外标法:<200ng/g
医疗器械注册证	是	是

* 1bar＝10^5Pa。

6.1　Clin－ToF 硬件

6.1.1　离子光学

离子透镜组是由单透镜和脉冲提取板组成,该组件有四块电极板组成。对机械结构 3D 建模并通过 Simion 仿真验证其正确性,保证离子飞行路径正好到达 ETP 检测器,保证装配基准面的平行度与垂直精度,在关键位置设计工装和定位销,有效提高了装配精度。

6.1.2　高压电源

输出高压高达 20kV,纹波小于 0.01%且漂移小于 10ppm,控制设置和检测电压 0~10V 对应输出高压的 0~100%范围呈线性关系,ADC 或 DAC 的输入或输出范围 0~10V 且精度最低为 2%。设计了温度补偿电路以及高稳定基准电压源设计。

6.1.3　离子推斥

设计了全新的飞行时间质谱仪的离子延时引出模块,包括用于接收激光器同步信号的信号捕捉电路、信号展宽电路、信号延时电路等该电路在实时准确捕捉激光器同步信号的同时,可将 5ns 脉宽的同步信号展宽为 7μs 的标准方波脉冲,实现在 50~1200ns 宽范围的延时时间区间内可调,且稳定度控制在 ±200ps 以内,提高了离子传输能力,提升了质谱灵敏度和分辨率,且能更好的降低制作成本。

6.2 微生物鉴定智能算法

基于微生物蛋白指纹质谱图同源分析算法,按照特征峰出峰位置和峰强度将谱峰分成不同类型,在进行动态非线性比对时依据峰类型赋予不同打分权重,使打分更能真实地反映谱图的相似程度。通过层次聚类算法对菌株蛋白指纹图谱相似性进行质量和展示。在峰位置和峰强度两个维度上对谱图的相似性进行评估。

6.3 微生物全细胞蛋白组提取试剂和内标试剂

由于微生物样本的多样性及复杂性,不同微生物细胞壁的结构、厚度各有不同。在飞行时间质谱检测微生物技术中,微生物蛋白的萃取是微生物蛋白指纹图谱采集及比对的关键因素。开发了分别针对细菌、真菌样本的全细胞蛋白组提取试剂,实现了微生物蛋白有效萃取及释放,相关产品已获得北京市食品药品监督管理体外诊断试剂Ⅰ类认证。为提高微生物鉴定准确率,开发了微生物质谱鉴定系统内标试剂,该内标试剂与飞行时间质谱系统微生物样本处理试剂同时使用,弥补了目前飞行时间质谱系统鉴定微生物质量控制的不足,大幅度提升了微生物鉴定准确性。

6.4 微生物质谱鉴定云中心

率先把云计算、云存储技术与质谱设备对接,实现全球首家微生物质谱鉴定云中心,实时大数据处理、存储,实时动态数据报告及二次应用分析,为传染性病原菌的即时监控提供有力的技术支撑。

6.4.1 存储技术创新

通过云存储技术方案,解决了图谱大数据量对本地硬件设备存储压力过大的问题。传统的图谱数据库都是基于本地建立的,由于图谱设备数据量巨大,如通过本地数据中心或专用远程站点进行分析和存储,使用者需要在计算机设备和管理上投入很大成本。云中心不但解决了上述问题,更可以根据数据量的不断增加,随时随地进行存储量的弹性扩充。

6.4.2 数据安全性保障

通过数据加密技术及用户权限管控手段,解决了数据泄露问题。传统的图谱数据库中,数据都是明文显示的,这就带来了很高的数据泄露风险。而云中心中的数据,通过统一且严格的加密后,即使是云数据库维护人员,也无法知道数据的实际内容。只有数据的所有者,才能真正看到数据的实际内容,从而最大限度地保障了用户的权益。

6.4.3 运算速度提升

通过云计算,解决了数据本地化分析及鉴定效率慢的问题。传统的本地数据分析和计算,当数据量很大时,需要有相当高性能的硬件支持,才能保证运算速度的稳定。而高性能的硬件,必然会产生很高的成本。云中心所采用的云计算技术,不但大大降低了服务器成本,在运算速度上也比传统本地运算方式高出很多。

6.4.4 服务模式创新

通过云服务模式及互联网思维,采用云端服务架构,解决了用户端由于操作系统异构化带来的系统使用困难问题。传统的微生物蛋白指纹数据库所对接的系统基本都是本地化的,需要用户安装客户端才可以登录数据库。云中心的实现,解决了用户操作平台的限制,用户只需打开浏览器,即可管理自己的数据。

6.4.5　数据展示创新

通过实时数据动态显示,使用户第一时间看到最新的数据,并采用图形化方式,降低了用户对数据理解的难度。传统的微生物蛋白指纹数据库,在对用户做界面展示时,大致是以表格形式展示的,这样势必会增加用户对数据理解的难度。云中心采用表格＋图形化的设计,让用户更直观地看到统计结果。

总之,作为全球首款微生物蛋白指纹图谱质谱鉴定云中心,与传统系统相比,不但在计算及存储能力上带来了很大的提升,更给用户带来了前所未有的成本的降低。微生物蛋白指纹图谱鉴定云中心在利用云计算的同时,更充分考虑到了数据的安全性问题,不但给用户提供了高效便捷的服务,更做到了让用户放心。

三、展望

本次参展的质谱仪整体数量并未明显增加,离子源种类丰富,是当前质谱发展的重要趋势:广泛开发各种有特色的离子源,尤其是,国内质谱厂家涉及了各种离子源,说明在离子开发方面,国内正努力与国际保持同步。从分析器看,三重四极杆是当前的热门,应该是定量分析市场稳步增长所带来的影响。质谱联用方面,依然是 GC 和 LC 平分趋势。

质谱技术的快速发展,使其在科研和检测方面发挥着重大作用。近年来,随着国民经济的发展,国家一年年加大了对科研、对关乎民生的食品安全、环境保护、医疗卫生方面的投入;随着百姓对环境质量、食品安全的重视一年年高涨,大量第三方实验室的建立,都促使我国成了质谱仪进口大国。从进口台件数量分析,大量仪器应用在检测方面,其中广泛使用的是串联四极杆质谱仪。液相色谱-串联四极杆质谱仪多年来一直是生物毒素、兽药残留检测和食品/保健品中违禁添加物检测中的标准配置,近年来,气相色谱-三重四极质谱仪的技术进步,其分辨率、灵敏度、扫描速度等技术指标的提高,将使其在食品安全和环境保护方面发挥新的作用。

2017 年,一批食品安全新的标准方法被颁布,或者上网公示,许多方法基于色质联用技术,或以色质联用技术为"确认方法";特别是《食品安全国家标准 植物源性食品中 208 种农药及其代谢物残留量的测定气相色谱-质谱联用法(征求意见稿)》上网公布,该标准应用 GC‒MS/MS 方法,使气质联用技术真正能够实际应用于农药残留检测。与环境样品(水、土、气)相比,食品、中草药等植物源产品基质干扰要复杂得多,单级质谱的选择性、灵敏度都难以满足要求;与医药和兽药相比,常规检测的农药杀虫剂的极性弱,尤其是有机氯农药和拟除虫菊酯类农药,难于 ESI 电离,无法用液质联用仪分析;所以实际工作中,绝大部分农药残留检测工作仍用气相色谱仪进行,但气相色谱检测缺少分子结构信息，选择性差，难于避免分析结果的假阳性，无法分析基质复杂的农副产品，如百合科蔬菜、粮谷类农产品、中草药等。近几年气相色谱-串联四极杆质谱仪的发展，突破了农药残留检测技术的瓶颈，今后将在农药残留分析中发挥重大作用。

质谱离子源是质谱技术领域最活跃的部分，国内外都开发了许多实用技术，国内外均开发了多种技术和产品，其中部分技术国内还具有知识产权，获得了国家重大专项的支持，值得进一步大力进行产业化开发。离子产生方面，除了"电场电离法""光电离法"以及"热电离法"，是否还会出现更多形式的电离技术，值得深入研究，还有许多多技术需要攻克。分析器的进展主要来自国外科研院所，是目前质谱仪器竞争力的最热点。"轨道阱（Orbitrap）"、螺旋型分析器、多种分析器杂交技术是最关键进展，在组学研究、临床标志物快速筛查、食品安全、国防与军事等领域具有良好的前景。不同质谱公司的质谱软件差异非常大，而且目前还没有公认的同一的规范，是质谱发展需要解决的共性问题，即质谱技术标准化，这也是留给质谱评议专家需要重点关注的问题。培养质谱软件技术人员和应用支持人员，是国内外质谱公司研发投入的着眼点，这对于国内质谱的持续发展尤为重要。

近些年，出现了一些前景非常好的质谱特色应用。质谱成像技术（Imaging MS）发展缓慢，离临床应用还有不小的距离。微生物质谱技术无疑是近几年除了组学质谱技术之外第二大热点。国外有 3 家（生物梅里埃、布鲁克、岛津），国内有 9 家（毅新博创、江苏天瑞（厦门质谱）、融智生物、广州禾信、东西分析、安图生物、复星医药、珠海美华、珠海迪尔智谱）。多家国内外微生物质谱都获得了 CFDA 的医疗器械许可，毅新质谱创建了首家微生物质谱鉴定云中心，获得了北京市科学技术进步奖。总体上看，微生物质谱企业非常看好该领域，但是市场到底有多大、多久可获得利润，并不十分确定。单细胞免疫质谱技术（Single Cell ImmunoMS）是当前质谱新应用之一，其采用标签抗体、流式细胞分选与 ICP - TOF - MS 联用技术，正在成为细胞分析领域的革命性技术。从应用角度看，质谱最大的不足在于动态范围，改善离子源才是提高动态范围的根本之道，免疫质谱、亲和质谱等选择性分析体系或许更容易解决实际需求。

整机特色化方面，当前主要是小型化、专用化、移动化。对于下一步可能出现真正的智能化质谱仪器，知识库则是最关键的，因此，选择一个小的专门的应用来开发智能质谱，可能是个不错的选择。国外厂家近几年纷纷推出单四极杆的质谱仪，重点在操作简单化、功能一键化等方面，价格方面优势明显，满足了药厂等质量控制的需求，预期还有较大增长。参加此次展览的超高性能质谱偏少，反映了近几年国外质谱厂家的市场导向观念有了一定改变，同时也反映了质谱新技术推出需要一定的研发周期。质谱仪器的"小、快、特"的特点正在得到扩大研发和应用，尤其是前段样本处理的集成化，将成为质谱市场主流之一。

新技术突破的根本是理论的突破,质谱新技术急需质谱新理论的突破。质谱理论研究工作主要是在国外,建议我国进行长期布局,从人才和理论研究出发,开发自主知识产权的原始创新,真正实现质谱技术的突破。

第三节　色谱分析技术

一、概述

2017 年 BCEIA 仪器展览会上,国内外各大色谱仪器公司推出了大量的色谱仪器及各类样品前处理仪器,尤其是样品前处理与色谱仪器在线联用设备的出现,节省了大量样品前处理时间,如岛津公司推出的在线超临界流体萃取/色谱系统,可实现超临界萃取和分析的在线联用,有效实现不稳定化合物的分离;5D Ultra－e 系统是岛津独有的特色分离系统,其采用基于双柱箱的全二维色谱技术结合超快速三重四极杆型气相色谱质谱联用仪 GCMS－TQ8040,同时系统前端搭载 HPLC 在线分离系统,在提升全二维色谱分离能力的同时体系自动化程度大幅提高,分析效率提升明显。5D Ultra－e 是目前可以提供最更高分离度和更高选择性的分析系统,是超复杂化合物分离分析强有力的对应工具。该系统也是分析矿物油的旗舰配置方案。全二维气相色谱通过与在线高效液相色谱的联用,在仪器分析能力得到提升的同时,分析效率以及自动化程度都得到了全面提升。岛津液相色谱串联质谱 LCMS－8045 是液质家族的新成员。该仪器拥有专利的 UFMS 技术,独创超快速扫描技术 UF－Scaning,扫描速度可达业界最快 30 000u/s,正离子/负离子两种离子化模式同步化,正负极切换时间仅 5ms,真正意义上实现了正、负离子同时采集。针对 GB 5009—2016《食品安全国家标准》新增的真菌毒素检测方法同位素内标液质联用法,岛津利用 LCMS－8045 开发了应对解决方案,包括单次进样分析 16 种真菌毒素、不同基质中真菌毒素的快速检测方法及质谱数据库。除此之外,全二维气相色谱结合超快速性能的三重四极杆型质谱仪,完美应对复杂样品成分的分析。针对复杂样品的定性和定量分析,如石油化工行业(油品中烷烃、烯烃和芳烃类组分的族组成分析等)、食品安全(植物油等)和复杂环境样品中有毒有害物质的测定等。Nexis GC－2030 气相色谱仪配备了全新智能交互界面,仅需触屏即可完成仪器操作并可以实时了解仪器运行状态。创新 ClickTek 技术全面提升用户分析体验,使色谱柱的安装和仪器维护进入徒手时代。更配备了世界一流灵敏度的检测器群,可以进行高可靠性和高精度的痕量分析,使重现性更胜一筹。柱温箱功能全面优化,使用效率有显著提升的同时还使能耗有效降低。根据需求定制化系统更可以满足个性化分析诉求。同时从这届展会看出:各仪器公司尤其是国内主要色谱仪器公司在仪器的硬件水平上有了提高,如安捷伦公司推出的 1260 Infinity II Prime 液相色谱仪,耐压可拓展到 800 bar,特别设计的配套色谱柱,得以进一步提高样品通量,提高色谱分离度和安全系数。多用途阀的自动化设备性能减少人工操作,进一步提高设备的易用性。Intelligent System Emulation Technology (ISET) 功能可以对 Agilent 以及第三方仪器设备进行方法转移。Blend Assist 软件功能在方法开发或自动切换方法时自动精确地改变缓冲液或添加剂浓度。Intuvo 气相色谱仪具有直接加热的柱温箱对色谱柱进行快速的加热和快速的冷却,缩短了样品的分析周期。模块化的超惰性气体流路设计,超纯硅及第三代超惰性处理的气体流路,是检测活性组分的最优选择。保护芯片及无切割色谱柱设计,设计简单,更换容易,保护色谱柱和质谱离子源,保证了保留时间的重现性,减少了仪器的停机时间,可以检测更多的样品。无石墨压环设计,直接面密封,使用定扭矩螺丝刀,安装简单易学,既避免泄漏,又提高安装速度。第六代 EPC 在仪器运行时,实时监测仪器是否漏气,确保仪器的正常运行。Ultivo 质谱系统融合了多项硬件与软件创新的系统,以"切合用户需求"为宗旨及设计出发点,已经让客户感到非常激动并满怀期待。这款跨时代的创新产品,与传统三重四极杆质谱仪相比,体积减小了 70%,首次将串联四极杆质谱仪作为液相色谱的通用检测器,模块堆积,与 UHPLC 合为一体,真正将 LC-MSMS 系统演化为常规分析工具。更为可贵的是,作为全球最小的三重四极杆质谱系统,Ultivo 的性能没有任何折中,仍可轻松实现柱上 fg 级检出限,这依赖于包括气旋离子导轨(Cyclone Ion Guide)、超微离子滤片(Virtual Pre/Post Filters)、涡流碰撞池(Vortex Collision Cell)、全新四极杆过滤器等多项专利技术。Agilent 6545 精确质量 Q-TOF LC/MS 系统提升了中端 Q-TOF 仪器的标准,可提供更高的分离能力和灵敏度(比我们前代的常规分析仪器高 5 倍)。6545 拥有快速强大的新型自动调谐功能,可以帮助所有用户在小分子化合物分析方面获得最佳结果—无论实验室专注于食品、环境、代谢组学、脂质组学还是药物领域的筛选工作。赛默飞公司推出的 Thermo Scientific Vanquish UHPLC 系统耐压 150 MPa,最高流速可达 5 mL/min,兼具一体化系统的耐用性及模块化系统的灵活性,智能样品加载器可放置 9 块样品瓶托盘。国产仪器方面,东西电子、温岭、大连依利特等仪器公司也提出了各自的仪器,仪器自动化水平和仪器制造水平显著提升,更加重视仪器应用及与用户的交流。色谱评议组选择了"2017 年 BCEIA 色谱仪器发展评述""超高效液相仪器(UHPLC)发展现状""从第 17 届 BCEIA 看液相色谱柱技术进展""气相色谱仪器进展""提高整体效率的多功能自动化解决方案""在线色谱分析在能化领域中的应用""色谱技术在食品安全领域的进展——结合'十三五'食品安全专项及进出口食品的技术进展进行评述"等几部分进行评述。

二、超高效液相仪器(UHPLC)发展现状

近几年,主要品牌的超高效液相仪器(UHPLC)全面升级,相对而言,第二代 UHPLC 系统工作压力更高、扩散更低,配套新型柱温箱、自动进样器等,运行周期更

短,满足更高通量样品的分析,充分体现出 UHPLC 的优势。同时基于不同组件的仪器平台配置的性能系列化、多样化,满足微量、常量、制备等不同领域需求。另外,联用与专用模块、色谱数据处理系统等,扩展应用范围,更方便。近年来国产液相色谱厂商在提高泵耐压范围、满足超快速分离等方面也取得明显进展。表 3-3-2-1 列出了主要供应商 UHPLC 仪器型号及关键指标。表 3-3-2-2 列出了主要供应商仪器的主要参数。

表 3-3-2-1 主要 UHPLC 供应商仪器类型及关键指标

厂商	型号	上市时间	压力/psi*	最大流速/(mL/min)	泵类型
Waters	Acquity UPLC	2004	15000	2.0	二元
	Acquity H-Class	2010	15000	2.2	四元
	Acquity I-Class	2011	18000	2.0	二元
	Acquity M-Class	2014	15000	0.1	二元
	Acquity Arc	2015	15000	5.0	四元
Agilent	Infinity Ⅰ/Ⅱ 1290	2010,2014	18000,19000	5.0	二元
	Infinity Ⅰ/Ⅱ 1260	2010,2017	9000	10.0	四元
	Infinity Ⅰ/Ⅱ 1220	2010,2017	9000	10.0	等度、二元
Thermo	Ultimate 3000	2009	9000	10.0	四元、二元
	Vanquish Horizon	2014	22000	5.0	二元
	Vanquish Flex	2015(2017)	15000	8.0	四元、二元
Shimadzu	Nexera	2010	19000	5.0	四元、二元
	Nexera X2	2013	19000	5.0	四元、二元

* 1psi=6.89kPa

表 3-3-2-2 部分 UHPLC 仪器的主要参数

厂商	Agilent	Hitachi	Shimadzu	Thermo	Waters
型号	1290 Infinity II	Chromaster Ultra Rs	Nexera X2	Vanquish UHPLC	ACQUITY UPLC I-class
泵					
泵种类	串联双柱塞(伺服控制)	线性驱动串联双柱塞	并联双柱塞CAM驱动	线性驱动并联双柱塞	线性驱动并联双柱塞
最大压力	1300bar	1400bar	1300bar	1517bar	1241bar
流速 (at ΔP_{max})	0.001~2mL/min	0.001~2mL/min	0.0001~3mL/min	0.001~5mL/min	0.01~1mL/min

续表 3-3-2-2

厂商	Agilent	Hitachi	Shimadzu	Thermo	Waters
型号	1290 Infinity II	Chromaster Ultra Rs	Nexera X2	Vanquish UHPLC	ACQUITY UPLC I-class
泵					
流量准确度	±1.0%	±1.0%	±1.0%	±0.1%	±1.0%
流量精度	<0.07%RSD 或 <0.005min SD	<0.06%RSD 或 <0.005min SD	<0.06%RSD 或 <0.02min SD	<0.05%RSD 或 <0.01min SD	<0.075%RSD 或 <0.01min SD
混合器	Jet Weaver	Static double corkscrew	Microchip	Spinflow filled with beads	Longitudinal mixer
组成准确度	±0.35%	±0.5%	±0.5%	±0.2%	±0.5%
组成精密度	<0.15%RSD 或 0.01min SD	0.15%RSD 或 0.01min SD	na	<0.15% SD	<0.2%RSD 或 0.02min SD
进样器性能指标					
样品预压缩	no	no	no	取决于系统压力	MBB
进样体积范围	0.1~20μL	0.1~20μL	0.1~50μL	0.01~25μL	0.1~10μL
最小循环时间	10s	25s	14s	8s	15s
准确度	na	2% at 20μL	±1.0% at 10μL	±0.5% at 10μL	±0.2% at 10μL
精密度 @1μL	<0.15%	≤0.5%	≤0.5%	<0.25%	≤1.0%RSD
残留	<0.003%	<0.001%	<0.0015%	<0.004%	<0.001%

续表 3 - 3 - 2 - 2

厂商	Agilent	Hitachi	Shimadzu	Thermo	Waters
温度控制					
种类	稀薄气体	稀薄气体和加压气体	稀薄气体	稀薄气体和加压气体	稀薄气体
温度范围	4～110℃	4～90℃	高于室温 5℃～150℃	5～120℃	5～90℃
预热模式和预热总体积	消极(1, 1.6, 和3μL)	消极(1μL)	消极(<3μL)	积极(0.8μL)和消极(1.0μL)	积极(1.4μL)
检测器					
样品室体积	0.6 和 1μL(流通池的扩散体积)	2.2μL	1μL	0.8μL(流通池的扩散体积)	0.25 和 0.5μL
波长范围	190～640nm	190～650nm	190～700nm	190～680nm	190～800nm
数据采集频率	240 Hz	100 Hz	200 Hz	200 Hz	80 Hz
基线噪声	≤3μAU	≤5μAU	≤4μAU	≤3μAU	≤3μAU
线性范围	>5%@2.0AU	5%@2.0AU	5% @2.0AU	<5%@2.5AU	<5%@2.0AU

1　UHPLC 仪器系统的设计与指标现状

UHPLC 能够达到的分析效率和分析时间指标取决于仪器系统设计与控制能够达到的动力学和热力学性能极限,首先,与传统 HPLC 仪器比较,柱外效应最小化是保证高效分离的前提;另外,超高压条件下引起的轴向和径向热效应会影响分离效率和保留与选择性。良好的 UHPLC 系统和组件设计、温度控制能够克服动力学效应对 UHPLC 分析时间和效率等性能的限制;第三,与传统 HPLC 类似,材料的机械强度、化学惰性和热性能的控制取决于具体的应用领域,比如常规分析一般选择 316 不锈钢、生物分析选择钛合金(如 Ti - 6 - Al - 4 V)、离子色谱选择 PEEK 材料满足极端 pH 值条件下的应用。

1.1　UHPLC 的柱外扩散

对于亚 $2\mu m$ 填料及小粒径核壳材料 UHPLC 和细内径色谱柱,保证高分离效率的前提是必须降低柱外扩散。如 $1.5\mu m$ 核壳填料,100mm×2.1mm 色谱柱,容量因子 k 在 0.5～5 范围化合物的峰体积通常在 $2\mu L$～$5\mu L$ 范围;如果是 100mm×1.0mm 细内径色谱柱,上述化合物的峰体积降低为 $0.5\mu L$～$1.2\mu L$ 范围。为保证分离度最大损失不超过 2.5%,柱外效导致的塔板数降低应该小于 5%。系统中,柱外扩散主要来自进样体积、连接系统体积和检测器体积三部分。进样扩散主要取决于进样环设计、样品抽取速度、进样前的装载时间、样品黏度等因素,连接管扩散受的管内涡流、非均匀流动、流动相黏度、温度、目标物特性等因素,通常降低检测池体积比连接管的作用更加明显、同时池体的设计也具有显著影响。表 3 - 3 - 2 - 2 和表 3 - 3 - 2 - 3 列出了部分商品化 UHPLC 系统的区带展宽体积。

表 3 - 3 - 2 - 3　部分商品化 UHPLC 仪器的区带展宽

公司	型号	配置	区带展宽/μL
Waters	Alliance HPLC	标准型	45
	Acquity UPLC Classic	标准型	10~12
	Acquity UPLC Classic	带切换阀	16
	Acquity I - Class	标准型	4~6
Agilent	1200 HPLC	—	30
	Infinity I 1290	标准型	14
	Infinity I 1290	带切换阀	17
Thermo	Vanquish	标准型	16

1.2　UHPLC 泵性能指标

UHPLC 在压力超过 1000bar 条件下应用时,溶剂压缩和热效应的校准是保证准确输送流动相的关键,流速的变化会导致保留时间重复性差、对浓度型检测器峰面积与流速成反比。常规 HPLC 方法与 UHPLC 分析方法转化时面临很大的问题。另外,由于流动相黏度随着压力增加而增加,降低分析物的扩散系数,由于色谱柱内压力的差异,导致黏度的降低不同,测量的踏板高度实际上是线速度变化情况下的平均值。现代 UHPLC 泵通常在梯度模式下,保留时间精度小于 0.1%。关键在于混合模式、泵设计、柱塞运行速度以及通过流速/压力的实时监测反馈以实现对泵反控。

1.3　进样系统与压缩

高压下旋转阀的密封要求和压力波动影响保留时间精度和分离效率,是 UHPLC进样系统的最大挑战。另外,各厂商也致力于改进进样模式提高进样效率、降低交叉污染,以适应 UHPLC 越来快的分离速度。如 Agilent 1290 Infinity II UHPLC 分流操作的双进样针设计的多通道进样器,将循环进样时间缩短到数秒之内,从而提高系统通量。通过集成浅抽屉堆栈式设计,可以极大提高系统的总样品容量达到 16 个微孔板或 6144 个样品(432 个样品瓶)。Shimadzu Nexera - i 自动进样器重复进样 1μL以下样品的进样周期是 14s,最多可容纳 216 个 1.5ml 进样瓶。Thermo Scientific Vanquish UHPLC 系统分离式进样器 HT 能够实现 0.01~100μL 的准确进样,进样周期低至 15s,交叉污染控制在 4ppm 之下,进样器支持 HPLC 进样瓶和多孔板进样(96 孔和 384 孔),最多可加载 23 块多孔板,高达 8832 个样品。

1.4　检测器和数据采集频率

现代的 UHPLC 检测器的检测线性通常可以到 2AU(5％偏差),线性范围达到 5 个数量级(最小响应为 10μAU 时),对于柱外效应,降低池体积比连接管的作用更加明显。一些新型的"light - guiding"流通池,通过在池内壁涂覆 Teflon AF、FC40、Krytox等材料降低样品的折射率,提高检测灵敏度。由于 UHPLC 的峰体积小、时间短,数据采集速率和过滤常数的严重影响分离效率,驻留时间(Dwell time)和峰过滤平滑设置影响快速梯度分离,通常 UHPLC 分析时,每个峰采集应该不少于 40 点。

2　UHPLC 仪器系统的设计与指标现状

近年来,国产高效液相色谱性能已经稳定,在综合指标、仪器稳定性等方面得到用户的认可。在"国家重大科学仪器设备开发专项"的支持下(见表 3 - 3 - 2 - 4),新型、高效液相色谱等色谱仪器的开发也取得很大进展。

表 3 - 3 - 2 - 4　国家重大科学仪器设备开发专项色谱相关项目

项目名称	承担单位
高效微流电色谱分析仪器的研发与应用	上海通微分析技术有限公司
新型高速、高灵敏度、高通量色谱分析仪器的开发与应用	北京普源精电科技有限公司
多功能离子色谱仪的研发与产业化	山东省出入境检验检疫局技术中心
超临界流体色谱仪的研制与应用开发	江苏汉邦科技有限公司

2017 年 BCEIA 展览会上,主要国内液相色谱生产厂家俊参加了展览会,部分液相色谱产品及其泵压力见表 3 - 3 - 2 - 5。温岭福立、上海伍丰、大连依利特和普源精电等四家已经开发了更高压力的液相色谱系统或者超快速液相色谱,较传统液相色谱能够使用更小粒径填料或者核壳型填料色谱柱,满足快速分离的需求。普源精电公司开发了 L3520 型二极管阵列检测器,是继大连依利特公司之后国内第二家推出该类检测器的公司。

表 3 - 3 - 2 - 5　主要国产液相色谱产品的泵最大工作压力

厂商	型号	泵最大工作压力
浙江温岭福立分析仪器股份有限公司	i - Evolution UHPLC 5190(样机)	80MPa
上海伍丰科学仪器有限公司	EX 1700s　(样机)	69MPa
大连依利特分析仪器有限公司	iChrom 5100	63MPa
北京普源精电科技有限公司	L - 3000(样机)	62MPa
通用(深圳)仪器有限公司	GI - 3000 - 11	45MPa
北京东西分析仪器有限责任公司	LC - 5510	42MPa
北京温分分析仪器技术开发有限公司	LC 981	42MPa
北京北分瑞利分析仪器(集团)有限责任公司	SY 8100	40MPa
北京普析通用仪器有限责任公司	L 600	40MPa

综合来看,国内液相色谱厂商对 UHPLC 和快速 HPLC 系统已经进行了广泛关注,在仪器研发方面也取得明显进展,虽然真正意义上的 UHPLC 系统还没有出现,但是通过中等压力快速液相色谱系统的开发和应用,在积累研发和应用经验基础上,相信下一届展会将会有更好的产品推出。

三、从第 17 届 BCEIA 看液相色谱柱技术进展

第十七届北京分析测试学术报告会及展览会共有国内外 311 家厂商参展。其中,展出或涉及液相色谱仪器的厂商有 20 余家,约占参展厂商总数的 6.4%。其中包括:安捷伦科技、博纳艾杰尔、大连伊利特、岛津、迪马科技、东曹(上海)生物科技、Phenomenex、福立仪器、Gilson、佳司科(上海)、默克化工技术(上海)、普源精仪、青岛盛翰色谱技术、日立仪器(上海)、瑞士万通、SCIEX 中国、赛默飞世尔、上海伍丰、上海科哲、上海通微、天美、月旭科技、昭和电工株式会社等 20 余家厂商展出了其色谱仪器或相关产品。

纵观本届 BCEIA 展会上展出的色谱仪器和相关产品,确实琳琅满目。色谱技术和仪器已发展得相对成熟,其在相关领域、相关部门中的应用范围和深度仍在稳步发展。同时,在提升整机通用性的同时,对色谱技术本身仍在不断追求更高的分离效率、更快的分离速度和更好的选择性。这一趋势表现在色谱柱及色谱填料方面仍是:发展细粒径高效液相色谱填料和超高效液相色谱柱;进一步拓展表面多孔或核壳型填料及色谱柱的性能和应用范围;研究、发展新型填料及柱型等。下面,仅就色谱填料和色谱柱方面的情况作一简略介绍。

1 细粒径填料及色谱柱

自 2004 年沃特世公司推出了使用 1.7μm 细粒径填料的超效液相色谱(UPLC)后,超高效或超高压液相色谱(UHPLC)已成为业界的潮流。迄今为止,主流色谱仪器及相关设备制造商几乎均已推出了本公司的 UHPLC 产品及配套的色谱柱,其色谱柱填料粒径多在 1.5~2.0μm 之间,即"亚二微米"填料。本次展会上,Akzo Nobel、安捷伦科技、博纳艾杰尔、岛津、迪马科技、东曹(上海)生物科技、Phenomenex、福立分析仪器公司、青岛盛翰色谱技术、日立仪器(上海)、瑞士万通、赛默飞世尔、上海通微、上海伍丰、月旭科技、昭和电工株式会社等公司(拼音序)均有此类产品展出或已发展此类技术。例如:

Kromasil 是瑞典 Akzo Nobel 公司的色谱柱品牌。此次展会上,通过其代理商上海鲲霆生物科技展出了其 Eternity XT 系列 C8 UHPLC/HPLC 色谱柱。此柱填料有多种粒径可供选择(1.8~5μm),且具高化学稳定性,可在 pH 值为 1~12 环境下使用;甚至可用 1mol/L 的 NaOH 对色谱柱进行清洗。

安捷伦公司推出的 UHPLC 系统最高输液压力为 130MPa,与其配套的是 ZORBAX RRHD 1.8μm 色谱柱,该系列柱填料可具有不同的配基,如 C18、C8、苯基

己基以及 HILIC 柱等,以供不同模式分离之需。

已属丹纳赫 SCIEX 旗下的博纳艾杰尔科技公司推出了可用于超效液相分离的色谱柱产品,包括 Innoval C18、ASB C18、AQ C18 和 HILIC 柱等,均使用粒径 1.9μm、孔径 10nm 的高纯硅胶基质,可于 pH1.9~9.0 的介质环境下使用。

岛津公司在其色谱柱产品系列中推出了含不同粒径填料的柱子,以适应不同用途之需,如 InertSustain C18、InertSustain Swift C18、Inertsil ODS - 4、Inertsil ODS - 3、InertSustain C8、Inertsil C8 - 4、Inertsil C8 - 3、InertSustain Phenyl、Inertsil Ph -3 等系列柱产品中,均包含填料粒径为 2μm 或 1.9μm 的产品,可用于超高效分离。

迪马公司研制、生产、销售色谱柱及相关产品,其 Endeavorsil(奋进)1.8μm UHPLC柱使用细粒径超纯硅胶基球,可用于超高效液相色谱分离。

东曹(上海)生物科技的尺寸排阻色谱柱、离子交换色谱柱、亲水作用色谱柱为市场所熟知,为适应超高效分离之需,推出了填料粒径 2μm 的反相柱 Super - ODS、Super- Octyl、Super - Phenyl,此外,其填料粒径 2.3μm 的 ODS-140HTP 既可用于常规 HPLC 分离,也可在适当的高输液压力下获得接近超效液相色谱的分离效率,但其所需输液压力较常规超高效色谱柱为低,仅及常规 UHPLC 的一半。

Phenomenex 公司专营色谱耗材,其产品现由博纳艾杰尔科技公司作为其在中国唯一的分销机构负责销售。Phenomenex 产品线涵盖了常规 HPLC 填料和色谱柱。用于超高效分离之需的则主要是其核壳型产品。

青岛盛翰专注于离子色谱的研发与生产,其自主研制的 SH 系列离子色谱柱,其填料采用粒径均匀的交联高聚物基球,粒径约 8μm,可耐受 pH 值为 1~14 的介质环境,可在离子交换、离子排斥和离子对等不同模式下进行阴、阳离子的分离分析。

日立仪器(上海)展出的 LaChromUltra Rs 型超高效液相色谱仪,最高输液压力达 140MPa,且在高压和低压区均可实现稳定输液。与其相配合,推出了填料粒径 1.9μm 的硅胶基质填料柱 LaChromUltra II,此填料颗粒表面经高聚物修饰,可在 pH 值为 1~12 范围内使用。

赛默飞世尔(中国)公司为配合其 UHPLC 仪器,推出了 Syncronis™ 色谱柱,其填料使用粒径 1.7μm 的超纯硅胶基质,键合以 C18、C8、苯基、氨基等不同基团,以适应不同分离模式的需求。

上海伍丰研制了系列化的高效液相色谱仪器,所选配的色谱柱为美国 Exformma 公司的 Arcus 系列。通过对硅胶基质表面的重羟基化处理,并消除了基质表面的微孔,使其可获得对称的峰形和更长的使用寿命,pH 值适用范围 1.5~10。

上海通微除研制加压毛细管电色谱、毛细管电泳仪外,也经营色谱填料、色谱柱(包括毛细管柱)等耗材的研发和销售,经销德国 Bischoff 公司的色谱柱,如宽 pH 值范围的 KromaPlusC18、C18AQ 等。

月旭科技研制了 Ultimate® UHPLC 系列(1.8μm)超高效液相色谱柱,键合相包括 C8、C18、苯基柱等;

昭和电工株式会社生产的聚合物基质和硅胶基质色谱柱几乎涵盖了所有的色谱模式,其尺寸排阻色谱柱有较长历史,为业界所熟知。所生产的聚合物基质反相柱以其不同的基质种类、交联度、孔径、配基的种类,可提供与硅胶基质填料柱不同的性质和选择性。例如,其 GPC UT - 800 系列凝胶渗透色谱柱可在 210℃ 超高温度下使用;此外,其疏水色谱柱、亲水作用色谱柱亦有特色。

2　表面多孔(superficially porous particles,SPP)或"核壳"型(core - shell)填料及色谱柱

这种填料及以其填装的色谱柱的异军突起既在意料之外,又在意料之中。使用亚 2μm 填料柱,为获得高柱效,就必须大幅度提高输液压力,这带来了仪器成本的提高和操作的不便。于是,分离效率相当,但所需输液压力近乎减半的表面多孔型填料柱引起了业界的高度关注。目前,安捷伦、博纳艾杰尔、岛津公司、迪马公司、福立分析、Perkin - Elmer、Phenomenex、赛默飞世尔、上海通微、月旭科技等公司均推出了自己的表面多孔(或"核壳")型填料及色谱柱产品。例如:

安捷伦公司推出的 InfinityLab Poroshell 120 系列柱为核壳型柱,具有不同的粒径(1.9μm、2.7μm 和 4μm),可在比亚 2μm 柱低 40%~50% 的操作压力下,获得与亚 2μm 柱相似的高柱效。Poroshell 300SB - C18、C8、C3 和 300Extend 色谱柱则是为快速分离蛋白质和多肽而设计的色谱柱系列。在实心硅胶球的表面,制备有一层孔径 30nm 的硅胶微球,进一步在其大孔硅微球表面键合上所需的疏水链成为反相填料,适合于分子质量 500~1000ku 的多肽和蛋白质的高效、快速分离。

已属丹纳赫 SCIEX 旗下的博纳艾杰尔科技公司研制的核壳型填料柱 Bonshell 粒径 2.7μm(1.7μm 实心硅球),配基为 C18 型和 ASB C18 型。前者耐受 pH 值范围为 1.5~9.0,后者则为 1.0~7.5,均可在常规 HPLC 上于 60MPa 以下使用。

岛津公司的 InertCore C18 柱使用粒径 2.4μm 核壳型填料,可用以进行超高效或高通量分析。岛津的色谱柱家族中还有一类专用色谱柱,如内孔反相柱、二氧化钛柱等。

迪马公司所研制的 Navigatorsil™(领航)核壳型色谱柱粒径 2.7μm,可用于超高效液相色谱分离。

Phenomenex 公司推出了系列化表面多孔型填料和色谱柱 KINETEK 以及此柱系列的保护柱。KINETEK 系列包括 5μm、2.6μm、1.7μm 和 1.3μm 等不同粒径的核壳型填料色谱柱,以全面适应从分析到制备分离之需。其中,除 1.3μm 的仅有 C8 型配基外,其余两种均包含有多种配基可供选择,包括 EVO C18(亚乙基桥型杂化硅胶基球)、C18、XB - C18、C8、Biphenyl、HILIC、Phenyl - Hexyl 和 F5 等不同基团或类型。EVO C18 型具有高化学稳定性,可耐受 pH 值为 1~12 的环境;联苯基(Biphenyl)型具芳香选择性;苯基己基(Phenyl - Hexyl)型可提高芳烃的保留和分离度;五氟苯基

型适合于卤化物、共轭化合物等的分离分析。亲水作用型则对强亲水性化合物具有优异的分离能力。此外,为适应蛋白质和多肽分离之需,发展了大孔核壳型填料 Aeris widepore 柱。这种填料因其壳层孔径大,从而可用于蛋白质等生物大分子的分离与分析。Phenomenex 的所有产品,在中国市场由博纳艾杰尔科技公司独家销售。

福立分析仪器公司为配合其推出的 i-Evolution 5190™ UHPLC 仪器系统,自主研制了 SunShell 系列色谱柱。该色谱柱使用粒径 $2.6\mu m$ 和 $5.0\mu m$ 的核壳型填料,可在适中的输液压力下获得超效或超快速液相色谱分离。例如,其粒径 $2.6\mu m$ 的核壳柱可等效于常规 $1.7\mu m$ 的超高效柱,但输液压力仅及超高效系统的一半。而且,此填料的化学稳定性好,可工作于 pH 值为 1.0~10 的宽 pH 范围中。目前,此系列色谱柱涵盖了包括 C8、C18、苯基、五氟苯基等不同配基的填料,以适用于不同分离目的之需。

赛默飞世尔公司研制了 $2.6\mu m$ 的 Accucore HPLC 核壳系列柱。

上海通微是 Advanced Materials Technology 公司的核-壳型色谱填料 HALO 柱的中国全权独家代理商。

月旭科技所推出的 Boltimate 核壳柱,填料粒径 $2.7\mu m$,且有多种键合相可供选择。

目前,业界的另一种趋向也值得关注,即一部分厂家推出了粒径更大的 $5\mu m$ 表面多孔填料和柱子。粒径 $5\mu m$ 的 APP 柱子可以给出与 $3\mu m$ 全多孔填料柱相当的柱效,但其柱压却仅相当甚至略低于 $5\mu m$ 全多孔填料柱。这种柱子不仅用于分析分离,还可用于制备性分离。如 Phenomenex 公司的 KINETEK 系列、福立分析的 SunShell 系列均有 $5\mu m$ SPP 色谱柱。在色谱分离中,表面多孔型色谱柱显示出良好的发展前景。

3 整体柱(monolithic column)

与常规色谱柱的制法不同,整体柱使用原位聚合或类似浇铸的方法制备出具有连续柱体的色谱柱。这种色谱柱不仅制备简单,其柱效也较高,约等于相同尺寸、以 $3\mu m$ 填料填装的柱子。此外,所制备的柱体具有双孔结构,因而其柱压很低、柱床的化学稳定性也很好。目前,市场上已有几种此类产品,如默克公司的 Chromolith® 系列整体柱。

另外,岛津公司推出了硅胶整体柱 MonoClad® C18-HS,可提供等效于 $3\mu m$ 粒径填料柱的柱效,但柱压却仅及 $3\mu m$ 填料柱的一半。而且,该柱使用的是卡套式结构,长度可调节且拆装方便。

但此类柱子因其生产工艺的特点,柱子间性能的重现性较难以控制,故一时难以获得更广泛的应用。

4 高性能常规色谱柱

目前市售的色谱柱,主要有硅胶基质柱、聚合物基质柱以及杂化柱和复合柱等不同类型。其中,以硅胶基质柱最为常见。但硅胶基质柱有其固有的缺点,即源于残余硅羟基对极性溶质的非特异性吸附,以及化学稳定性较差(耐受 pH 值范围仅约 2～8)的问题。

为应对这些问题,学术界和产业界做了大量工作,使这些问题已得到较好的解决。例如,采用超纯硅胶基球、采用高空间位阻型配基,或新键合技术,可以获得高化学稳定性的填料。例如,安捷伦公司的 ZORBAX Extend－C18 色谱柱则是利用双配位硅烷键合和双封端处理,可耐受达 pH 值为 11.5 的碱性环境。而 ZORBAX StableBond 800nm 色谱柱则通过二异丁基或二异丙基侧基的位阻效应,使得其在 pH 值＝1 时仍有很好的性能重现性。赛默飞世尔公司的 Acclaim PA 和 Acclaim PA2 则在其填料的表面嵌入式地键合了磺胺基团,使柱子可同时分离极性和非极性物质,而且具有很好的化学稳定性(pH 值 1.5～10)。昭和电工生产的粒径 $5\mu m$ 的反相色谱填料,以聚丙烯酸酯高聚物为基质,可键合上不同的基团,因而对不同物质可具有不同的选择性和保留能力。高聚物基质使其具有良好的化学稳定性。此外,此类柱子亦可以得到接近于硅胶基质柱的高分离效率,例如,RSpak ODP2 HP 柱,基质为聚羟甲基丙烯酸酯,250mm 柱子的柱效大于 17000。北京明尼克分析仪器设备有限公司代理 Restek 公司生产的硅胶基质填料及色谱柱,包括 Viva 系列柱、Ultra－Ⅱ系列柱等不同的系列产品。其 Ultra－Ⅱ系列柱可选 $1.9\mu m$,$3\mu m$ 和 $5\mu m$ 产品。所键合的配基除常见 C8、C18 等外,还包括二苯基(Biphenyl)、丙基六氟苯基(PFP)等,以提供更广泛的选择性。

四、气相色谱仪器进展

近两年来,气相色谱仪器再次显示新的发展活力,主要体现在三个方面:全二维 GC×GC 与质谱(MS)检测结合、气相色谱－质谱仪、快速的小型和微型气相色谱系统,附件包括切换阀、连接管件、注射器、气体配件和色谱柱等方面。

1 气相色谱仪器系统

在色谱－质谱仪器系统方面,Agilent 推出气相色谱－7200B 四极杆飞行时间质谱(QTOF)GC－MS 系统,JEOL 推出基于全二维(2D)GC 系统的 AccuTOF－GC×TOF GC－MS 系统,LECO 新型 Pegasus GC－HRT 4D GC×GC－MS 系统。Shimadzu 的 GC MS－TQ8040 三重四极杆 GC－MS 系统,Thermo Scientific 的 TSQ Duo 三重四极杆GC－MS－MS 系统。

岛津公司推出了 LC－GC×GC－MS/MS 在线联机系统 5D Ultra－e(如图 3－3－4－1 所示),改系统基于双柱箱的全二维色谱技术结合超快速三重四极杆型气相色谱质谱联用仪 GCMS－TQ8040,同时系统前端搭载 HPLC 在线分离系统,提升全二维色谱分离能力的同时体系自动化程度大幅提高,分析效率卓越改进。5D Ultra－e是目前可以提供最更高分离度和更高选择性的分析系统,是超复杂化合物分离分析强有力的对应工具。在食品安全领域,该系统可用于分析矿物油。

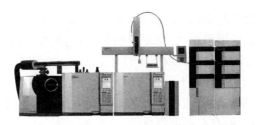

图 3 - 3 - 4 - 1 LC - GC×GC - MS/MS 在线联机系统 5D Ultra - e

2 安捷伦和岛津推出全新概念的气相色谱仪

安捷伦于 2015 年推出了 Intuvo 气相色谱仪直接加热的柱温箱对色谱柱进行快速的加热和快速的冷却,缩短了样品的分析周期。模块化的超惰性气体流路设计,超纯硅及第三代超惰性处理的气体流路,是检测活性组分的最优选择。保护芯片及无切割色谱柱设计,设计简单,更换容易,保护色谱柱和质谱离子源,保证了保留时间的重现性,减少了仪器的停机时间,可以检测更多的样品。无石墨压环设计,直接面密封,使用定扭矩螺丝刀,安装简单易学,既避免泄漏,又提高安装速度。第六代 EPC 在仪器运行时,实时监测仪器是否漏气,确保仪器的正常运行。可用于血醇分析、溶剂残留分析及环境、食品安全、医药/化学品的 QA/QC 分析,也可应用于石化行业的总烃分析,快速模拟蒸馏等。Shimadzu 公司推出的 Nexis GC - 2030 气相色谱仪配备了全新智能交互界面,仅需触屏即可完成仪器操作并可以实时了解仪器运行状态。创新 ClickTek 技术全面提升用户分析体验,使色谱柱的安装和仪器维护进入徒手时代。更配备了世界一流灵敏度的检测器群,可以进行高可靠性和高精度的痕量分析,使重现性更胜一筹。柱温箱功能全面优化,使用效率有显著提升的同时使能耗有效降低。根据需求定制化系统更可以满足个性化分析诉求。创新 ClickTek 技术全面提升用户分析体验,进样口的打开和关闭只需徒手即可完成,无需使用任何工具。大幅简化了进样口维护操作。ClickTek 智能锁的存在,可以让仪器自动感知最佳安装位置而避免使用蛮力扳转。进样口/检测器量具多合一。搭载体感如个人移动设备般绚丽多彩的液晶触摸屏,智能触碰交互式设计,全新分析体验。触摸屏不仅可查看仪器各部位的全部信息,更可以进行参数设定、方法编辑、色谱图查看等常规分析操作亦可通过触摸屏直接完成。全面自我诊断及人性化设计,细微之处提升用户体验,仪器自带多达 34 项自我诊断项目,在出现问题之前可发现问题。另外,Nexis GC - 2030 首创可控幅度的柱温箱降温功能,可针对不同色谱柱的极性单独设置降温幅度,延长色谱柱的实际使用寿命,有效降低用户的仪器使用成本。全新 LabSolutions 软件,图形化软件操作界面带来全新视觉冲击。

3 国产气相色谱仪器概述

近两年来,国产气相色谱仪器自动化程度有显著提升,虽然大多数仪器的流量基本还是机械阀控制,但各厂家都推出了全自动化/半自动化的新产品,涵盖高中低端

（以流量控制的自动化来判定）各个方面。低端气相色谱仪流量采用稳压阀/稳流阀控制，中端产品虽然也采用稳压阀/稳流阀控制，但是增加了流量传感器和压力传感器，可以手动调节压力和流量并在仪器上自动显示；有多个国产气相色谱产品如浙江福立、北京东西电子、上海仪电、上海舜宇恒平等公司采用了流量全自动控制技术，推出了配置电子流量控制系统的气相色谱仪，但是由于 EPC 技术来源不太一致，体现在仪器性能和稳定性上面存在一定差异。

国产气相色谱常用的五种检测器 FID、TCD、ECD、FPD 和 NPD，总体水平已经较为稳定，由于环境分析及食品安全领域的应用需求，近两年 ECD 的性能提高最明显，多个产品性能指标提升一个数量级到 10^{-14}，已经接近和达到外国厂家的水平，可完全满足国内环境及食品安全领域的分析需求。

五、提高整体效率的多功能自动化解决方案

随着近年来色谱技术的不断发展，实验室拥有了更快、更强大的分析能力。近年来，越来越多的实验室对整个工作流程的数据质量及工作效率提出了更高的要求，例如更好的分离效果、更灵活的使用方式、更低的运行成本、更高的自动化程度等等。在这方面值得关注的是，安捷伦的"快速更换"阀系统和岛津的五维超能分离系统。

1 安捷伦快速更换阀系统

安捷伦快速更换阀系统是通过各种灵活的组合实现多种高效的自动化功能，从而帮助实验室分析研究人员提供更快、更可靠的工作流程解决方案，以实现更高的工作效率和数据质量，提升工作流程的整体效率。

安捷伦"快速更换"阀基于独立驱动和阀头设计，分为二位阀和选择阀两大类，搭配相应的液相色谱系统可以实现不同功能。每种阀均有适用于不同耐压、流路条件系统的配置和选择，和通过不同组合，用于色谱柱选择、全二维分离、交替柱再生、中心切割、样品净化、溶剂选择、馏分收集器流路选择和自动化方法开发。

1.1 高通量交替柱再生方案（ACR）

交替柱再生方案系统示意图如图 3-3-5-1 所示，通过阀的切换，连接两根完全相同的色谱柱同时进行样品分析和柱冲洗/平衡，可以在不增加过多仪器投资成本的前提下成倍提高样品分析速度和样品通量，减少了仪器购买及维护成本。

1.2 自动方法开发/多方法应用系统 （MDS）

通过独特的软硬件系统配合实现自动化的色谱柱/溶剂选择和切换，可在最多 8 根色谱柱和 26 种溶剂中自动进行排列组合，图 3-3-5-2 为使用 1290 快速筛选固定相和流动相并使用 ISET 进行无缝方法转移的示意图，图 3-3-5-3 为利用安捷伦 Poroshell 120 色谱柱建立甾类化合物的液相色谱快速筛选的色谱图，如图提高了方法开发的效率，连续运行多个需要使用不同色谱柱/流动相的方法，配合软件功能向导，可以进行自动方法筛选/开发。

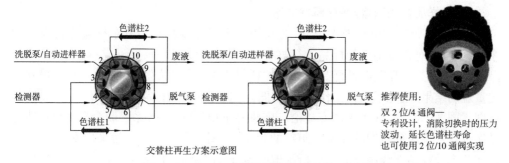

交替柱再生方案示意图

推荐使用：
双2位/4通阀—
专利设计，消除切换时的压力
波动，延长色谱柱寿命
也可使用2位/10通阀实现

图3-3-5-1　交替柱再生方案系统示意图

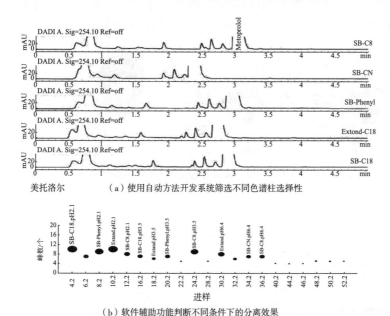

美托洛尔　　　　（a）使用自动方法开发系统筛选不同色谱柱选择性

（b）软件辅助功能判断不同条件下的分离效果

图3-3-5-2　使用1290快速筛选固定相和流动相并使用ISET进行无缝方法转移

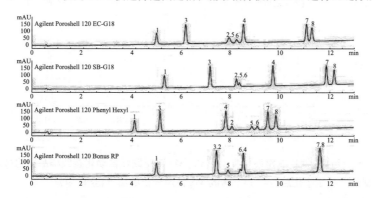

图3-3-5-3　利用安捷伦Poroshell 120色谱柱建立甾类化合物的液相色谱快速筛选方法

1.3 样品在线富集/净化解决方案

安捷伦 1200 Infinity 样品富集/纯化解决方案可以自动对复杂样品进行在线的净化,也可以对含量稀少的样品进行富集,大幅提高效率并减少了成本,大幅节省样品前处理的时间,显著降低样品前处理的耗材成本,可自动化连续运行,易于得到稳定重现的结果,避免了人为操作的误差,图 3-3-5-4 为样品在线富集/净化系统示意图。图 3-3-5-5 为采用安捷伦三重四极杆 LC/MS/MS 系统联合自动化在线样品净化技术快速分析四种免疫抑制剂的色谱图,图 3-3-5-6 为采用安捷伦 1290 液相色谱及样品在线净化方案分析辣椒中苏丹红的色谱图,图 3-3-5-7 为维生素 A、维生素 E 及微量维生素 D、中心切割后第二维分析维生素 D 的色谱图,图 3-3-5-8 采用在线 SPE 方案分析饮用水中痕量药物残留的色谱图。

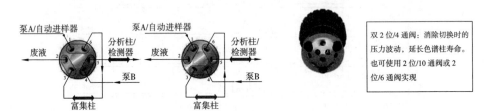

图 3-3-5-4 样品在线富集/净化系统示意图

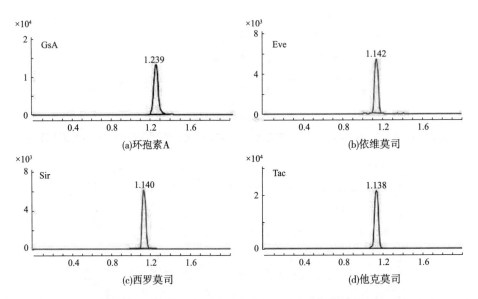

图 3-3-5-5 采用安捷伦三重四极杆 LC/MS/MS 系统联合自动化在线样品净化技术快速分析四种免疫抑制剂经在线净化后进行 LC-MS/MS 快速分析的结果(全血中)

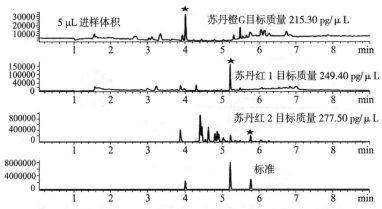

图 3-3-5-6 使用安捷伦 1290 液相色谱及样品在线净化方案分析辣椒中的苏丹红样品经在线净化后进行质谱分析

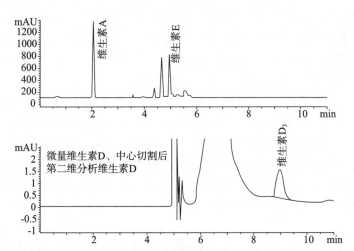

图 3-3-5-7 维生素 A、维生素 E 及微量维生素 D、中心切割后第二维分析维生素 D

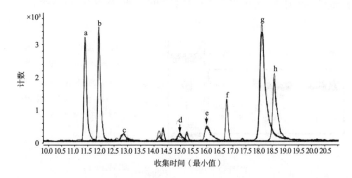

a 甲氧苄啶；b 欧美德普；c 奥米唑；d 磺胺甲基噁唑；e 恶喹酸；f 红霉素；g 吡哌酸；h 氟甲喹

图 3-3-5-8 使用在线 SPE 方案分析饮用水中痕量药物残留

1.4 流动相在线脱盐未知物鉴定方案

图 3-3-5-9 为流动相在线脱盐未知物鉴定方案系统示意图。

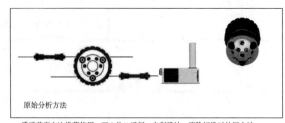

原始分析方法

质谱兼容方法推荐使用：双 2 位/4 通阀—专利设计，消除切换时的压力波动，延长色谱柱寿命也可使用 2 位/10 通阀或 2 位/6 通阀实现

图 3-3-5-9 流动相在线脱盐未知物鉴定方案系统示意图

安捷伦 1200 Infinity 流动相在线脱盐解决方案可以在对原始 HPLC/UHPLC 方法不做任何修改的前提下，将流动相中与质谱不兼容的组分去除并分析目标化合物，以对杂质或其他未知化合物进行鉴定。无需对原始分析方法做任何修改，保持完全相同的分离选择性，显著降低了质谱兼容方法开发的时间成本，可以同时鉴定多个杂质/未知物，使分析方法开发有更广的流动相选择。

安捷伦 1200 Infinity 全二维液相解决方案可以在不增加分析时间和系统反压的情况下，极大提高分析方法的峰容量，利用二维正交分离原理，将难以完全分离的复杂样品实现最大程度的分离，使用 1290 二元泵超低系统体积，使得超快二维分离成为可能，同时采用系统优化设计的流路连接确保两维分离效率损失降至最小，显著降低复杂样品分析的时间，同时得到更丰富的样品信息，还可以兼容任何类型检测器的数据，包括紫外、ELSD 及质谱检测器。图 3-3-5-10 为全二维液相色谱系统示意图。图 3-3-5-11 为采用安捷伦 1290 Infinity 2D-LC 系统分析中药注射液的全二维色谱图。图 3-3-5-12 为采用安捷伦 1290 Infinity 2D-LC 系统分析不同产地的啤酒的全二维色谱图，可显著看到两种啤酒样品成分组成的差异。

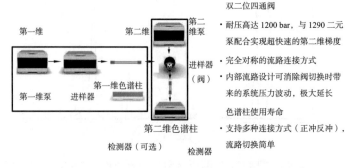

第一维　　　　　　　第二维　　　　双二位四通阀

第二维泵　　· 耐压高达 1200 bar，与 1290 二元泵配合实现超快速的第二维梯度

进样器（阀）　　· 完全对称的流路连接方式

第一维泵　进样器　第一维色谱柱　　· 内部流路设计可消除阀切换时带来的系统压力波动，极大延长色谱柱使用寿命

第二维色谱柱　　· 支持多种连接方式（正冲反冲），流路切换简单

检测器（可选）　　检测器

图 3-3-5-10 全二维液相色谱系统示意图

（a）2D-LC分析结果散点图（紫外）

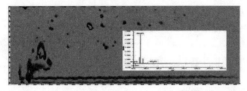

（b）2D-LC分析结果散点图（TOF质谱）及峰质谱信息图

图 3 − 3 − 5 − 11　使用安捷伦 1290 Infinity 2D − LC 系统分析中药注射液

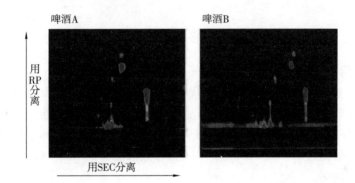

图 3 − 3 − 5 − 12　使用安捷伦 1290 Infinity 2D − LC 系统比较分析不同产地的啤酒

2　岛津五维超能分离系统

5D Ultra − e 在线 HPLC 全二维气相色谱三重四极杆型质谱检测器（LC − GC×GC −MS/MS），是首届首创的综合分析系统，全二维色谱技术结合超快速三重四极杆型气相色谱质谱联用仪，同时系统前端搭载 HPLC 在线分离系统，打破了色谱界限，分析效率以及自动化程度都得到全面提升，是应对复杂样品分析，获得更好分离能力和选择性的新型有力武器。

2.1　系统组成

5D Ultra − e 系统由 HPLC、液相-气相传输型接口、全二维气相色谱，以及三重四极杆型气相色谱质谱联用仪四个单元组成。在线 LC 获取目标化合物组分，全二维有效应对一维色谱难以实现的分离，最后利用 MS/MS 强大的定性定量能力完成分析。图 3 − 3 − 5 − 13 为 LC − GC×GC − MS/MS 系统示意图。

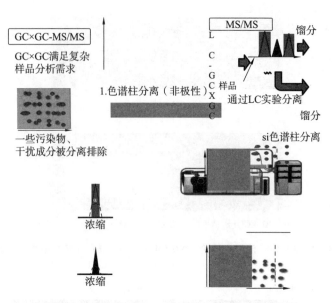

图 3 - 3 - 5 - 13　LC - GC×GC - MS/MS 系统

2.2　应用实例——煤焦油的分析

煤焦油经二氯甲烷稀释后,进行常规二维分析(GC×GC - MS/MS),Q3Scan 得到一张非常复杂的二维图。但同样的样品,经过 LC 硅胶柱作为前端分离,获得三段组分群,再顺序进行 GC×GC - MS/MS 分析,均呈现出清晰的二维色谱图,获得了更加丰富的解析数据结果。图 3 - 3 - 5 - 14 为煤焦油的 LC - GC×GC - MS/MS 五维分析全二维色谱图。

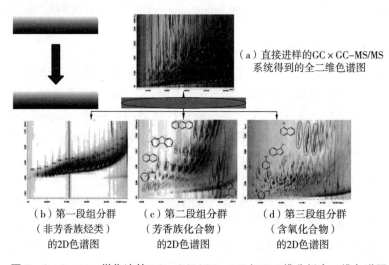

图 3 - 3 - 5 - 14　煤焦油的 LC - GC×GC - MS/MS 五维分析全二维色谱图

六、在线色谱分析在能化领域中的应用

1　引言

在线分析属于过程分析,其目的有多种,但在石化领域最重要的目的有两个,其一是为了观察化学或者生物反应过程,记录过程物料流的质量、检测毒性、有害性物质。另一个目的就是通过在线检测获得有效数据并以此为基础实现对反应过程的控制,从而提高产品质量保证产品的一致性,提高生产效率,保障设备的安全操作,了解反应的本质基础,节约分析和样品输送时间,避开取样和送样过程减少污染物排放,降低人力、原材料、过程废弃物处理成本等。用于特定场合的在线分析设备一般需要具备:分析准确性高,具有出色的重复性、选择性和灵敏度,宽的线性范围,优良的稳定性和坚固性,分析速度快,分析结果滞后时间短,价格低,能够进行多成分分析,操作简单,高度灵活,容易实施,维护成本低等特点。因此简单、检测速度快、高度稳定、能够自动化操作、没有或者少有活动部件、故障点明确是对在线分析设备的基本要求。

色谱技术是一种具有强大分离、定量能力同时具有出色性价比的分析设备,在石油和石化行业,色谱技术的应用相当普及,从石油勘探、石油加工研究、日常分析到生产控制和产品质量把关等应用非常广泛。进入 21 世纪以来,色谱技术领域与石化行业相关的应用性研究仍然十分活跃,以微柱阀切换、专用色谱柱和自控技术为基础发展起来的各类试样预处理系统和专用分析系统的标准化与商品化研究结果,使得这些新技术和新方法的应用变得越来越便利。尤其是气相色谱分析技术具备适合多组分分析和获得有机化合物异构体信息、可同时监测多个位点,分析精度高等优点,是目前石化行业首选的过程分析或者在线分析的高效能仪器。

能化领域的在线色谱技术主要涉及实验室催化剂考评以及在此基础上的工厂中试及生产装置上的应用两个方面,由于样品比较复杂,分析条件也比较苛刻,实验室催化剂考评过程中,在线分析必须解决水对色谱分析的干扰、复杂样品和宽沸程样品的全组分在线分析、催化剂粉尘的在线脱除、关键微量组分及族组成的在线分析等问题。而工厂中试及生产装置的在线色谱分析技术则必须解决:现场在线装置的安装和维护、工厂在线分析的安全问题、现场样品的传输问题、在线色谱分析结果与中试及生产装置中控之间的对接与反馈、在线色谱分析结果与离线分析结果之间的一致性等关键问题。本文对其应用现状进行简单介绍。

2　能化及相关领域的实验室在线色谱分析

在线色谱分析方法在中小型和微型催化反应和催化剂评价装置的产物在线分析评价中应用广泛,这类在线分析装置的特点是能够对大量的催化材料进行快速评价和筛选,其中微型装置在线分析能够为催化反应机理和动力学等的研究提供可靠的

分析数据。

中小型催化反应和催化剂评价中,由于反应装置小、便于连接,反应装置甚至可以直接连接到色谱仪上方,反应和分析条件的控制也相对容易,因此具有独特的优点和优势。但也因为小型化和微型化,产物的量也相对较小,因此对操作参数(温度、压力、流量和流速等)的控制精度也要求较高,即使是微小的波动或变化,也可能导致最终结果发生较大的变化,其数据的准确性和可靠性就更受关注了。尤其是随着原油的重质化和劣质化,工艺条件变得更加苛刻了,这就要求所采取的在线分析方法具有更宽的应用范围和更大的应用灵活性,同时对相应的应用硬件和软件也提出了更多的要求,如数据处理和计算要求更方便一些、自动化程度要求更高一些等。

在传统的在线气相色谱分析领域,脉冲微反气相色谱和连续微反气相色谱法仍然是主力,但因近年色谱技术的进步,尤其是载气流量和装置温度计压力的电子化控制技术的应用加上经改进后自动进样技术甚至中心切割技术的应用,使所得数据的精度得到了很大的提高,例如,石科院早期开发的连续微反在线色谱分析系统,在连续微反反应器与气相色谱进样口之间端接入可将温度保持在 200℃ 左右的多位取样阀装置,在气相色谱炉箱内通过中心切割将碳 5 之前的轻烃从 PONA 分析切入氧化铝色谱柱分析,利用 PONA 柱和氧化铝柱在整个分析过程中柱箱温度不超过 200℃ 这个特点,对 C6~C8 小分子纯烃的催化裂化反应结果进行分析,获得了 C1~C16 全部烃类产物的组成分布结果,对新开发催化材料的评价和反应机理的认识起到了重要作用,但因设备配置简单,所得数据结果都比较单一,仅能够分析整个实验结果的一部分,特别是因两根性能完全不同的色谱柱同处一个炉箱,高温和低温段的分析都受到了一定的限制,所以微反原料不能使用碳数较高,碳链较长的烃类,否则低沸点组分和高沸点组分的色谱峰展宽严重,将给定量分析带来误差。这样的在线分析平台在石化领域催化剂评价等过程中一般仅能获得主产物或者部分轻质组分的在线检测结果,对气体组分或者沸点在汽油以上的柴油、润滑油组分要么无能为力,要么需再次试验才能获得最终结果。如此则因多次进样,多次分析给最终结果带来一定的实验或者计算误差,关心轻烃产物的转化结果又不能得到准确的分析数据。

在此基础上如果将氧化铝柱置于辅助炉箱,在色谱主炉箱通过更换分析柱,调整分析参数等并将石化领域常用的模拟蒸馏、汽油单体烃组成、柴油正碳分析技术与之结合,则可获得微反产物中所有烃类物种的一些重要信息,并将纯烃微反原料的碳数扩大,甚至采用汽油、柴油等物料进行微反试验,经一次进样获得之前根本无法获得的数据。这些工作当然也离不开自动控制,标准样品,软件化、程序化计算等外围工作。

石科院近年开发的超短时间接触脉冲微反气相色谱分析装置充分利用了现代气相色谱的最新技术,采用多个检测器,多根色谱柱,辅助炉箱等可以一次进样,得到整个反应过程包括永久性气体、轻烃、汽油单体烃组成、柴油正碳分布等所有结果。经切换载气和镍催化还原后采用 FID 检测,还可以分析催化剂表面上生成的积碳。这台装置对关注低碳烯烃产物含量多少的催化裂化技术不仅可以从产物组成推演纯烃反应的机理,还可以直接筛选出高产低碳烯烃的特殊催化剂并找到最优的转化反应条件等,其装置框架见图 3-3-6-1。

采用该装置获得的实验数据非常稳定,但对所得烃类产品的分析结果需重新编写软件进行处理,其最大的特点在于通过中心切割将碳 5 之前的轻烃切到氧化铝柱上进行分析,并从中获取碳 5 以下轻烃的分布比例,并入 PONA 分析结果重新进行计算各组分的含量。来自催化裂解器的裂解产物完成 PONA 分析后快速升温分析即可获得产物中柴油正碳的分析结果。进入辅助炉箱的产品在不加保温措施的情况下其中沸点较高的组分在样品传输的过程中逐步冷凝,其中含有甲烷的永久性气体部分则继续前行进入分子筛柱分离后经 TCD 进行检测。使用该装置石科院的相关工艺组已通过纯烃微反,对催化裂化机理,产物组成,合适反应条件的选择等又有更加深入的了解。

针对煤间接液化技术开发的分析需求,石科院的色谱分析研究人员以 Agilent 7890 为测试平台,通过自行设计,用标准曲线和校正归一化法为定量模式开发了含氧化合物及烃混合气分析方法并为之编制了专门的应用软件。这种方法适用于低碳数气态类含氧化合物的测定,同时可检测永久性气体(H_2、O_2、N_2、CO、CO_2)及 C_1-C_5 烃类。当气样中不含含氧化合物时可作为炼厂气分析系统使用。本系统还可扩展用于厂房气中痕量芳烃的检测。系统及分析方法灵活可靠,检测范围宽,适用面广,在 30min 时间内即可完成气态样品中可能存在的低碳数含氧化合物的分析。这一技术为费托合成气体产物的在线分析提供了一种可能,但前提是样品中不能含有过多水,因此反应过程中产生的水必须设法脱除,产物中的重组分也需处理干净,这些问题一经解决,很快即可将其应用于在线分析。

在小型反应器及其产品的在线分析方面,日本 FROUNTIER 开发的多功能热裂解仪易与现在气相色谱仪上普遍配置的中心切割、多检测器系统相结合,为催化剂的快速评价以及其他化合物的热解产物在线分析提供了许多种可能,将热解产物经冷冻聚焦后进入色谱柱,选择合适的色谱峰切割点将不同组分切割到不同的色谱柱上在多柱系统进行分离可以获得更加准确、精细的分析数据。其高压反应产物在线分析部件也为在线分析高压产物提供了极大的便利条件。

为了加快催化材料的合成评价研究进度,石化系统近年引进了多套高通量反应器,最多时可以同时开通 16 个通道进行反应,这些装置上都配置了高性能的在线分析气相色谱仪,但遗憾的是在线分析只能完成气体部分,液相产物的分析仍需采用传统的离线分析技术。其他如只使用液体反应物而且只产生液相产物的微型反应在线分析系统则基本没有介入,而很多精细化学品的合成也涉及此类装置,只有国外文献中才能看到此类研究成果。图 3-3-6-1 为高通量反应器和高性能的在线分析气相色谱仪联用的示意图。

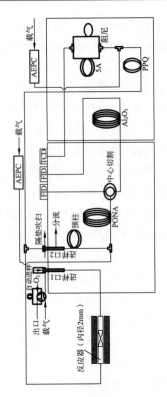

图 3-3-6-1 超短时间接触反应器在线气相色谱分析联用示意图

近些年重点开发的间接煤液化技术中大量使用在线气相色谱分析方法,但如图 3-3-6-2 所示,完成此类样品的在线分析必须有可靠的压力控制部件和合适的冷却过滤部件,否则在线样品中携带的固体催化剂颗粒和生成的大量水将对分析系统带来很大的负面影响,严重时甚至会将整个分析系统损坏,图 3-3-6-2 为间接煤液化技术中采用的在线气相色谱仪示意图。

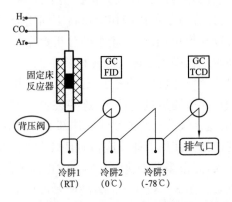

图 3-3-6-2 煤间接液化技术中采用的在线气相色谱分析示意图

图3-3-6-2中描述的在线分析系统实际算不上一个完整的在线分析过程,因为分析结果仅包括了产物中的易挥发部分,不能代表反应的全貌,但仍然可以通过轻烃以及永久性气体的分析结果了解装置内的反应情况。在煤间接液化领域类似的在线分析装置还有不少正在研发,重点是在攻克装置内高压反应混合物的科学取样问题,一些设备生产商也加入了这个研究领域,估计很快就会有新的突破,分析范围会有较大的扩展。在煤直接液化领域早期也有类似的在线分析装置用于快速检测反应产物的组成,如下图,如果利用现在的新技术,相信会获得更加有效的分析数据。图3-3-6-3为煤直接液化技术中采用的在线气相色谱仪示意图。

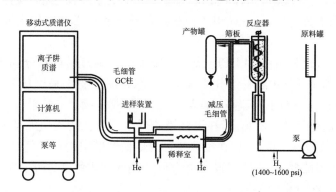

图3-3-6-3　煤直接液化技术中采用的在线气相色谱分析示意图

除了上述研究领域使用在线气相色谱分析技术,化工其他技术领域也急需此类装置提供在线分析数据。目前情况,国内外在线色谱分析研究,不论是中、小型催化剂评价装置的产物在线色谱分析,还是小型反应装置上原料、中间产品、产品以及相关辅助原料与副产品等的在线色谱分析与检测,绝大部分还停留在气相产物的在线色谱分析与控制阶段。对于高温高压、特殊样品以及宽沸程复杂样品等的在线色谱分析,无论是在取样和样品预处理方面,还是色谱分离分析方面,都还存在许多急需解决的问题。随着现代气相色谱技术的发展,多维色谱、反吹切割技术以及各种联用技术等,为在线色谱分析提供了更多更有效的技术手段。但这些分析技术对分析条件的重复性要求较高,而当这些方法移植到在线色谱分析方法中时,工艺参数(温度、压力、流速等)的波动会引起后续样品传输、取样,甚至分析条件的波动,从而难以保证分析条件的严格重复,限制了这些最新分析手段的应用。为了将这些最新的分析技术和方法、硬件制造以及控制技术的最新成就充分利用起来,实现不同工业产品和实验室研究的在线色谱分析,扩宽在线色谱分析方法的应用范围,提高其应用灵活性,还需根据不同生产工艺和研究所用在线色谱分析的特点,对现有在线色谱分析方法进行系统研究,找出各类在线色谱分析存在的问题,并针对其各自的特点,寻找原因,提出相应的改进方法和措施,为今后建立适用性强、应用范围宽、可灵活配置和变换分析方法的在线色谱分析提供有力的依据和借鉴。

3 工业在线色谱分析

工厂中试及生产装置在线色谱分析技术是建立在实验室催化剂考评在线色谱技术基础之上一种工业在线色谱分析技术,在实施的过程中面对实际工况需要解决如下问题:现场在线装置的安装和维护、工厂在线分析的安全问题、现场样品的传输问题、在线色谱分析结果与中试、生产装置中控之间的对接与反馈及在线色谱分析结果与离线分析结果之间的一致性等。近年来,工业在线色谱分析技术的研究受到了一定的重视,在线色谱分析在我国石油化工行业一些简单的装置上得到了广泛应用,但由于其他配套辅助设施的影响,主要应用还仅限于工业装置气相产物的在线分析与控制,尽管不是十分完美,工业气相产物在线色谱分析技术已经相当成熟,已有很多实例。

比如,齐鲁石化公司在LLDPE(线性低密度聚乙烯)装置中,分别用在线色谱分析反应器进料和循环气中各种组分的含量,在MTBE装置上采用日本Yokogawa的GC-8在线色谱仪分析不同流路的样品组成,均取得了满意的效果。

独山子石油化工总厂乙烯厂,在聚合级乙烯生产工艺的乙炔加氢过程中用ABB 3100在线色谱仪检测乙炔含量,在裂解装置丙烯精馏塔中用在线色谱仪检测MAPD指标,降低了装置能耗,在乙烯装置中用ATl-4003在线色谱对脱甲烷塔顶甲烷中的乙烯进行实时在线分析。

广州石油化工总厂乙烯厂也利用在线色谱对裂解装置中高压、低压脱丙烷塔顶气进行了在线分析;巴陵石化在甲基叔丁基醚生产的过程中用在线色谱仪测定烯醇比,对实现最佳烯醇配比起了重要作用。

其他比较成功的在线色谱分析应用实例还有很多,比如,上海石油化工股份公司炼化部化工一厂用日本Yokogawa的GC 1000在线色谱仪,采用带蒸发器的液体取样阀和程序升温及恒温加热技术,较好地解决了高、宽沸点样品中特殊组分的分析,但其液体取样阀的加热器能达到的最大温度只有250℃。一般室温条件下呈气态的产物很容易实现在线气相色谱分析,沸点在200℃以内或者是单相产物也容易实现在线气相色谱分析,但对于高温高压、需特殊处理的产品以及宽沸程复杂样品等,由于其组分在传输管线、减压阀和取样阀中极易发生冷凝、渗漏、聚合、裂解等物理、化学变化而存在取样和样品预处理困难,色谱分离分析难度大等问题,还难以实现在线色谱分析,公开报道应用成功的文献几乎没有。因此对这类产物的组成分析,仍然采取在线取样、离线分析的方法,即产物降压冷却后分为气相产物和液相产物,然后分别测定。离线分析的主要缺点是操作烦琐,数据准确性差,分析结果滞后,给生产和研究带来诸多不便。

所以,工业在线色谱分析的应用主要涉及原料组分的分析,采用气相色谱仪对各种气体原料进行精确的在线检验分析。如对管道天然气、合成氨气的组成分析等。

对石油化工产品气体进行质量分析,对工业产品中的杂质进行在线分析,如用于乙烯、丙烯、丁二烯、氯乙烯等工业产品的质量进行在线检测、控制等。

控制装置里中间产物的反应情况,涉及石油化工等生产过程中各类装置反应效率的测定和控制,如在线色谱仪在精制气体的精馏塔,以气体为原料的聚合装置、反应器等出入口及循环系统上的应用等。

对工业装置异常现象的监视和调整,在生产过程中,工业在线色谱仪可对装置出现的异常现象进行分析和处理。如监视乙烯装置中的乙炔;控制氢气流量,调节聚丙烯的聚合度;监视乙烯氧化装置中的乙烯等。当发现异常现象时,可及时发出报警信号或者进行闭环反馈调整。

通过在线测试对装置生产情况进行剖析,这方面主要是通过在线分析确定生产装置的物料平衡和能量平衡,如对钢铁工业中高炉炉顶气的分析等。

此外,在线分析技术在污染监测方面也有广泛应用,如空气中非甲烷烃类分析,化工厂周围 BTEX 分析等,均已实现自动化取样、制样、分析和数据传输等,在环境保护方面发挥了日益重要的作用。

4 在线色谱分析常见问题及解决方法

在线色谱分析与实验室离线分析不同,它要求对反应产物/产品进行即时分析,并尽可能进行全组成分析,同时对分离的要求也更高,其中一些微量组分的含量分析,对方法的精密度和检测限要求则更高,尤其是一些含永久性气体和较重组分的分析,其对分析方法的苛刻度也高多了。现代多维色谱的发展,已经使在离线条件下实现这类复杂混合物的分析成为可能。但要在在线分析条件下及时、准确地提供这类复杂混合物的在线分析结果,还要充分考虑可能影响其分析结果的每一个因素。

(1)高温高压:一般工业在线色谱和催化剂考评装置,产品/产物都是连续流动的。对于常压体系,只需在产物出口管线上接一流路连入色谱定量取样系统即可。对于高压体系,产品出口管线中的压力也会很高,很难直接连接到气相色谱进样系统上,需减压后再取样,为了保证在减压过程中产物不能发生冷凝、聚合、裂解和泄露等影响产物组成的变化,需采用耐高温的减压阀。另外,在实现减压的过程中,进行稳压调节时还不能对上游反应装置的压力产生影响。同时也希望装置压力波动时,尽可能地减小对取样系统的影响。这样,传统的减压模式就难以满足要求。此时,应该采用针形阀,并采取多级减压和恒温的方法,这样既便于实现取样系统压力的稳定控制,又不造成上游反应装置的压力波动。

(2)样品传输:样品从反应产物出口管线至色谱定量取样系统的传输过程中,同样要保证样品不发生影响分析结果的任何变化,尤其是产物中相对较重的组分,要注意避免其在减压阀和传输管线中发生冷凝、聚合、裂解等现象。为得到稳定而准确的在线分析结果,一般要求对减压系统和连接管线进行伴热,伴热方法通常采用低压蒸汽伴热,有些物料不适于蒸汽伴热,就采用电伴热或热水伴热等。对于组分沸点较高的样品传输,有效的伴热方式是电伴热,当温度在 200℃ 以下时,一般的伴热带就可满足要求。但对于沸点更高的样品,尤其是在 300℃ 以上时,对伴热的要求也相对高得多,不仅要求伴热温度要达到要求,还要保证整个传输管线温度的均匀性,即无冷点出现,也不要出现过热点。一旦传输管线由于伴热不均匀,出现冷点,样品就会在传输管线连接处、转弯处等地方凝结下来,并不断增大、老化,最后堵塞管线,老化后的重组分进入取样阀会导致阀芯堵塞,进入色谱分析系统也会污染分析柱等;而管线中出现过热点时,可能导致产物发生高温催化分解或者聚合等反应,从而导致产物组成发生变化,最终分析结果也必然不准确。为此,应尽可能采用能够独立控温的连接管线,并采用智能温控仪进行温度控制。同时,为了方便连接和维护,连接管线采取分段控温模式为宜,并且在转弯处尽可能避免出现直角和锐角,减小样品组分在转弯处由于快速撞击而凝结。管线设计要求管线尽可能短,尽可能走直线。

(3)定量取样系统及方法:一般在线分析系统所采取的取样方式,都是借用了离线分析中气体产物分析常用的定量管/阀切换取样方式,对于沸点相对较高的产物,则采用能够独立控温的定量阀体系,既要求取样阀带有加热装置,能够保证产物在阀体中不发生冷凝外,还要求其能耐高压。另外,对操作过程中阀切换的时间控制、反吹清洗和维护也要特别注意,因为一旦有组分凝结在阀孔/芯上,这些凝结下来的产物会聚结在阀连接处,并在高温烘烤下炭化并不断增大,最后直至整个阀孔被完全堵塞。为保证取样系统的清洁,可以采取进样后载气、甚至溶剂吹扫的方法。

(4)分离系统:在线分析的样品只能在线实时获取,一般要求一次进样就能准确获得所需分析结果,因此,随着被分析体系的组成和分析要求的不同,对分离系统的要求和苛刻度也会不同。对于组成复杂的分析体系只需要得到少数关键组分数据结果的,可以采取预处理、预分离和柱切割等技术,以实现快速在线分析。若要求得到尽可能全面的组成信息,就必须采用较新的分析技术,如多维色谱技术、色谱联用技术等。

(5)定性及定量方法:一般工业或实验装置的产品/产物在线组成分析,由于产品/产物组成比较稳定,因此,其产品/产物,一般可以在离线条件下采取质谱仪或色谱-质谱联用仪进行定性,然后将相应的方法移植到在线色谱方法中即可。而定量分析方法,就需要根据所采取的分离系统以及对产品/产物的分析结果的要求来确定。一般归一/校正归一是首选的定量方法,前提是所有的组分都能检测。外标法在定量取样系统稳定性和重复性能够满足要求的情况下也是方便的定量方法。

(6)分析周期:在线色谱分析与普通实验室的离线色谱分析不同,它要求根据工艺控制的需要能及时、准确地反映工艺介质的瞬时变化。因此在线色谱除要满足分离的要求外,对分析速度也有一定的要求。即要求尽可能短的分析周期,同时要求尽可小的样品基体对分析对象的干扰和尽可能少的活性杂质对柱系统的影响。因此,快速色谱分析技术在这方面的应用将是未来在线色谱分析的发展方向之一。

5 结论

使用好在线分析仪的关键问题是如何保证分析仪的稳定性和准确性,而对在线气相色谱仪来说,由于对分析结果的影响因素较多,所以分析结果的准确性就显得更为重要。但就目前国内在线色谱仪的使用情况来看,最大的问题还是在取样和样品预处理上,尤其是高温高压、宽沸程、组成复杂和需特殊处理的样品。因此研究更新采样方法和分析技术,发展适用性强、应用范围宽、高灵敏度、快速、成本低和易于维护的专用/多用在线色谱分析系统,以满足不同工业在线分析的要求和实验室研究的需要,将是在线色谱分析的发展方向之一。

在线色谱因其测量范围宽、分析及时、快速等特点而成为日常生产和实验室研究必不可少的重要分析工具,特别是针对实验室离线分析需人工取样、分析成分多、时间长等缺点,在线色谱可以采取灵活的方法仅对影响生产和研究的关键成分进行分析,过程中采用色谱柱的前吹、反吹和中心切割等技术以缩短分析时间,同时采用自动取样及样品预处理技术,从而保证分析的自动化与连续性。在优化生产过程参数、控制产品质量指标、实现安全检测和催化剂快速评价和筛选以及催化反应过程研究和反应机理研究等方面都具有重要作用。

七、色谱技术在食品安全领域的进展——结合"十三五"食品安全专项及进出口食品的技术进展进行评述

1 前言

民以食为天,食以安为先。随着我国经济持续高速度发展,并作为世界贸易组织(WTO)的成员,我国正处于一个经济和贸易全球化的运程中,与世界各国间的贸易往来日益增加,食品安全已变得没有国界,进出口食品贸易种类和总量与日俱增,在促进经济发展的同时,进出口食品安全问题也愈加凸出。从十三五食品安全专项及进出口食品的任务指标来看:由于我国与主要贸易国食品安全法规标准存在一定的差异,检测项目的侧重点及检测方法的指标水平不同,导致"进口食品风险难以发现、出口食品易遭受贸易技术壁垒",迫切需要在技术上能够达到"及时捕捉法规变化,提升检测的准确度、灵敏度及速度,准确识别潜在风险"。食品安全问题,不仅仅只是关系个人的人身财产和生命安全,更突出的是对于国家整体的政治、经济、环境和社会稳定的重大影响。高质量和安全的食品是人类赖以生存和发展的物质基础,高质量的食品要求食品具备良好的营养成分以满足人类的正常生存发展需要,而安全的食品指的是长期正常使用不会对身体产生阶段性或持续性有害物质。食品中出现的有害物质,可能是食品生产、加工、储藏、运输和烹调过程中混入的,或存在于食品原料自然生长过程中使用的化肥、农药、兽药、饲料添加剂,或来自外界污染,或加工过程中过度使用的食品添加剂,或天然存在于食品中,或包装接触材料在特定外界条件促

使食品中的某些成分发生变化生成的有害成分。

在检测技术日益趋向于高技术化、系列化(多组分残留)、速测化、便携化。由于发达国家食品安全相关标准日趋严苛,对残留限量要求远高于国内。进出口食品检测急需"更高准确度、更高灵敏度、更高检测速度、准确识别潜在风险"的检测技术。对食品安全检测技术提出了更高的要求和保证,从而促进各类色谱技术水平的应用不断提升。为了追求灵敏度和效率,检测方法的更新和提高十分迅速,使得各种色谱技术在这样的客观形势下得到充分展示。

2 色谱技术在食品安全分析中的进展

色谱技术在食品安全分析领域的应用已经具有悠久的历史。色谱概念最早是1903年由俄国植物学家茨维特1903年提出的:用碳酸钙作吸附剂分离植物色素。其原理主要是利用待测物质组分在固定流动相中分配系数不同(吸附、溶解、亲和等作用),在两相中相互运动,不断进行吸附或分配等作用,达到最终将各组分分开的目的。色谱分离是定性分析、定量分析的基础和前提,是确保食品检测准确性的技术方法。虽然质谱也能有一定的分离作用,但因为样品太复杂,单靠质谱直接检测,经常检出假阳性。色谱技术的发展为食品安全分析提供了可靠的技术支持,尤其联用技术的快速发展,新仪器的开发利用都为食品质量安全的检测提供了可靠的分析工具,其操作简便,易于掌握,并且投入成本较低,在某些特定化合物的分析中具有不可替代的作用。色谱技术在食品安全分析中的应用为人类的生产和生活环境,其中包括食品加工中直接使用的食品添加剂、食品包装材料以及在农业上施用的农药、兽药、化肥、饲料添加剂等。

2.1 色谱技术分类

2.1.1 按相状态分类

流动相为气体的色谱称为气相色谱,依固定相为吸附型和分配型又可分为气固色谱和气液色谱。

流动相为液体的色谱称为液相色谱,可分为液固色谱和液液色谱。

流动相为超临界流体的色谱,称为超临界流体色谱。

2.1.2 按固定相的几何形式分类

可分为柱色谱法、纸色谱法、薄层色谱法。

2.1.3 按分离机理分类

按色谱法分离所依据的物理或物理化学性质的不同,又可将其分为:吸附色谱法、分配色谱法、离子交换色谱法、亲和色谱法、尺寸排阻色谱法和凝胶渗透色谱法等。

2.2 色谱及在食品安全方面的应用

由于色谱法具有分离效率高、分析速度快、样品用量少、分离和测定自动化程度高等优点,已经被广泛应用到食品工业和食品安全领域上。依目标物的物理化学性质而采用不同的色谱法,如表3-3-7-1所示。

表3-3-7-1 不同色谱法的应用

固定相	流动相	操作方式	方法名称	检测器	应用
液体	气体	柱	气相色谱	FID	含碳化合物,添加剂、脂肪酸等
				FPD	含硫或磷化合物,如农药
				NPD	含氮或磷化合物,如农药
				ECD	含卤素或其他电负性化合物
				TEA	亚硝基化合物
				MSN	如多氯联苯、二噁英、氯丙醇
固体	液体	柱	高效液相色谱	UVD	农药、兽药、霉菌毒素、多环芳烃、
				DAD	功效成、食品添加剂等
				FD	皂苷类、黄酮类和糖类等
			离子色谱	脉冲安培	功效成分、食品添加剂
			毛细管电流	UVD FD	氨基酸、食品添加剂
			凝胶渗透色谱		样品前处理
			亲和色谱	UVD	免疫球蛋白IgG,样品前处理
		平面	薄层色谱	VIS-UVD FD目视法	应用广泛,准确定量 应用广泛,半定量
	超临界流体		超临界流体色谱	PDA	样品前处理 农药

2.2.1 样品前处理

在食品安全领域,目前色谱研究关注的热点主要包括样品前处理技术、色谱分离技术、在线联用技术、高灵敏度检测技术、在复杂体系定性和定量分析中的应用。在样品前处理技术中,有机分析主要采用的是各种色谱技术,净化技术是样品前处理技术最普遍应用的手段;基于液相色谱原理发展起来固相萃取系列,已广泛应用于食品化学分析领域;农药残留的检测已从单个化合物的检测发展到可以同时检测数十种甚至上百种化合物的多组分残留系统分析;QuEChERS技术是2003年由美国农业部Anastassiades和Lehotay等人在乙腈提取和分散固相萃取的基础上提出的一种新的快速(quick)、简单(easy)、便宜(cheap)、有效(effective)、可靠(rugged)和安全(safe)的样品前处理技术,目前被广泛应用于农药残留分析等领域。北京本立科技有限公司获得2017年BCEIA金奖的产品SiO-6512 QuEChERS自动样品制备系统,该系统将独创的立体三维振荡和高速离心技术有机融合,覆膜双层净化提取整合管和标准试剂耗材搭配组合,有效实现样品中待测成分的提取、转移和净化一次完成。完全符合美国 AOAC 和欧盟 EN 标准,全自动实现样品自匀浆之后到 LC-MS 或 GC-MS 进样之前的前处理,为 QuEChERS 方法提供了整套的自动解决方案。

2.2.2　气相色谱

气相色谱是将样品在载气的带动下经过色谱柱,当多组分的混合样品进入色谱柱后,由于吸附剂对每个组分的吸附力不同,经过一定时间后,各组分在色谱柱中的运行速度也就不同。吸附力弱的组分容易被解吸下来,最先离开色谱柱进入检测器,而吸附力最强的组分最不容易被解吸下来,因此最后离开色谱柱。气相色谱系统主要由进样系统、色谱柱、检测器等组成。氢火焰离子化检测器(FID)、热导检测器(TCD)、氮磷检测器(NPD)、火焰光度检测器(FPD)、电子捕获检测器(ECD)等类型。气相色谱由以下五大系统组成:气路系统、进样系统、分离系统、温控系统、检测记录系统。组分能否分开,关键在于色谱柱;分离后组分能否鉴定出来则在于检测器,所以分离系统和检测系统是仪器的核心。

气相色谱特别适合于易挥发的物质、各类气体和液体样品、高沸点物质等的分析,是食品安全分析检测领域适用范围广、强有力的检测手段。目前气相色谱技术对农残的检验非常有效,GC 配合 FPD 或 ECD 来进检测蔬菜、水果表面的有机磷、有机氯等农药残留;使用 GC/NPD 检测有机氮农药残留物;采用 GC/FID 检测一些肉、鱼等产品中的有害物质,或食品添加剂的检测,如山梨酸、苯甲酸等。上海天美气相色谱仪 GC 7980 Plus 用于食品农药残留分析系统、药品溶剂残留分析系统、血醇分析系统环境空气 TVOC 分析系统、石化气体分析专用系统、汽油中含氧化合物分析系统、变压器油溶解气分析系统。

2.2.3　液相色谱

液相色谱法根据固定相的形式,分为柱色谱法、纸色谱法、薄层色谱法及高效毛细管电泳法。其中高效液相色谱法是当前应用最广泛的一种分析方法,是在传统液相色谱柱层析法和气相色谱法的基础上形成的,在当前食品检测中,能够提高检测效率和质量,扩大检测范围,并能针对食品中的有害物质和农药残留等准确分析,从而达到保障食品安全的作用。高效液相色谱法同时也结合了气相色谱法的分析原理,应用范围广,大部分的有机化合物都能够通过高效液相色谱法的方法分析和检测。高效液相色谱法在低分子糖类成分方面,可以通过树脂柱分离等方式来对乳制品中的乳糖含量分析;在氨基酸成分方面的检测中,能够利用 N-PC18 色谱柱,来检测乳制品中的 Lys 等氨基酸;在乳酸及乳酸盐的检测中,能够通过利用 ORH-801 有机酸色谱柱来检测。高效液相色谱法对于肉制品的分析检测,通常鲜肉的检测集中在药物残留、致癌物质含量方面,腌肉则需要测量化学含量以及添加剂含量等。针对肉制品中的药物残留情况检测耗时较久,而高效液相色谱法对肉制品的药物检测仅需要 10min 左右,并能够利用 LC－4A 色谱仪来确定肉类中的抗生素药物含量,同时能够对多种喹诺酮类的药物和添加剂进行检测,保证肉制品的安全。高效液相色谱法能够有效对食物中的营养成分分析,并能够测定人参中皂苷的含量、菌类中的甲醛含量以及饮料中的咖啡因含量等。另外,利用高效液相色谱法与质谱法串联,能够研究人参中的皂苷的裂解规律,为天然和人工合成的皂苷真假判断提供依据,从而加强食品安全的保障力度,进一步提高食品卫生标准。岛津公司的 LCMS－8050 用于真菌毒素的检测一直是食品安全领域重点关注的项目,新的国标也增加了新的检测方法以应对真菌毒素快速、准确的检测,为了满足不同检测人员的需求,岛津公司开发了全新高效的真菌毒素的检测方法:1)利用 PR－1000 光衍生装置,匹配高灵敏度的荧光检测器,能够大幅度提高黄曲霉毒 B 族和 G 族等化合物的灵敏度,PR－1000 管路延迟体积小、衍生效率高,操作简单,全面满足中国标准及相关法规需求;2)基于 i－series 系列一体式液相色谱,开发了真菌毒素筛查方法包,该方法包括 10 种常见真菌毒素的液相方法文件、化合物保留时间、UV 光谱库、数据后处理、分析报告模板,不同基质的前处理过程及分析色谱柱等,该方法包以 EU 标准的最低浓度限值进行上样分析,可以获得非常良好的数据结果;3)针对国标新增同位素内标液质联用法,岛津开发了基于高灵敏度液质联用系统 LCMS－8050 单次进样分析 16 种真菌毒素的应用解决方案及真菌毒素检测质谱数据库,与传统方法相比为多种真菌毒素检测提供快速、准确、可靠的检测手段。

2.2.4　气质联用

气相色谱与质谱仪联用技术(GC－MS),充分结合了气相色谱仪强大的分离能力和质谱仪准确的定性定量能力,具有灵敏度高、选择性高、高分离能力、检出限低、分析速度快、适用范围广、自动化程度高等优点,可以实现多种物质同时检测。GC 是 MS 理想的进样器,试样经过 GC 分离后,对样品中的组分起到纯化的作用,然后再进入 MS 进行分析,结果更加准确,充分发挥质谱的优势。MS 是 GC 理想的检测器,质谱仪灵敏度很高,定性、定量准确度高,能检测出来的化合物几乎覆盖所有种类,同时可以对样品中的物质进行全扫描,也可以针对某种或某类物质进行专门的选择检测,大大增加了 GC 的定性定量范围 GC－MS 近年来在食品安全分析中得到了广泛的应用并发挥着非常重要的作用。在食品添加剂分析中的应用较多,陈琦等利用 GC－MS 测定饮料和果酱中 7 种防腐剂,进行快速定性。GC－MS 也是农药残留检测的重要手段,薛萍等研究了 GC－MS 测定乳及乳制品中 17 种拟除虫菊酯类农残的方法,同时优化了样品的预处理方法,分析结果可靠。FlavourSpec® 气相色谱-离子迁移谱联用仪结合了快速气相色谱技术和离子迁移谱(IMS)的超灵敏度,能够在固体和液体样本的顶部空间检测挥发性有机化合物。因此,FlavourSpec 能够采集样本的三维谱图(相当于样本的指纹),并利用多元数据分析工具(LAV)对样本做进一步的分析。为了简化并方便取样和处理,本系统无需复杂的样品前处理,气体样品直接进样,液体和固体样品顶空进样,简单快捷。

Agilent 7250 四极杆飞行时间气质联用系统具有广泛的动态范围,可为适用于气相色谱分析的化合物鉴定、定量和研究提供全谱、高分辨率的精确质量数据。电子轰击离子源具有低能量 EI 功能。通过高分辨率的精确数据结果和高灵敏度检测鉴定化合物在动态范围内准确定量分析物,保证谱图质量不受影响。通过低能量 EI 简化模糊数据,对分子离子实现更软的电离和更好的保留(针对特定食品应用)。使用高效的离子化和 MassHunter 的 SureMass 算法,提取高匹配得分的谱库级质量化合物谱图,减小谱图保真度的未知数以实现可信的谱库匹配,减小同位素保真度的未知数以生成可验证的化学式;在宽光谱动态范围内检测存在于大量高丰度基质化合物中的痕量目标化合物;采用 MS/MS 功能和分子结构关联软件解析化学结构,以揭示更多信息,确保高通量工作流程中,即使较窄的色谱峰也能获得出色的数据质量。

2.2.5　液质联用

液相色谱-质谱联连用技术(LC－MS)利用 LC 进行分离,MS 进行检测,将分离技术和检测技术相结合,LC、MS 优势相结合,避免二者单独使用时的缺陷,可获得较为丰富的结构信息。在进行复杂混合物的质谱解析时 MS 却存在较大的难度,分离复杂的混合物则是 LG 的最大的优点,液相联用质谱的实现,可以得到相对准确的质谱信号。食品样品中所含物质非常复杂,干扰物质增加了分析难度,单独使用 MS 准确鉴定目标物质,LC 可以排除样品中其他干扰、克服离子抑制等现象,提高灵敏度和分析速度,使结果更加准确,目前在食品安全领域占有十分重要的地位。过去对农药残留的检测一般采用 GC－MS,适用范围窄,且前处理过程复杂,步骤烦琐,而 LC－MS 方法克服这一缺点,可以应用到更多的农残检测中,如氨基甲酸酯、有机磷和除草剂等。AB－SCIEX 公司 X500R－QTOF 与高效液相联用,通过 Full Scan 模式和 SWATH 功能应用在婴儿食品中农残分析和食品包装材料分析,其灵敏度高,检测量低,同时应用在食品包装材料分析中进行未知物筛检。赛默飞世尔公司的 Q－Exactive-四极杆/静电场轨道阱高分辨质谱的出现,四极杆/静电场轨道阱高分辨质谱先利用四极杆对待测离子进行预分离,然后通过静电场轨道离子阱(orbitrap)作为检测器对离子的精确质量数进行检测。相对于一般低分辨质谱,分辨率更高(最高可达 140000),质量数检测更精确,可以精确到小数点后 5 位,因此可以提供待测组分可能的元素组成,使得液相色谱-质谱联用技术拥有更高的分辨率和质量精度,分析速度更快,适用于各种基质的食品药品的安全分析。

2.2.6　离子色谱

离子色谱具有操作方便、分析速度快、灵敏度高、多组分同时测定等技术特点,是一种检测食品中阳离子、阴离子、有机酸、胺类和糖类等方法。随着离子色谱应用领域的不断拓展,离子色谱在食品检测领域中发挥着越来越重要的作用,许多离子色谱分离技术相继涌现。虽然离子色谱在食品检测中存在易受干扰背景电导偏高、色谱柱柱容量低、抑制器易漏液等不足,但是随着相关领域新技术的发展,必将推动离子色谱技术的改进、升级，很多问题和不足也将会得以解决。离子色谱技术，特别是一些新型高端离子色谱分离技术，将会在食品检测的定性分析、定量分析以及结构分析中，发挥着不可替代的作用，在食品安全控制领域开拓出更广阔的应用空间。青岛埃仑色谱科技有限公司 2017 年 BCEIA 金奖的产品 YC9000 智能型离子色谱仪代表中国离子色谱仪发展到一个全新的阶段，该产品使得离子色谱仪中的各个重要组件都具有智能化的思维能力，可自动识别、自动设置最优工作参数、自动保存使用记录和溯源，并能实现双通道和多种检测器同时检测。

2.2.7 超临界流体色谱

超临界流体色谱(supercritical fluid chromatography,SFC)是 20 世纪 80 年代发展起来的一种色谱分离技术。它是集气相色谱法和液相色谱法的优势，主要以超临界 CO_2 和少量有机溶剂为流动相，依靠流动相的溶剂化能力来进行复杂样品组分的分离和分析。超临界状态的 CO_2 同时具有气体的快速扩散性和液体的溶解性，黏度低极性弱，因此 SFC 技术特别适于分析非极性或弱极性化合物。因其分离效率高，节省了大量有机溶剂，被视为一种绿色环保分离技术。超临界流体色谱不仅能够分析气相色谱不宜分析的高沸点、低挥发性的试样组分，而且具有比高效液相色谱法更快的分析速率和更高的柱效，因此得到迅速发展。Waters 公司于 2012 年新推出超高效合相色谱(UPCC)技术，UPCC 色谱柱利用了超细($2\mu m$)填料技术，能精确调节流动相极性、系统压力和柱温，对目标物的选择性和分离度进行有效调控，具有分析速度快、有机溶剂使用量少、重现性好等优点，是一种很好的正相色谱替代方法；如对大豆油中的维生素 D2、D3 的分析。

3 展望

色谱技术是食品样品复杂基质中微量、痕量目标物分离、富集和测定的有力工具，也是食源性疾病病因和代谢毒理学研究的重要手段。随着科技向纵深发展，人们对食品安全认识和要求与日俱增。由于目标物含量极低，同时又有毒性或致突变、致癌性差异极大的同系物、异构体的存在，以一种分析仪器解决复杂对象的分析已不可能了。在食品安全领域，色谱与其他仪器联用技术已成为现代食品化学分析的主要方向，分离、分析技术始终向着灵敏、准确、快速、简便的方向发展。

第四节 波谱分析技术

分析仪器的波谱类仪器包括有核磁共振(NMR,又包括有液体核磁共振与固体核磁共振)、核磁共振成像[(N)MRI]、顺磁共振(EPR)，以及较罕见的光磁共振(LMR)、核电四级矩共振(NQR)等几种。前几期波谱内容报道了核磁共振许多方面的介绍评议，包括小型核磁共振谱仪、核磁共振探头的评比、谱仪厂商的服务比较等方面；也曾经对核磁共振成像做了详细的介绍与评议。本期的报道重点转移到近几年逐渐重新受到重视的顺磁共振谱仪；并且延续以前所关切新成立的中科牛津波谱公司的国产核磁共振谱仪相关报道,进一步考察其最新硬件软件的研发推广情况。

一、顺磁共振谱仪介绍及评议

电子顺磁共振(Electron Paramagnetic Resonance,EPR),又常被称为电子自旋共振(Electron Spin Resonance,ESR),是通过磁性物质所含有未配对电子在磁场作用下对微波产生吸收的谱学方法,依其吸收特征来判断未配对电子与周围微观结构间的相互作用。与其他分析方法学相比,EPR 是唯一能直接跟踪未配对电子的技术手段。主要研究对象都是具有含有未配偶电子的物质,例如自由基、多重态分子、掺杂或缺陷、金属原子或团簇、过渡金属和稀土离子等。

宏观物质可根据是否含有未配对电子,简单分成抗磁物质和磁性物质。前者不含未配对电子,后者则含有至少一个未配对电子。一部分抗磁物质在某些特定条件下,如光辐照等处理,可以转变成含有未配对电子的磁性物质。作为一种可直接检测到顺磁性物质信号的分析仪器,EPR 这些年来在应用方面取得了快速的发展。

1945 年,前苏联科学家 E. Zavoisky 首次观测到电子顺磁共振的实验现象,宣告了电子顺磁共振波谱的诞生。翌年,美国科学家 F. Bloch 和 E. Purcell 分别在各自的实验室独立地观测到核磁共振现象,宣告了核磁共振的诞生。从那以后的五、六年间,磁共振(包括顺磁共振 EPR 和核磁共振 NMR)成为物理学界探索的天地,进而推动了商用谱仪的研发与生产。1952 年美国化学物理杂志 J. Chem. Phy. 首次报道了有机自由基的 EPR 波谱研究成果,EPR 作为研究自由基的、独特的实验技术和研究方法,开始引起了化学家、生物学家、医学家的广泛注意,促进了自由基化学、自由基生物学和自由基医学的课题启动,同时也推动了辐射化学、光化学以及高速反应动力学、结构化学等学科的发展。

尽管 EPR 现象比 NMR 早一年被观测到,但其研究发展却严重受到了各种电子技术的制约,因此推广和应用受到了限制,应用发展不如 NMR。但科学家们仍然清醒地认识到,含有未配对电子的顺磁、铁磁、反铁磁、亚铁磁等磁性物质在物理、化学、生命科学和材料科学中具有不可替代的地位。这一大类物质中,未配对电子及其所占据轨道对其化学环境非常敏感,造成微观的电子结构和几何结构的复杂性,所以使人们对其了解程度较为肤浅甚至知之甚少。目前,仍有不少领域通过 NMR 手段来间接逆推磁性物质和磁性材料的微观结构。在此,需要指出的是,NMR 的研究对象是抗磁性物质,与前面提到的四大类磁性物质不一样。技术允许的话,仍然需要回归EPR 的应用探讨才能获得广泛的信息。

EPR 可进行常温、变温、光辐照、晶体转角度、双共振等实验,并从连续波发展到脉冲技术及电子磁共振成像等技术。因为其具有高选择性、高灵敏度、不破坏样品、对样品状态要求低等特点,所以能广泛应用于各种领域。在过去 20 多年里,EPR 技术在自由基化学、化学催化、材料化学、磁化学、有机合成方法学、蛋白质结构与功能、生物大分子中的电子传递、石油煤炭等矿物学、食品药品检测、环境科学、核辐射、量子物理、量子信息科技等众多领域得到广泛的应用。自以信息和数字技术为特征的第三次工业革命以来,特别是近十多年来,高频率、高功率微波技术的迅猛发展,人们可以较容易地获得毫瓦,甚至千瓦级的亚太赫兹微波,因此开启了 EPR 技术的新时代。

EPR 在化学研究领域中的应用有自由基反应动力学、自由基聚合反应机理、自旋捕获、金属有机化合物、催化机理、石油化工、氧化和还原过程、双自由基和三重态分子等。在物理研究领域中的应用有磁化率测量、过渡金属镧系和锕系离子、导体和半导体中传导电子、晶体的缺陷(碱卤化物的色心)、激发态分子磁共振的光学检测、单晶中的晶场、低温下的再复合等。在生物医学领域,自选标记和自旋探针技术、自旋捕获、使用饱和转移技术的生物分子动态特性、活体组织和体液中的自由基、抗氧化剂和自由基清除剂、参比试剂、血氧测试、药物的检测、代谢和毒性、酶反应、光合成、金属键合部位的结构和识别、辐射形成自由基及光化学、氧自由基、生物系统中一氧化氮自由基、致癌反应等。在材料研究中,光照引起的涂料和聚合物老化、高分子性能、宝石的缺陷、光纤的缺陷、激光材料、有机导体、杂质和缺陷对半导体的影响、新型磁性材料的性质、高温超导、C60 化合物、腐蚀中的自由基行为等。在工业中的应用有放射过程中的放射量测定、啤酒保质期限的预测、植物油的新鲜性、受辐射高分子中的自由基检测、高级光学玻璃的质量控制、汽车涂料的抗氧化、烟草过滤嘴的过滤功效、半导体的缺陷中心等。

1 顺磁共振谱仪的分类

1.1 低频谱仪

自 1945 年人们发现顺磁共振现象以来,EPR 技术的发展受到微波源功率以及磁场强度限制,在相当长时期内,EPR 使用的微波源主要为低频(9GHz,X－band)的电磁波,是现在最普遍的商用 EPR 谱仪。主要的生产厂家是德国 Bruker 公司,日本 Jeol 公司以及德国 Magtech 公司等。

通常人们将 95GHz 作为高低频谱仪的界限,在该频率以下的顺磁共振谱仪一般被认为是低频谱仪。在确定的 Lande 因子前提下,共振频率与磁场通常呈正比关系,低频谱仪使用的磁场通常较低,一般采用水冷电磁铁,使用和维护较为方便。低频电磁波的主要特征可以用微波进行描述,具有较强的衍射行为,通常采取矩形波导管实现微波的行进控制;其波长较长,谐振腔的设计体积较大;频率较低,可获取的功率则较高;微波的发生装置多数采用耿氏二极管,具有 1GHz 左右的带宽。频率常采用二战时期的字母代码加以描述,如表 3－4－1－1 所示。

表 3－4－1－1 顺磁共振频率与代码的关系

代码	L－band	S－band	X－band	Q－band	W－band
频率/GHz	1～2	2～4	8～12	30～50	75～110
波长/mm	300～150	150～75	37.5～25	10～6	4～2.73

1.2 高频谱仪

近十年来,高频率、高功率的微波技术发展迅猛,人们能够获得毫瓦($\sim$mW),甚至千瓦级($\sim$kW)的亚太赫兹(sub-THz,10^2 GHz)微波,从而开启了 EPR 技术的新时代。由于高频 EPR 的设计较为复杂,目前仅有 Bruker 公司生产 263GHz 的商用脉冲谱仪;在美国、法国、德国和中国的国家强磁场实验室,以及英国圣安德鲁斯、德国法兰克福、斯图加特、海德堡等少数专业课题组才有自行搭建的该类高频谱仪。设计高频率的 EPR 谱仪,通常需配备超导磁体,对工艺设计有极高要求。高频谱仪在应用中有着提高分辨率、检测更大的零场分裂和方便图谱解析等优势,是现代电子顺磁共振发展的重要方向。W 波段以上的电磁波具有准光学特征,其波长较短,使用矩形波导管很难有效的低损传输,通常采取准光学桌面方案,为特定频率适配特殊结构的椭球镜和法拉第旋转器,以及偏振器等装置,将出入光路分开,提高谱图信噪比,详见图 3-4-1-1。

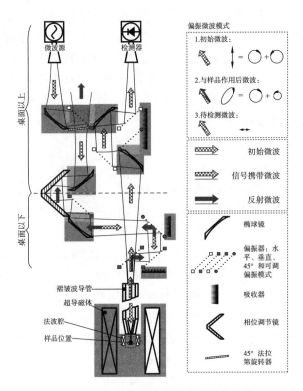

图 3-4-1-1 顺磁共振的高频谱仪结构图

随着微波频率的升高,其波长显著变短,谐振腔的设计也愈发困难,现在最为普遍的谐振腔采用的是由半透平面镜和全反射凹镜构成的 Fabry-Pérot 共振腔。该共振腔通过改变两镜间距实现对特定频率微波的共振。

1.3　连续波谱仪

这是国内主要使用的顺磁共振谱仪类型,也是目前最普遍的商用谱仪设计方案。与核磁共振不同,电子受到环境的影响远大于原子核,因此其共振频率会有较宽的分布,通常的短脉冲无法覆盖;若想取得较丰富的信号,通常采取固定微波频率,扫描磁场的方案,通过改变塞曼能级使之与微波共振的方法获得谱图,该类测试微波持续施加在样品上,因此称为连续波谱仪。这类谱仪的研究对象是被测物质的能级劈裂情况,通常使用有效自旋哈密顿方法描述,连续波 EPR 的手段最终可以明确地给出自旋哈密顿参数。

目前国内有大约 150 台连续波顺磁共振谱仪,且绝大多数为 X 波段,其中德国 Bruker 的谱仪占有比率最大,大约 110 台,日本电子 Jeol 大约 20 台,德国 Magtech 公司的谱仪大约 10 台。目前尚未听闻国内有研究机构或厂家进行顺磁共振谱仪研发生产的规划。

1.4　脉冲谱仪

脉冲 EPR 的原理与 NMR 十分类似,但主要针对特定磁场下微波频率附近的一个或几个跃迁,通过短脉冲或脉冲序列测定特定二能级结构中的自旋晶格弛豫时间(T1)、自旋自旋弛豫时间(T2)、自由诱导衰减(Free Induction Decay,T2)、章动(Nutation)等自旋动力学行为。近年来,基于电子自旋回波封装调制(Electron Spin Echo Envelop Modulation,ESEEM)技术发展出的两脉冲和三脉冲 ESEEM 技术以及四脉冲 HYSCORE 技术等,也可以给出电子-核超精细相互作用张量信息。为生命科学工作者广为使用的是基于双频率的自旋标记电子电子双共振脉冲实验(Double Electron-Electron Resonance,DEER),可以精确地给出自旋标记物之间的距离信息。由于电子的弛豫时间远快于原子核,因此施加脉冲的时间必须更短,最短脉冲的时间由谐振腔和微波功率共同决定,因此脉冲顺磁共振谱仪的一个重要指标是微波功率,目前 X 和 Q 波段的微波功率是通过行波管或者固态放大器进行放大,前者可获得更高的功率,通常达到 1kW,但占空比(Duty Cycle)较低和相位稳定性较差,在长脉冲序列中不适用,而固态放大器则可获得小于 1kW 的功率,但占空比和相位稳定性远强于行波管放大器。脉冲 EPR 的主要生产厂家包括德国 Bruker 和日本 Jeol 两家公司。但后者的脉冲谱仪配备的行波管放大器对中国禁运。Bruker 公司的脉冲谱仪包括 L、S、X、Q、W 和 263GHz 波段,其销量最广的是 X 和 W 波段脉冲谱仪。

国内目前一共有 6 台脉冲谱仪在使用,均为 X 波段,分别在中国科技大学近代物理系、中科院量子信息重点实验室、北京大学化学学院、北京大学医学部药学院、中科院上海光机所以及上海科技大学物质学院。

1.5　频域和场域谱仪

EPR 技术发展之初,微波工程和工艺限制了较宽带宽下微波源的制造,因此绝大多数 EPR 都是基于确定频率改变磁场的方案,因此称之为场域谱仪。随着近些年新技术的发展,反波管振荡器(Backward Wave Oscillator,BWO)和频率合成器等技术的革新,通过扫频得到电子能级劈裂的方案也逐渐实现,特别是超远红外技术,通过傅里叶变换方法得到 $10cm^{-1}\sim200cm^{-1}$ 的谱图成为可能,可以在更宽的频率上获取 EPR 信号。值得一提的是,在这一能量范围内,虽然可以有效的获取磁能级,但样品的声子振动峰也会出现,通常采取在若干个磁场下进行测试的方法对谱图归一化,指认 EPR 跃迁。

2 顺磁共振技术的发展及应用

2.1 脉冲电子顺磁共振技术

脉冲磁共振技术与连续波磁共振技术相比有着很大的进步,它可以增加检测的灵敏度,改善分辨率,简化波谱,减少测量时间,还可以使得磁共振谱图通过傅里叶变换由频率域转向时间域,因此,脉冲实验方法的研究取得了更多的发展。而脉冲核磁共振技术的发展已经十分成熟,基于核磁共振与顺磁共振有着相似的物理学基础,顺磁共振也发展出脉冲实验方法,首先建立了电子自旋回波包络调制(ESEEM)方法,该方法早期在金属酶和金属蛋白结构的定性、定量分析中得到广泛应用;常见的脉冲电子顺磁共振技术还有饱和恢复法,饱和恢复实验用于直接精确地测定溶液自由基和自旋标记生物分子稀溶液样品的自旋-晶格弛豫时间。饱和恢复实验方法应用于电子自旋弛豫特性和机制、膜内氧的传输特性、生物分子的扩散运动和分子间纵、横向运动的碰撞频率、膜蛋白的结构和自旋之间或分子之间的距离测定等研究中。

2.2 电子-核双共振技术

电子-核双共振(ENDOR)技术是从电子顺磁共振(EPR)技术衍生出来的一种技术,它可根据电子-核超精细相互作用的大小,确定顺磁物种的几何和电子结构。ENDOR方法引入了对核的磁共振检测,有效地提高了 EPR 波谱的灵敏度。而且由于 ENDOR 中谱线数目的减少,也增加了 EPR 波谱的分辨率。因此,这种技术适合于复杂超精细谱图的归属,与常规的 EPR 技术相比,分辨率大大提高,且可以检测到 EPR 无法检测到的小的磁的相互作用。该技术还用于测量与电子自旋耦合的核自旋的核磁共振频率,然后利用这些参数鉴别耦合核的类型,提供它们之间的超精细相互作用和四极矩相互作用,从而给出有关顺磁中心近邻详细的结构信息。诸如在分子筛和金属酶方面,ENDOR 可用于表征顺磁性金属离子或者以催化为目的的络合物,研究磁性材料的金属簇以及研究作为探针揭示被捕捉的表面自由基的酸/碱性质,检测在催化过程中的反应中间体,揭示其反应机制。

2.3 时间分辨电子顺磁共振技术

在顺磁性物质的检测中通常会遇到顺磁性自由基与激发三重态,它们的寿命都非常短,那么这些短寿命的瞬态自由基用常规的 EPR 谱仪就无法检测。时间分辨技术与顺磁共振波谱的结合就解决了这一难题,在连续波时间分辨 EPR 中可检测寿命约为 100ns 的顺磁信号,脉冲时间分辨 EPR 技术可实现寿命约为 10ns 的瞬态自由基的检测,这一技术则成为快速反应过程中自由基或激发三重态的产生、转化、淬灭过程的实时追踪研究中有效方法。它不但可用于确定短寿命自由基的分子结构,而且可以反映出它们的空间构象、电子能态及溶剂相互作用等方面的瞬态变化。脉冲时间分辨 EPR 技术的发展为瞬态变化的追踪研究提供了更多途径和可能。

2.4 谱图解析技术

影响连续波谱图的主要因素包括自旋中心的 Zeeman 效应、零场分裂、电子自旋中心之间的磁交换作用、电子与核之间的超精细作用等。描述上述作用的主要工具是有效自旋哈密顿理论,在正确的自旋哈密顿模型下,通过若干个哈密顿参数以及谱峰宽度等信息即可重现谱图,基于这种思想可以实现对谱图的拟合得到参数。

由于自旋哈密顿理论较为复杂,不少仪器公司的软件下都内嵌了拟合选件包,选定所需的自旋哈密顿项,输入哈密顿量的初始猜测值,即可直接对谱图进行拟合,这种方法对于单电子自由基的超精细作用谱的解析十分方便,为广大 EPR 用户所接受。但随着自旋中心、核自旋数目的增多,希尔伯特空间维度显著增加,这将大大增长谱图的模拟时间,使得直接拟合谱图不再现实,因此仪器配套的商用软件中也增加了微扰方法等加速谱图的模拟。

商用谱仪配套的软件解析谱图虽然方便,但对稍微复杂的体系用户的自由度并不大,因此美国科学家 Stefen Stoll 编写了基于 Matlab 的 EPR 数据处理工具包 Easyspin,该工具包为用户提供了最大程度地自由度输入哈密顿模型和参数,对谱图的模拟十分有效。值得一提的是,该程序还包含了脉冲谱图的解析、自旋哈密顿矩阵运算、磁性数据模拟等更广泛的功能。是目前专业 EPR 数据解析软件中最受欢迎的软件。

3 顺磁共振的应用

3.1 生物医学研究领域中的应用

电子顺磁共振是一门研究顺磁性物质结构,动力学以及空间分布的谱学方法,这类物质(具有至少一个未成对电子)通常具有化学活性,包括在不同生化领域中主要以催化剂形式存在的过渡金属离子和有机化学反应或者电子传递过程中的自由基中间体。在天然环境下,过渡金属的催化通常通过金属蛋白酶实现,而自由基中间体在光合作用,呼吸作用的电子传递过程中起到了关键作用。对于顺磁性缺陷,往往会影响这些物质的光学电学性质,以之为探针,往往可以物质固态相变以及固态动力学等。对于稳定的自由基,如氮氧自由基,可以作为自旋标签结合到复杂的生物与化学合成材料中,研究这些本没有顺磁性的物质的相关信息,如现在发展很成熟的定点自旋标记生物蛋白技术,用以研究蛋白质的结构与动力学。自由基反应普遍存在于化学和生物学的反应中,生物自由基不仅强调该物质具有自由基的一般特性,更加强调是存在于生物体系中,如氧自由基,而 EPR 技术是证明自由基存在的有效方法。用 EPR 谱可检测生物组织(如黑色素、冻干的动物或植物组织及代谢活跃的绿叶、肝、肾样品等)中的稳定自由基。此外,在许多生物反应过程中存在一些氧化还原反应,反应中产生的自由基作为中间产物或最终产物也需要通过 EPR 来提供有力证据,甚至在一些酶促反应中通过 EPR 可获得催化剂表面的性质及反应机理,还可通过超精细结构来鉴定自由基推断催化机理和活性位点。EPR 还可对某些药物代谢过程变异产生的自由基进行检测监控,通过自由基含量变化诊断病情。此外,EPR 自旋标记法在生物医学中的应用也较为广泛,自旋标记物可通过共价键或通过酶与辅酶、酶与底物、抗体与抗原等相互作用连接在目标物上,主要应用于研究生物高分子的构象、酶活性部位的结构,脂质体和生物膜的结构或生物免疫分析中。EPR 在生物医学中的研究为病理机制分析、疾病诊断等提供了可靠的依据。

3.2 环境化学中的应用

环境化学中的污染物及其环境代谢中间物的分析及短寿命自由基的检测等领域的研究进展很大程度上得益于顺磁共振技术在环境中自由基高灵敏监测方面的应用。EPR 技术在检测和研究自由基方面也展现出其独特的优势:第一,ERP 技术检测灵敏度极高,允许检测水中或固体颗粒物表面极低浓度的自由基;第二,自由基 EPR 谱线的线型、线宽及弛豫时间等随环境条件的不同发生改变,可以通过不同条件下的 EPR 谱图得出自旋结构及其环境相互作用的信息和自由基反应动力学常数等;第三,EPR 检测对样品状态没有要求,可以监测固体、液体、气体体系中的未成对电子物质;第四,EPR 的检测不需要从反应体系中提取研究对象,也不破坏原来的反应体系,可对反应进行原位追踪。目前,EPR 在环境化学的研究中的光催化原理、有机自由基的检测和过渡金属离子的结构分析等方面的应用较为广泛。

3.3 地质年代学中的应用

电子自旋共振是一种直接检测和研究含有未成对电子的顺磁性物质现代分析测年方法。沉积物中的石英矿物在沉积环境中存在的 U、Th、K 等放射性元素衰变所产生的 α、β、γ 和宇宙射线辐照下,产生不成对电子,而这些不成对电子在晶格中形成不同类型的顺磁中心。随着石英被埋藏时间的积累,其中顺磁中心的数量也会不断增加。通过实验模拟、理论推测以及 EPR 的实际测量值可以推断出含有石英矿物的沉积物最后一次埋藏事件以来的时间。准确测量样品是自某一次地质事件以来待测矿物中所累积的周围环境放射性元素衰变产生的总辐射剂量称为等效剂量,也称为古剂量,以及接受周围环境电离辐射产生的剂量率,是顺磁共振测年所涉及的两个重要部分,也是获得埋藏年龄的关键所在。在 ESR 测年方法研究中,古剂量表示了在所测事件以来石英矿物中所累积的顺磁中心数量,即为在实验室中测量所获得的 EPR 信号强度。因此,EPR 可以准确测量沉积矿物中未配对电子的含量,从而获得古剂量,为地质年代研究提供了可靠的途径和方法。

3.4 金属-有机框架材料中的应用

近些年来金属-有机框架材料应用于电池材料成为研究热点,具有顺磁性的金属离子与有机物结合形成配合物,通过 EPR 可以获取配合物的分子自旋形态、配位结构以及电子能级等重要信息。不同配合物的构型及外层电子与缺陷的分布可在顺磁共振谱图中体现,结合理论计算等研究可深入地解析出多种过渡金属离子及其化合物在不同配位场作用下的 EPR 信号特征及催化性能。还可以通过 EPR 的原位实验对催化反应过程追踪,检测催化过程中电子转移或变化情况,为金属-有机材料的机理研究提供理论依据。

4　国内应用顺磁共振研究的情况

我国基于电子顺磁共振波谱的研究也获得了长足的发展,并取得一系列具有国际水平的科研成果。

杜江峰院士研究团队基于金刚石单自旋量子操控技术的长期积累,自主研制单自旋磁共振谱仪,国际上首次实现了单个蛋白质分子的顺磁共振,且探测条件为室温大气,该工作发表在 Science(2015,347:1135)。Science 将该工作选为当期的研究亮点,且配发专文"展望"评价"此工作是通往活体细胞中单蛋白质分子实时成像的里程碑"。这项工作为顺磁共振在单分子科学中的应用打开了一条新的途径。

武汉大学雷爱文教授研究团队通过 EPR 研究 Cu 催化或光催化反应过程中自由基的反应机理并取得系列重要成果。

中科院化学所张纯喜团队利用平行和垂直模式电子顺磁共振技术研究人工光合作用水裂解催化中心的电子结构,该工作发表在 Science(2015,348:690)。

2016 年,于吉红院士和杜江峰院士团队合作,首次发现了合成沸石分子筛过程中的自由基促进机理,该工作发表在 Science(2016,351:1188)。

中科院生态中心的朱本占研究团队,基于 EPR 技术、发现了一类不依赖于过渡金属离子的卤代醌介导的新型羟基/碳中心醌自由基产生,化学发光和 DNA 损伤机制,相关成果发表在国外重要期刊上。

清华大学化学系李勇、杨海军等的"杯芳烃新型硝化反应及自由基包合作用的机理研究""二维电子顺磁共振的理论及应用方法的研究"和"水溶液中芳基硼酸官能团转化的反应机理研究"等自然科学基金,都离不开 EPR 的支持。

5　EPR 研究实例

金属富勒烯是一种富勒烯内包合金属离子的化合物。北京大学化学学院蒋尚达课题组曾报道过一例 Gd2@C79N 的金属包合富勒烯的量子相干行为。该物质中富勒烯内的两个 Gd^{3+} 离子通过碳笼上的自由基发生强铁磁耦合,形成基态为 15/2 的自旋态。通过 X 和 Q 波段连续波 EPR 方法,测定了该自旋态的零场分裂,并对谱图进行了模拟(图 3-4-1-2)。

脉冲 EPR 的结果发现,不同能级的跃迁对应的自旋自旋弛豫时间并不相同,并且每两个能级间均可观察到自旋章动,其对应的振动频率也随着跃迁能级变化而发

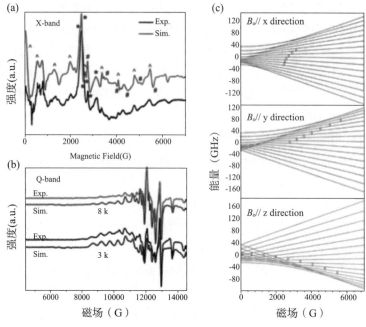

图 3－4－1－2　顺磁共振模拟图

生变化(图 3－4－1－3)。在 5K 温度条件,电子顺磁共振测试在 0～6000 高斯磁场范围内观测到了 22 个跃迁,并且具有微秒量级的量子相干时间,更有意思的是,在这一例高自旋、低各向异性分子中还观测到了多重各异性 Rabi 循环的存在,Rabi 频率则可由旋转波近似方法从 22 个跃迁推演计算,并且得到与实验数据一致的结果。

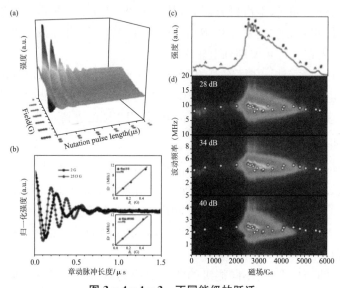

图 3－4－1－3　不同能级的跃迁

通常高自旋分子具有更为经典的自旋动力学行为,而富勒烯的笼状结构可以很好地保护以上两类分子中电子自旋的量子相干特性。金属富勒烯分子量子比特同时具备较好的量子比特性质和单分子的可操作性,并能够满足特定的量子算法要求,可作为分子基量子比特并应用于后续的量子计算中,此外,通过化学修饰的方法设计并合成具有光和电响应的分子,在脉冲激光和电场下用时间分辨 EPR 和脉冲 EPR 技术可以进行应激量子比特的研究和量子操作,为分子基量子比特在自旋器件的应用研究提供了新思路。

6 顺磁共振谱仪 Magnettech 与 Jeol 的比较评议

以下就清华大学目前拥有的两台顺磁共振谱仪的使用情况做比较评议,一台为德国生产的 Magnettech MS – 5000,另一台为日本电子 JEOL 生产的 JES – FA200 ESR/EPR。

6.1 谱仪的外貌比较

德国 Magnettech MS – 5000 和 JEOL JES – FA200 ESR/EPR 谱仪的外貌,分别如图 3 – 4 – 1 – 4 与图 3 – 4 – 1 – 5 所示。后者的零配件较多,比较复杂。

图 3 – 4 – 1 – 4 Magnettech MS – 5000 仪器图

6.2 主要技术参数比较

两台顺磁共振谱仪的操作波段都是 X – 波段,磁感强度相差一倍,磁感较大的日本 JEOL 谱仪的仪器重量则远大于较小的德国谱仪。主要技术参数,如表 3 – 4 – 1 – 2 所示。

图 3-4-1-5　JES-FA200 仪器图

表 3-4-1-2　两台顺磁共振谱仪的主要技术参数比较

技术参数	仪器名称	
	Magnettech MS-5000	JES-FA200
生产厂商	德国 Magnettech	日本电子株式会社(JEOL)
操作波段	X-波段	X-波段
微波频率	9200MHz~9600MHz	8750MHz~9650MHz
微波功率	1μW~100mW	0.1mW~200mW
灵敏度	5×109spins/G	7×109spins/G
磁场分辨率	0.28nT	≥2.35μT
磁场范围	-10mT~650mT	0mT~800mT
稳定性	1.0μT/h	小磁场范围:0.3μT 大磁场范围:1.5μT
能量功耗	~300V·A	NA
最大磁感强度	0.65T	1.3T
仪器重量、尺寸	~45kg,397mm×262mm×192mm	各个组件体积和质量远大于 Magnettech 的仪器

6.3　检测谱图比较

两台谱仪对同一样品进行检查,得到的谱图结果分别如图 3-4-1-6 与图 3-4-1-7 所示。日本电子 Jeol 的谱仪,灵敏度较高,谱图信号峰交尖锐。

6.4　Magnettech MS-5000 与 JES-FA200 的比较与使用心得

两种顺磁共振仪器的使用心得如下:

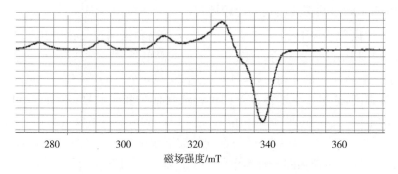

图3-4-1-6 Magnettech MS-5000 得到的谱图

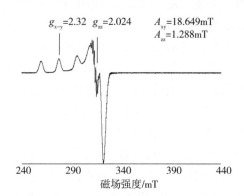

图3-4-1-7 JES-FA200 得到的谱图

Magnettech MS-5000 谱仪的优点：

（1）相比JEOL JES-FA200最明显的优点是仪器体积小、占地面积小、操作简单方便；

（2）能量功耗小、省电；

（3）低温装置离测试腔近，节省冷却液氮。

Magnettech MS-5000 谱仪的缺点：

（1）只有紫外光源（波长范围为240nm～400nm），如果要使用可见光源就不太方便，而JES-FA200具有紫外光与可见光源；

（2）实际测试感觉谱图分辨率没有JEOL JES-FA200好；

（3）锰标不可以内置，测试时没有锰标做比较；

（4）Magnettech MS-5000变温测试只能时只能用外径是3mm的样品管，清洗不方便，也限制了样品的用量；

（5）Magnettech MS-5000仪器本身没有稳压的装置，如果放置仪器的场所电压不稳，容易将仪器烧坏。

7 Bruker 顺磁共振波谱仪的比较评议

北京大学化学学院于 2015 年购入 Bruker 顺磁共振谱仪。在研究型的顺磁共振波谱仪中,德国 Bruker 公司的 EMXplus 系列产品的技术特点是:24 位中心磁场分辨率,与小于 1 毫高斯的精度相一致,具有高达 256000 个点的场扫描,可从 100 毫高斯直至最大场强度,通过一个增益设置即可检测强信号和弱信号;双通道,可同时检测一次和二次谐波(或 0°和 90°调制相位),凭借 PremiumX,灵敏度可高达 2000:1;可实现从 L 波段到 Q 波段的多频率升级;在同类波谱仪中第一次实现 CW ENDOR 技术,配备多种附件和专用谐振腔。日本电子 JEOL 推出的 JES X3 系列产品,使用了低噪声的 Gunn 氏振荡器,该系列产品具有高灵敏度、检测限低、稳定性好的特点,其具备了新功能——通过参数设置实现连续测量,可应用与光聚合材料、辐照食品检测等。

目前,为满足较多非科研型用户的需求,一些台式顺磁也逐渐流入市场,如德国 Bruker 公司 EMXnano 系列和德国 Magnettech 生产的 MS－5000X 系列等。台式顺磁较之传统的顺磁谱仪更为小巧紧凑,也可配备多种附件(低温、光照、自动测角仪等装置),操作方便,低功耗,台式顺磁谱仪同样可应用于环境化学、食品安全、金属材料及生物医学等领域,还可用于检测顺磁磁体的磁化率,辐照损伤和辐照效应,研究酶反应动力学以及细胞组织中自由基与疾病的关系等。不过新型的台式顺磁的研究型功能有限,灵敏度和磁场的稳定性还有待进一步验证。

顺磁共振目前尚无国产谱仪。在国产核磁共振谱仪已经于五年前起步并且成立了生产公司(中科牛津波谱公司),展望国产顺磁共振谱仪也能早日进入研发生产阶段。

8 顺磁共振的发展展望

虽然电子顺磁共振技术的发展早于核磁共振,但纵观国内外情况来看,其发展都远逊于核磁共振。究其原因,在科学本质层面上,原子核自旋包裹在厚密的电子云之内,其化学位移、四极矩等随着环境的变化非常小,通常可以由一个较宽的射频脉冲对所有目标原子核进行激发和检测,更重要的是,其化学位移往往与官能团直接相关,可以依据该指征进行结构解析,提供相当丰富的结构信息。然而提供顺磁共振信号的电子暴露在原子外层,通常参与成键或与环境原子作用较强,导致 Zeeman 效应、零场分裂、磁耦合等随环境变化较大,并且其能量差往往大于微波本征能量,这为谱图的解析带来了极大的困难,使用简单的单个脉冲覆盖所有跃迁几乎不可能。

正因此科学家对于顺磁共振的应用还十分有限。商用 X－波段 EPR 谱仪的主要优势在于其超高的灵敏度,通常可以对飞摩尔(fmol,109 个)级别的自旋进行有效检测,因此在我国,绝大多数 EPR 都用于表征体系内是否含有顺磁中心,主要用来表征自由基、Kramers 离子是否存在等。事实上,这只是主流 EPR 应用的极少部分内容。

使用自旋捕获技术可以捕捉化学反应中产生的寿命较短的自由基,这也使 EPR

方法成为有机合成方法学使用颇为广泛的表征手段。依据自旋捕获捕捉到的自由基超精细作用的类型和参量,可以反推得到自由基中间体的活性位点和结构特征等信息,为明确反应机理提供了重要实验基础。

对双自由基体系的相互作用研究中,EPR 也起到了相当重要的作用。对于铁磁相互作用的体系,自旋态为 $S=1$,在 $g=4$ 附近可以观察到禁阻的 $\Delta Ms=\pm2$ 较弱的跃迁,被称为半场线,可以观察到半场线是铁磁耦合双自由基的重要指征。对于反铁磁相互作用体系,基态自旋为 0,在变温 EPR 实验中可以看到低温下信号变弱,而高温下信号变强的现象,这与传统单自由基随着温度降低,极化度增强,信号变强是相反的。因此这也成为反铁磁相互作用自由基的重要证据。

与许多谱学方法不同,EPR 方法是可以进行定量表征的,但在测试过程中需要特别小心。需要特别说明的是,直接对不同批次测量得到的一阶微分谱的强度进行比较,用以说明体系中顺磁中心数目的多少是极不严谨的做法。目前的商用谱仪中,Bruker 公司的 Nano、EMX-plus 和 E500 等型号提供了绝对定量功能,Jeol 公司提供了 Mn 标法进行相对定量功能。绝对定量法通过对测试温度、谐振腔品质因子、微波功率、线宽、自旋值等众多因素综合考量,计算得到谐振腔内的自旋数目,甚至基于液体样品的体积还可以计算得到物质的量浓度。相对定量法在不同批次测量时,样品管固定位置加入含二价 Mn 的标准物质,对不同功率、温度、谐振腔品质因子的测量进行比较时,则对二价 Mn 的标准六重峰进行归一化,即可比较目标样品的自旋数。

在我国学者的研究报道中,很少看到瞬态、脉冲、电探测等 EPR 研究,而这几类方法正是 EPR 方法的最前沿技术。

瞬态(transient)方法是一种时间分辨 EPR 技术。瞬态连续波 EPR 是在不同磁场下反复将体系用脉冲激光激发至顺磁激发态,例如激发三线态,测试样品对微波的吸收随磁场和时间的函数,即可确定激发态的动力学、激发态的零场分裂。瞬态脉冲EPR 则是在讲体系激发至顺磁激发态后,使用不同的微波脉冲序列对体系进行表征,可以确定激发态下样品的自旋动力学行为、周围环境中的原子核等。

传统的 EPR 测试检测的是将样品受激后的磁信号调制进入微波,最终转为电信号用以检测。这种检测方式受限于磁信号的绝对值,通常检测极限在 109 个自旋。对于半导体类样品可以通过源漏电极手段将待测样品受激跃迁时引起输运的电信号发生改变作为检测目标,这样可以极大的提高灵敏度,实现 100 个以内自旋的检测。

广义地说,只要探测电子自旋在某磁场下对微波吸收的方法就是 EPR 技术,最近发展起来的使用金刚石色心作为探针可以对单个自旋进行有效的检测。金刚石色心是具有自旋值为 $S=1$ 的金刚石缺陷,该缺陷可以通过激光泵浦的方法实现完全极化并依据其发光行为对色心本身的 EPR 信号进行读出。更重要的是,由于金刚石完美的刚性结构及其无核自旋的特征,色心缺陷通常在室温下具有相当长的量子相干时间,从而实现环境中自旋磁矩与色心缺陷叠加态的紧密耦合,正是基于这种耦合,人们可以将缺陷附近的单一自旋借助缺陷的 EPR 信号读出,实现单个自旋的检测。

EPR 的发展类似于 NMR 技术,它走着一条从连续波向脉冲发展的路。但电子的特点决定了连续波 EPR 技术不可能完全被脉冲技术代替。发展 EPR 技术、充实 EPR 相关研究人员也是完善我国基础科学研究,特别是新谱学方法的重要组成部分。

EPR 的发展类似于 NMR 技术,它走着一条从连续波向脉冲发展的路。但电子的特点决定了连续波 EPR 技术不可能完全被脉冲技术代替。发展 EPR 技术、充实 EPR 相关研究人员也是完善我国基础科学研究,特别是新谱学方法的重要组成部分。

EPR 技术在近几十年里发展迅速,计算机的发展也使谱仪越来越智能化,未来 EPR 低频谱仪(如 L－波段)在生物医学中的应用有望取得更多进展;相应高频(如 W－波段)谱仪应用于纳米材料中分子的各向异性的测定,以及具有 $S \geq 1$ 尤其是具有负零场分裂的体系的精细结构的确定等方面将引起更多关注;脉冲技术的发展使多维相关谱和多维交换谱的测试得以实现;此外,为满足社会需求,专用型、便携式的谱仪的也取得较好发展前景。

二、国产核磁共振谱仪新进展

1　国内外生产厂家现状

目前在国际市场上,超导核磁共振波谱仪的整机生产商有三家:德国布鲁克公司(Bruker BioSpin Corp.)、日本电子公司(JEOL Ltd.)、中国的中科牛津波谱公司(Q. One Instruments)。其中,最早生产核磁共振谱仪的美国 Varian 公司,于 2010 年宣告退出市场,而中国的中科牛津波谱公司,则于 2014 年成立公司开始进入国内与国际市场。

美国瓦里安公司(Varian Instruments)在 1953 年推出了世界第一台核磁共振谱仪,然而在 2010 年宣布公司解体,将核磁共振谱仪的业务卖给美国安捷伦公司(Agilent)。安捷伦公司经营几年后,在 2014 年 10 月宣布结束该型谱仪的销售业务。日本电子 Jeol 公司于 1956 年开始推出核磁共振谱仪,是世界上第二个生产核磁共振谱仪的公司,仪器性能优异,但是在中国一直无法收到用户的青睐,一直到 2010 年底仍然只销售出 18 台谱仪。随着 Varian 谱仪的退出市场,这几年才有明显的销售业绩,目前在中国的销售数量累积接近 50 台。布鲁克公司于 1960 年开始生产核磁,很早便进入中国市场并且居于大幅度领先地位。中国目前 1800 台左右的核磁共振谱仪,有七成以上是 Bruker 型号。目前世界最高磁场——1GHz 也是布鲁克公司推出的。德国布鲁克公司生产的核磁共振谱仪技术成熟,引领着行业的发展,但是这几年价格昂贵,常让申请不到足够经费的高校与企业望而止步。在 Varian 谱仪宣布完全退出市场后,布鲁克公司的垄断行为格外明显,售价提高,维修延滞,服务品质降低。在此环境下,中国的核磁共振谱仪开始进入了市场,迎合了天时与地利,目前在市场上逐渐打开一片天地。

　　中科院武汉物理与数学研究所为基底的中科牛津波谱公司（简称中科牛津公司）是唯一一家生产核磁共振波谱仪的中国公司。公司于 2013 年成立于湖北省武汉光谷科学园区（图 3－4－2－1）。其早期有些谱仪属于升级改造型（保留原有的磁体与探头），目前则推出有完全的整机，包括全新的超导磁体与探头（图 3－4－2－2）。

a）

b）

图 3－4－2－1　在湖北武汉光谷园区的中科牛津波谱公司

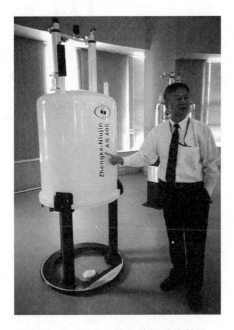

图 3－4－2－2　核磁共振谱仪整机

2 中科牛津核磁谱仪新进展

2.1 超导磁体

超导磁体由装填液氦、液氮的杜瓦和超导线圈组成,磁体中心的垂直室温腔用于安装室温匀场线圈和探头。超导磁体为核磁共振谱仪提供一个稳定、均匀的基础磁场,其规格常用其磁场强度对应的^{1}H核共振频率表示。

超导磁体的生产技术一直是谱仪生产界的一大难题,对材料和技术的要求非常高,包括超导材料的挑选以及线圈缠绕工艺的研究。中科牛津生产的磁体为标准腔、自屏蔽、超稳定的超导磁体,技术成熟,性能稳定,正在运行的同类磁体超过1000台(包括早期提供给Varian公司的核磁共振谱仪)。磁体自屏蔽技术显著减小了磁体杂散场的范围,可以节省实验室安装仪器所需的空间以及对于磁体上部(或下部)空间造成的影响,提升安装便利性和操作安全性。

磁体内部包含有23～40通道室温匀场线圈,支持3D梯度匀场,小型液氦和液氮液面计(可自动监测,有液面过低报警功能)等磁体相关附件。

中科牛津400M与600M超导磁体(见图3-4-2-3)的主要技术指标如表3-4-2-1所示。

图3-4-2-3 中科牛津的400M与600M超导磁体

表3-4-2-1 中科牛津国产核磁共振谱仪磁体的主要技术指标

	AS 400MHz	AS 600MHz
磁体类型	Type 3	T5FB
中心场强	9.39T	14.09T
主动屏蔽	是	是
室温腔径	53.4mm～53.9mm	51.05mm～52.00mm
磁场稳定度	<6Hz/h	<6Hz/h
最小液氮加注时间	190d	120d
最小液氮加注时间	14d	15d
纵向5Guass半径	1.5	2.5
横向5Guass半径	1.0	1.75

2.2 室温匀场线圈

探头是核磁共振谱仪的灵活器件,而匀场线圈则是探头表现的重要辅助要件。稳定灵敏容易调节的匀场线圈,才能让探头的检测能力充分发挥。中科牛津公司研发设计的室温匀场线圈,具有自主知识产权,产品的指标合格,性质稳定,操作灵敏。业务上可根据客户的要求进行定制,例如更改线圈组数以及孔径大小。这种灵活性,可以配合生产出适用于国内其他厂家谱仪的探头所使用(图3-4-2-4)。

室温匀场线圈组数一般为23~40组,完美匹配中科牛津的磁体,配合中科牛津最新开发的快速3D梯度匀场和ShimStudio组合匀场技术,匀场操作一键式完成,使磁场均匀度能够迅速达到指标要求(小于3h),极大地减轻了用户匀场的操作难度。

图3-4-2-4 国产室温匀场线圈,配合多种探头使用

2.3 液面计

液面计由液面计机头、液氮探头、液氦探头组成(图3-4-2-5),可以用来探测腔体内液氮和液氦的余量,防止因为缺少液氦保护导致磁体失超的意外。液面计的生产工艺拥有完全自主知识产权。液氦探头采用特殊的工艺设计,可最大限度地降低因检测带来的液氦挥发。液面计机头小巧轻便,直接安装在磁体液氮颈管上方,OLED显示器显示液面高度,可不连接计算机单独使用(图3-4-2-6)。液面计自动实时测量液氮液面,而液氦液面通过外部人工触发后方可测量,确保液氦最小挥发量。连接计算机后,可通过液面计管理软件获得更多舒心的功能:自动测量液面、智能计算液氮和液氦的挥发速率、智能计算并提醒加注时间等。

图3-4-2-5 国产NMR的液面计

2.4 控制柜(机柜)

机柜是仅次于超导磁体以及探头之外的另一个高端技术的产品。中科牛津公司的机柜生产技术,来自中科院武汉物数所许多课题组的专业技术。此控制柜部分具

图 3 - 4 - 2 - 6　安装后使用的液氦余量测量

有完全的自主知识产权(图 3 - 4 - 2 - 7)。其中脉冲序列控制系统是基于网络的分布式设计,该技术荣获湖北省技术发明一等奖。

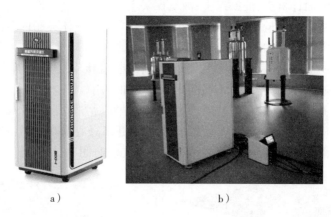

a)　　　　　　　　　　　　b)

图 3 - 4 - 2 - 7　核磁共振谱仪控制台

　　系统采用全数字化发射机和接收机,并基于高可靠的工业 CAN 总线构建控制器网络,典型的特点包括:(1)分布式架构;(2)使用网络进行连接;(3)发射机和接收机数量可扩展;(4)控制器节点数量可扩展至 110 个以上;(5)连接线非常简单;(6)所有功能使用模块化设计,易于维护。数字中频接收机采用直接数字中频采样、数字正交解调、过采样技术,拥有优秀的数字分辨率和动态范围,并且不存在镜像峰的问题。

　　射频功率放大器具有三个独立的工作通道。独立的第三通 D 功放支持 D 采样和 D 去耦实验,避免了强磁场下用于切换通道的继电器易于损坏的问题,提高了整体可靠性。

锁场系统在单个系统内集成了发射机和接收机,并使用全数字化设计。室温匀场系统采用刀片式设计,可根据需要随意增减通道数量。高精密元件确保每个通道输出电流精度和长时间工作稳定度。梯度功率放大器可输出10A的脉冲电流,确保探头梯度场强度达到实验的要求。

采用分布式设计的控制台,每一个控制模块都是独立的一个系统,可以针对单个部件进行升级或替换,节约用户的成本和时间,提高工作效率。

2.5 低噪声前置放大器

前置放大器(preamplier),简称前放,是重要的零部件,用以控制信号的强度。中科牛津公司研制的低噪声前置放大器系统(PAS,PreAmplier System),具有完全自主知识产权(图3-4-2-8)。前放系统由最初的使用波长线技术、调谐需要手动换线的窄带前放,历经三代更新改良设计,发展为通道全自动切换、全新的全带宽宽带前放,通道数量可根据需要扩展,宽带通道支持几乎所有杂核的实验而无需更换任何部件,调谐自动切换通道,无需用户手工干预。结合最新的STM探头,可进行自动调谐。

前置放大器采用模块化的设计方法,可根据用户需要安装不同的模块,并形成满足特殊需求的前放系统。前置放大器使用OLED全彩色显示屏显示工作状态和调谐曲线,不需要额外安装显示器。

2.6 探头

由于核磁共振谱仪探头的设计和制造对材料的磁性、元器件的加工精度要求极高,而中国国内一直没有相关的技术积累和上下游产业的支持,因此现阶段国产探头不容易实现。中科牛津公司投资并购了瑞士新创立的QOneTec(QOT)公司,生产研发了核磁共振谱仪探头(图3-4-2-9)供给中科牛津公司使用,从而快速解决了探头自主供应的问题。

图3-4-2-8 全新的前置放大器

图3-4-2-9 装在磁体下面的中科牛津探头

目前出台的宽带多核探头包括有手动与自动调谐探头两种，具有以下特点：宽带通道覆盖^{31}P$-^{15}$N 范围内所有核的共振频率；灵敏度高，^{13}C 灵敏度增强；所有通道（包含^{2}H 锁通道）支持调谐功能；支持探头定制，能兼容不同厂家磁体（400MHz～600MHz），可以为核磁共振谱仪老用户的升级改造提供质优价廉的探头。目前研发的 QOT 400X-F/H-F055mm 标准双通道自动调谐探头，其宽带和高带可调谐到^{19}F，克服了以往^{1}H/^{19}F 共用高带通道带来的实验限制，提高了灵活应用的性能。

QOT 的核磁共振探头使用高质量的材料精心制造，确保卓越的性能。现已推出有 400MHz 手动与自动调谐探头，各项指标均可媲美市场最新技术的探头，目前也可接受特殊探头的定制服务。

手动式调谐探头和全自动调谐探头的外形如图 3-4-2-10 所示。DBO 探头 QOT400X/H-F05 为 5mm 标准双通道探头，适用于 400MHz 核磁共振波谱仪并针对实际核磁共振应用进行了优化。宽带通道覆盖^{31}P$-^{15}$N 范围内所有核的共振频率（无需更换电容），高带^{1}H 通道支持^{19}F 核，该探头针对^{13}C 进行了特别的灵敏度优化，并含有高线性度、超低杂散的主动屏蔽 Z 轴梯度。

图 3-4-2-10　QOT 手动调谐(左)与全自动调谐(右)探头

STM（Smart Tuning and Matching）探头 QOT 400X-F/H-F05 为 5mm 标准双通道自动调谐探头。宽带和高带均支持^{19}F 核，因此能够轻松进行^{1}H/^{19}F、^{1}H/X、X/^{19}F 相关实验，并配有高线性度、超低杂散的主动屏蔽 Z 轴梯度。探头所有的通道(包括氘锁)均支持快速的全自动调谐和匹配，并支持复数和幅度的不同调谐模式(图 3-4-2-11)。同时，系统设有手动调谐模式，供高级用户使用。

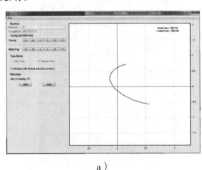

a)

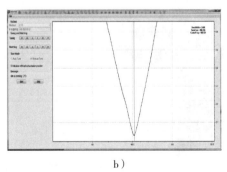

b)

图 3-4-2-11　探头复数调谐模式 a)与幅度调谐模式 b)

2.7　自动进样器

中科牛津自主研发设计的自动进样器轻便小巧（图3-4-2-12），可以直接安装在磁体顶部，方便拆卸和安装。支持24位或60位样品，能够满足不同用户的需求。进样器的样品盘可以直接取下更换，方便用户一次性更换所有样品。自动进样器配有全自动实验控制软件，支持全新列表式的自动化实验。用户只需通过实验队列即可方便地完成样品测试（图3-4-2-13），无需进行复杂的锁场、匀场、设置实验参数等操作。

2.8　二合一样品架

中科牛津设计的样品架集成了样品管以及转子的存储，并且是新颖的量规设计，用户只需插入样品管即可保证样品达到适宜的深度（图3-4-2-14），无需再读取传统的量规刻度。中间深色隔板标记样品深度的最小深度要求。特殊加宽设计的底座可以确保样品的安全性。

图3-4-2-12　自动进样器

图3-4-2-13　列表式自动化实验

这种样品架，方便存放常用的标准样品管，以及存放暂时不使用的转子，防止随意放置在桌上不慎滚落地上造成受损情事。产品已经获得国家实用新型专利的授予。

2.9　谱仪软件SpinStudioJ

SpinStudioJ是中科牛津公司在第一代、第二代软件基础上，集众家之长，全新改版设计的第三代核磁共振谱仪控制和数据处理软件（见图3-4-2-15），如下所述：

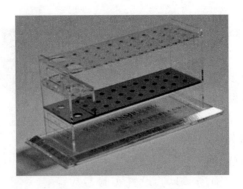

图 3-4-2-14　样品架

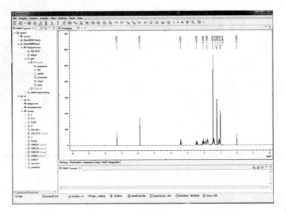

图 3-4-2-15　SpinStudioJ 软件界面

（1）基于 JAVA 语言,跨平台,工作稳定;

（2）模块化设计,可选择性配置需要的功能模块,支持增量式软件更新;

（3）国际化多语言支持;

（4）全新的一键式快速自动匀场功能,匀场效果、速度均显著提升,即使是冷场,也可在数小时内达到指标要求;

（5）脉冲序列支持用户使用图形化进行编辑,更加直观和简洁,简单操作易上手;

（6）全新的单文件核磁数据格式,支持数据更改追踪和加密,满足 FDA 的认证要求;

（7）完善的脉冲序列库,用户可自行编辑添加新的脉冲序列;

（8）支持全自动调谐和手动调谐,支持幅度和复数调谐模式;

（9）列表式全自动化实验,用户只需设置简单的实验名称,选择适当的实验模板,剩下的工作谱仪全部自动完成;

（10）软件可免费使用,免费升级,无任何功能限制。

3 国产核磁共振谱仪研发的硬件软件评议

核磁共振波谱仪是生命科学、材料科学、公共安全等领域广泛需求的重要科学仪器,在科研、教育、生产、信息、卫生以及人类生活的各个领域发挥着越来越重要的作用,其研究和生产受到了发达国家的高度重视,年产值达数百亿美元,而我国的核磁共振波谱仪多年来一直依赖进口。中科牛津波谱公司于 2015 年成立于湖北武汉光谷科学园区,开始生产国产的核磁共振波谱仪。中科牛津公司依托中科院武汉物理与数学研究所,拥有一支创新能力高、专业素质高、管理水平高的人才队伍,为用户提供谱仪、附件、消耗品等一站式解决方案。目前公司建立了完整的生产线,依靠科学的管理手段、合理的工艺方法和严格的检测规范,研制并生产了从低场到高场多品种、多型号的系列磁共振谱仪、装置及系统,打破了我国磁共振谱仪与技术长期依赖进口的局面(图 3-4-2-16)。系统构架创新,提高了系统可靠性,实现了 NMR 系统方案的统一;数字化设计解决了镜像伪峰问题,提高了数据分析准确性;自动化数据处理算法开发实现了高通量谱图数据的批量自动实验与处理。中科牛津公司

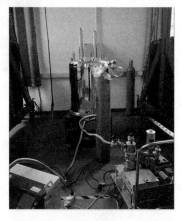

图 3-4-2-16 中科牛津谱仪在厂区的研发试验过程

现在主推的 WNMR-1 系列核磁共振波谱仪,国内已有多家用户。公司前期做了很多旧核磁谱仪的升级改造,保留原来的磁体与探头,提供升级控制机柜,使用新的采样和数据处理软件。目前则开始推出整机,探头与磁体属于公司自产。

这几年中科牛津公司的国产谱仪生产中积极推出了许多核磁共振谱仪的新器件,包括有自动进样器、液氦余量测量仪(液面计)、样品架、新的操作界面等大小发明,并引进牛津磁体生产,在海外组织探头研发机构等。

作为一个核磁共振市场的新参与者,与国外已经在核磁市场耕耘多年的国际大企业相比,中科牛津是一个相当年轻的企业,面临严峻的市场挑战。为了能够与国外公司的先进产品相互竞争,研发了不少核磁共振谱仪的新部件以适合最新符合客户需求。

3.1 超导磁体评议

超导磁体是核磁共振谱仪最重要与最昂贵的部件。目前国产谱仪已经具备 400M~600M 超导磁体的生产能力。

中科院电工所在超导磁体上液氦回收的系统(图 3-4-2-17),值得中科牛津公司作为未来超导磁体改进的参考。

开发高温超导或者低液氦使用量或液氦回收的超导磁体是未来国产核磁共振超导磁体应该朝向改进的方向。

图 3－4－2－17　中科院电工所自研发的超导磁体

3.2　探头的相关评议

探头是核磁共振波谱仪的另一个核心部件,价格与重要性仅次于超导磁体,安装在磁体中心下面部位,是测试样品的所在。谱仪能否具备检测哪一种谱图(杂核谱、变温操作、多通道三维检测、低温高灵敏度检测)的功能,取决于探头的种类与性能。

3.2.1　探头

目前中科牛津公司能够提供的探头有手动调谐和自动调谐两种,主要指标测试结果如表 3－4－2－2 所示。

表 3－4－2－2　两种规格探头指标测定值对照

探头指标	手动调谐探头	自动调谐探头 QOT400X/H－400－5
灵敏度	1H:266.4(0.1%ETB) 13C:218.4(ASTM) 19F:296.3(0.05%TFT) 31P:117.4(0.485M TPP)	1H(2PPM)/(200Hz): 320.7779/372.0079 13C(40PPM):226.6101 15N(2PPM):22.4433 19F(1PPM):505.5435 31P(5PPM):230.233
90°脉冲宽度	1H:9.25μs@58dB 13C:6.05μs@55dB 19F:14.65μs@55dB 31P:10.95μs@52dB	1H:9μs@57dB 13C:12.1μs@52dB 15N:14.1μs@60dB 19F:9μs@57dB 31P:11μs@55dB

由表 3－4－2－2 分析显示,自动调谐探头的性能指标不如手动调谐。

3.2.2　探头的调谐

手动调谐探头的零配件中,中科牛津公司设计了在前置放大器前上方部位装有一块可转动的屏幕(图 3－4－2－18),方便手动调谐时能够就近观察调谐结果。

图 3 - 4 - 2 - 18　探头调谐时前置放大器前的屏幕

中科波谱的自动调谐探头更换了进样通道和前置放大器,并且在控制机柜内加装了 PLC 控制器(图 3 - 4 - 2 - 19)控制调谐马达的运行。

图 3 - 4 - 2 - 19　探头调谐的控制器

中科牛津探头的自动调谐操作,(如图 3 - 4 - 2 - 20)所示。

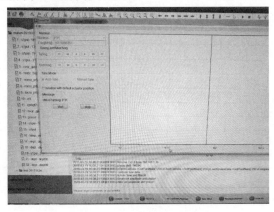

图 3 - 4 - 2 - 20　自动调谐对话框

3.2.3　探头检测通道

在通道的安排方面,Bruker 公司的探头,高通道只有氢一个核,其他的核素(碳、氟、磷、氮或其他杂核)都放在低通道(或称杂核通道)。早期国产的探头和 Varian 谱仪的探头一样,高通道含有氢与氟两种核,低通道自然不含氟。这两种安排各有利弊,后者(氢氟同一通道),可以进行碳-氟之间的去耦检测,但是无法进行氢-氟之间的去耦检测;前者(Bruker 公司的氢氟不同通道)则方便氢-氟间的去耦,但是不能进行碳-氟去耦检测。

中科牛津创新的这种高低通道都能检测对氟去耦氢谱与碳谱的探头,解决了上述在对氟去耦二选一的困扰局面。熟悉氟谱的人员都知道,含氟化合物的核磁共振谱图的解析,无论是氟谱本身(全氟或多氟化合物),或是氟涉及的氢谱(图 3-4-2-21)或碳谱(图 3-4-2-22)的解析,是最复杂困难的。

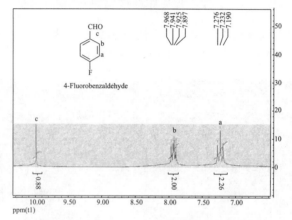

图 3-4-2-21　与 F 有耦合的氢谱

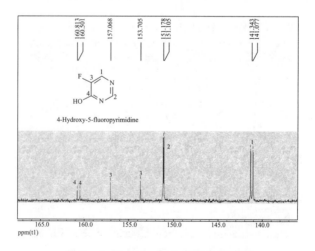

图 3-4-2-22　与 F 有耦合的碳谱

中科波谱的宽带探头进行杂核实验时,需要更换前置放大器到探头之间的滤波器,增加了操作难度,智能化程度还不够。近期通过硬件研发改进,已逐渐克服了这些方面的缺陷。

3.2.4 探头的综合服务

中科牛津公司在科研总部光谷园区中设立有一支专门针对探头故障维修的队伍,人员素质良好,技术专精,维修的配件齐备(图3-4-2-23),这几年来也多次为其他厂家的探头进行维修服务。

3.3 自动进样器

目前 Bruker 公司提供的自动进样器种类最多,除了多种型号,自动测样数有16位、24位、60位以及96位等多种。中科牛津公司虽然成立不久,但是加紧研发

图3-4-2-23 中科牛津的探头服务部门

推出了自动进样器,满足国内高校开放给学生操作对自动进样器的紧密需求。现在已经能够提供24位和60位两型自动进样器,如图3-4-2-24所示。

a)   b)

图3-4-2-24 中科牛津公司的自动进样器

中科波谱公司提供的自动进样器占用面积小,与控制机柜的连接相对简单,特别容易安装。在使用兼容性上,中科波谱的自动进样器能安装使用于国内大多数的核磁共振谱仪。样品的安装方面有两种方式,一种是直接放置在谱仪上面的自动进样器槽内;或者取下自动进样器放好样品管后在装回谱仪上[图3-4-2-24b)]。

相比之下,Bruker 公司的自动进样器稳定性一直不是很完美。2014年 Bruker 公司放弃了机械手夹样设计的自动进样器(图3-4-2-25),改成以压缩空气吹喷式的 Sample mail 或 Sample case(图3-4-2-26),但是使用时间久了会导致重新采购或放弃全自动改成单一进样的操作方式。

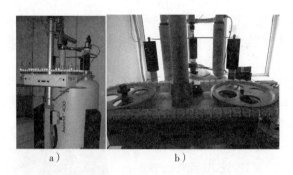

a）　　　　　　　　　　b）

图 3 - 4 - 2 - 25　　Bruker 淘汰的机械手进样器

图 3 - 4 - 2 - 26　　Bruker 的 Sample case 气喷式自动进样器

3.4　液面计

液氦是维持超导核磁磁体磁场稳定的冷却介质,需要不定期检测其剩余量以防止超导磁体因为失去低温的环境而失超。Bruker 和日本电子 Jeol 谱仪把液面计直接集成在软件中,通过软件界面来监控液氦的消耗情况。这种形式对于大部分用户来讲不是很直观,中科牛津公司给出直接提供一个独立于谱仪机柜以及控制系统的液氦液面计,通过主动或被动式测量液氦液面,以 OLED 显示屏或计算机控制界面直接显示出来(图 3 - 4 - 2 - 27 和图 3 - 4 - 2 - 28)。与计算机内置液面计相比,这种设计在机柜断电或长期不用谱仪时液氦消耗显示更为直观,方便用户定期维护好仪器。

3.5　样品架

中科牛津公司推出的样品架获得国际上多个国家的实用新型专利,包括底座,通过固定在底座上的支承件支承的沿样品管轴向方向的一个或多个限位板,位于样品管插入方向的最上端的第一限位板上设有一个或多个转子的限位孔,第一限位板的下端还进一步设置有转子的限定件。本实用新型的专利设计可以实现样品管、转子整齐、安全的放置,样品管装入转子的同时保证了样品管插入转子的深度。避免了单个量规容易丢失的问题。

图 3 - 4 - 2 - 27　中科牛津提供的液面计　　**图 3 - 4 - 2 - 28　Varian 谱仪的液氦检测仪**

3.6　机柜

中科牛津的谱仪机柜,目前的型号是 WNMR - 1,采用了自主知识产权控制台,包括主控系统、交换机、频率综合器、射频功放、气动温控系统和磁场调控系统;基于网络的分布式系统设计,多通道且可扩展;数字中频采样,提高了仪器的稳定性;CAN总线控制,提高了系统可靠性和集成度。

由于谱仪中有较多开关、按钮,用户必须记住开机由下往上,关机由上往下的次序(图 3 - 4 - 2 - 29)。

图 3 - 4 - 2 - 29　中科牛津的机柜内部

3.7　软件与相关操作

3.7.1　控制系统与操作界面

中科牛津公司提供的界面是全球罕见的中文界面。而且是与大部分用户所熟悉的 MestraNova 软件界面相似的控制系统,它集成了部分布鲁克公司 topspin 和 MestraNova的优点,支持汉语命名的规则,从而更方便中国用户的使用。从这一点上来讲,它应该是对中国用户最友好的核磁控制系统。

SpinStudio 支持中文操作系统,可以识别中文,保存路径和文件名可以使用中文字符(图 3-4-2-30)。

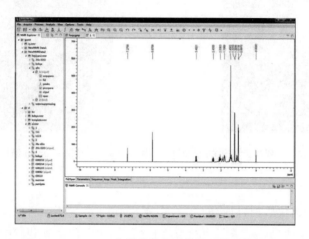

图 3-4-2-30　中科牛津公司的核磁控制软件界面

与其他公司的控制软件一样,系统也提供了图形化脉冲序列编辑功能,方便用户使用(图 3-4-2-31)。中科牛津的谱仪支持所有一维和二维实验。除此之外,它们的核磁仪器还可以在不需要增加任何电子器件的条件下,支持 H/F 和 C/F 相关实验(图 3-4-2-32)。

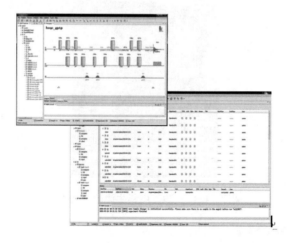

图 3-4-2-31　中科牛津公司的脉冲序列图形化编辑示意图

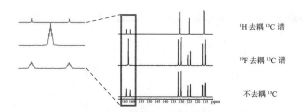

图 3 - 4 - 2 - 32 去耦与不去耦谱图的示意图

用户通过 SpinStudio 软件控制谱仪系统,进行 NMR 实验或处理实验结果。软件显示的内容包括图形化的脉冲序列、FID、谱图、系统工作状态等,可与主流软件数据交互。最新的版本 SpinStudioJ 使用 Java 语言编写,具备 Linux 和 Windows 系统跨平台运行能力。软件包拥有 80 余种成熟的脉冲序列,并支持脉冲程序的图形、文本编辑,具有简洁、高效的特性,公司承诺永久免费下载使用,为用户提供了便利。

3.7.2 谱图处理软件

中科牛津 SpinStudio 的实验与数据处理软件主界面包含有菜单栏、工具栏、状态栏、工作区显示窗口、命令输入框和日志输出框等用户界面。

工作区界面最上部标签显示打开的各数据名称及实验号(图 3 - 4 - 2 - 33),当前工作区标签显示为蓝色,其他显示为灰色,实时采样的工作区标签上有黑色五角星标示。中科牛津的 Spinstudio 软件,可以点击上面的标签方便迅速地观察以前的谱图。如此的窗口最多只能开启十个。超过十个上限之后,会有提示需要关闭一些窗口,才可以进行新的采样或下一步操作。

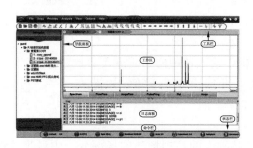

图 3 - 4 - 2 - 33 国产核磁共振谱仪的 SpinStudio 主界面

工作区最下部各标签从左到右依次为谱图、处理参数、采样参数、脉冲序列、Fid 显示和实时采样(图 3 - 4 - 2 - 34)。点击各标签可在工作区界面显示对应的信息,当前点开的标签显示为淡蓝色,其他标签显示为灰色。点击下部区域最左的"Spectrum"可观看检测后的谱图。想要了解脉冲序列情况,则点击"PulseProg"(pulse program);查看参数的设置资料,点看"AcquPars"(检测参数)或"ProcPars"(处理参数)。

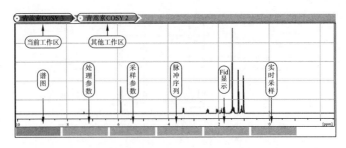

图 3 - 4 - 2 - 34　工作区界面

3.7.3　实验导航系统

实验导航如图 3 - 4 - 2 - 35 所示,显示一般实验流程,有进出样、新建实验、锁场、调谐、匀场、参数设置和采样按钮。用户可根据实验导航提供的按钮依次进行操作。

3.7.4　数据处理导航

数据处理导航如图 3 - 4 - 2 - 36 所示,显示数据处理的一般流程,包括有打开数据、加窗、傅里叶变换、相位校正、定标、基线校正、多谱显示、谱加减、寻峰、积分和打印谱图按钮。用户可根据需要按数据处理导航提供的按钮进行操作。

3.7.5　日志面板

日志面板如图 3 - 4 - 2 - 37 所示。日志面板主要显示软件后台所产生的日志信息及用户在命令行中键入的命令或参数信息。

可以在命令输入框中输入各种命令或键入参数名称查看当前参数值,也可直接设定参数值,如键入 si ＝ 32768 即将 si 值设为 32768。

3.7.6　锁场匀场

软件设计中,相差特别大的是锁场与匀场部分。中科牛津的锁场设计和 Varian 的近似,与 Bruker 的有很大的差异。双击锁场状态栏或在命令栏中输入 lock 命令都可打开锁场匀场对话框(图 3 - 4 - 2 - 38),点击"Show"(显示锁信号),锁信号工作区会显示锁信号曲线(图 3 - 4 - 2 - 39)所示。红色线为锁水平线,蓝色线为锁误差线。

锁场控制的参数有锁发射功率(Power)、锁接收增益(Gain)和锁相位(Phase)。这三个参数都可以通过点击增加/减小按钮或在增加/减小按钮上滑动鼠标滚轮进行更改。锁场匀场对话框下方为载入/保存锁电平值及匀场值的功能。

中科牛津公司谱仪的锁场调节功能的设计上出现的蓝色红色两条色线,使整个调试复杂化。

Experiment Gulde

New Experi ment　新检测

Sample　　　样品

Lock　　　　锁场

Tune　　　　调谐

Shim　　　　匀场

Set parameters　参数设定

Start　　　　开始

图 3 - 4 - 2 - 35　实验导航

Dataprocess Guide
打开数据组
Open Data Set
窗函数
Window function
傅里叶变换
Founer Transeform
相位校正
Phase Correction
坐标标定
Axis Cahbration
基线校正
Baseline Conection
Plot Spectrum
打印谱图
Integration
积分
Peak Picking
信号峰挑选
Add/Subtract
谱图加减
Mutopie Spec display
多谱陈列

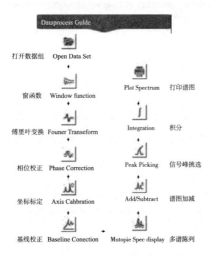

图 3－4－2－36　数据处理导航

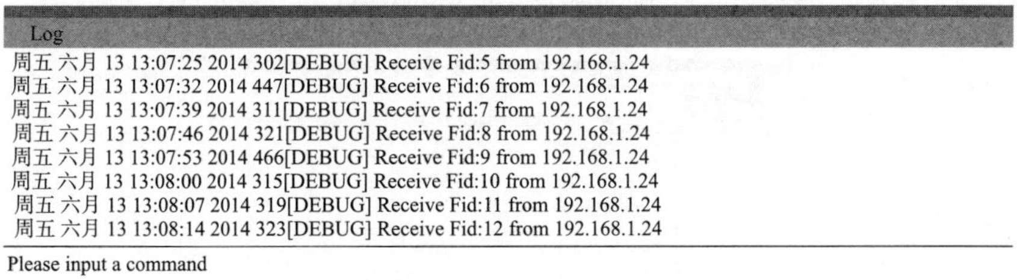

Log
周五 六月 13 13:07:25 2014 302[DEBUG] Receive Fid:5 from 192.168.1.24
周五 六月 13 13:07:32 2014 447[DEBUG] Receive Fid:6 from 192.168.1.24
周五 六月 13 13:07:39 2014 311[DEBUG] Receive Fid:7 from 192.168.1.24
周五 六月 13 13:07:46 2014 321[DEBUG] Receive Fid:8 from 192.168.1.24
周五 六月 13 13:07:53 2014 466[DEBUG] Receive Fid:9 from 192.168.1.24
周五 六月 13 13:08:00 2014 315[DEBUG] Receive Fid:10 from 192.168.1.24
周五 六月 13 13:08:07 2014 319[DEBUG] Receive Fid:11 from 192.168.1.24
周五 六月 13 13:08:14 2014 323[DEBUG] Receive Fid:12 from 192.168.1.24
Please input a command

图 3－4－2－37　日志面板

LockShim
LockLevel:
21.8
Lock
Shim
GradShim
AutoShim
20%
10%
Show
Hide
LockOn
Z0
Z0
613
Power(dB)
11
Gain(dB)
21
Phase
185
Freq(MHz)
92.088448
Load
value1
value2
50.3
Apply
Load
Save
SaveToFile

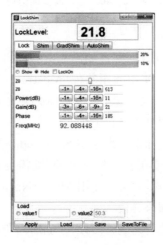

图 3－4－2－38　中科牛津的锁场对话框

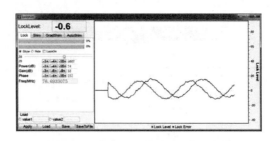

图 3-4-2-39　中科牛津的锁场信号线

中科牛津谱仪的锁场,能够形象的利用正弦波的波形数目展示共振的调试进程,观察正弦波数目的多寡,调节得到氘核信号的共振值,正弦波的数目从几十个波形减少到十几个波,最后到一个正弦波,最终再由单波增强信号变成梯形或直线形状,达到锁场的目的。

3.7.7　匀场

中科牛津的国产谱仪,在手动匀场的调试上,观察的对象仍然是锁场的红蓝两线(图 3-4-2-40)。红线向上,蓝线平直,两线的距离愈大,表示匀场愈好。

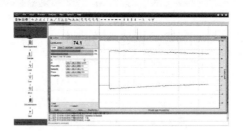

图 3-4-2-40　国产谱仪的匀场结果

3.7.8　电子数据的储存

采样完成后,得到的 FID 数据存谱如谱仪电脑,可以随时调出来继续处理,或者用优盘拷贝到实验室的电脑,使用商用软件(Mestrec、Nuts、MestreNova 等)进行谱图处理。中科波谱的存谱属于强迫式的,检测前必须先提供每个待测样品的存谱名字与存谱位置,检测后直接存谱入谱仪电脑。

中科牛津存储后的谱图,如果调出来在 SpinStudio 界面上继续处理没有问题;如果要拷贝到实验室的电脑上使用商业软件处理,则需要进行改码的工序。把谱图重新储存,另存为 Bruker 的格式,才可以使用 MestreNova 软件打开处理。

3.8　中科牛津谱仪的综合评议

本次评议发现,中科牛津公司的许多硬件与软件,都获得有国家知识产权的专利保护。说明该公司立足于中科院武汉物数所的科研团队,有很坚实的科技支撑力量。这几年提供出来的硬件速度十分快,比较令人惊叹的有自动进样器、液面计(液氮测量仪)、样品架等各式各样。

中科牛津公司的软件设计偏向于 Bruker,会使用 topspin 软件的人基本上可以直接上手使用。有许多指令属于 Varian 系统,因此 Varian 的用户也会觉得友善好感。有许多 Varian 谱仪设计的优点,中科牛津的研发生产队伍都采纳了,例如锁场观察正弦波数目的方式;DEPT 同时检测检测 45°、90°、135°角的方式,利用改变去耦阶段进行五种碳谱检测的设计等。

在探头的发展或许工艺技术还不是非常先进,但是能够做到宽带调谐达到氟信号的能力,使得探头能够同时支持检测氢谱以及碳谱都能对氟去耦的功能,这是目前其他谱仪的探头无法做到的,使该探头具有一定的吸引力。

公司的售后服务设计得很好,谱仪、控制电脑都可以连接上互联网。任何问题,工程师都会立即远程联机调试,软件的处理服务十分及时。

经过对中科牛津的核磁共振谱仪实地地检测观察与了解,确认了仪器的使用功能非常令人满意。在开放给学生使用的基本氢谱与碳谱操作上,能够获得很好的检测效果,谱图清晰,操作简便。即使没有进行调谐(不开放给学生调谐操作)仍然能够得到满意的氢谱与碳谱谱图。谱仪使用的缺点是对于较高层次的科研探讨,一些检测程序还没有完全开发出来。

第五节　BCEIA'2017 微观结构组仪器评议

一、BCEIA'2017 电镜综述:透射电镜和扫描电镜的现状

电子显微镜作为大型精密科学仪器,其设计、生产和商业化水平体现了相应国家的科技和工业基础与发展水平,在能够提供商业化电镜的国家中,美国、日本、德国、捷克处于领先地位,中国,韩国虽有进步,但差距仍然明显。现在各电镜厂商不断拓展电镜的功能和使用领域,从科学研究到工程应用,各种类型的电镜层出不穷,且操作简便性、控制智能化,功能集成化的趋势亦被广泛认可。结合 BCEIA 展会上的电镜和其他方面获得的资料信息,本文将对近 1-2 年透射电镜、扫描电镜、小型电镜以及与电镜分析密切相关的 X 射线能谱分析系统等方面给以梳理和总结,以对清晰认知未来电子显微镜的发展提供有益的参考。

1　透射电子显微镜

2017 BCEIA 参展的透射电镜主要就两个日本厂家,日本电子株式会社(JEOL)和日立(HITACHI)。原来美国著名的电镜生产商 FEI 已与 Thermo Fisher Scientific 合并,所以没有独立出现在展会上。在原子级分辨率的基础上配合多种信号探测器和检测器,日益使电镜的操作变得简单便捷,科研工作可以通过自动化或远程智能控制而实现是透射电镜发展的方向。

1.1 日本电子透射电镜

目前日本电子的透射电镜系列约有 10 个种类之多，是世界顶级科学仪器制造商。主要产品有透射电子显微镜、扫描电子显微镜、扫描探针显微镜、电子探针、核磁共振谱仪、质谱、电子自旋共振谱仪、能谱、X 荧光光谱仪等大型尖端设备。2010 年，日本电子株式会社在中国成立了独立法人的全资子公司——捷欧路（北京）科贸有限公司。其中重点介绍了最新推出新产 JEM－ARM200F，该产品具有特点包括：冷场发射电子枪、欧米伽能量过滤器、最高加速电压 300kV、自动进样装置等。

日本电子的透射电镜系列具体如下：

JEM－ARM300F 原子分辨率分析型球差校正场发射透射电子显微镜；

JEM－ARM200F NEOARM 球差校正透射电子显微镜；

JEM－ARM200F 原子分辨率分析型球差校正场发射透射电子显微镜；

JEM－Z200FSC/Z300FSC（CRYO ARM 200/300）场发射冷冻电子显微镜；

JEM－F200 场发射透射电子显微镜；

JEM－3200FSC 场发射透射电子显微镜；

JEM－2200FS 场发射透射电子显微镜；

JEM－2800 多用途分析型电子显微镜；

JEM－2100Plus 透射电子显微镜；

JEM－1400Flash 透射电子显微镜。

其中 ARM300F 和 3200FSC 的场发射电子枪的加速电压是 300kV，前者用了冷场发射枪，STEM 和 TEM 中可配球差校正器，标称世界最高分辨率的电子显微镜。3200FSC 具备冷冻功能，配置了能量过滤器，适用于低衬度、冷冻生物样品，可配置液氦冷却样品台，可以在 25K 温度下进行样品观察。

在日本电子众多 200kV 的透射电镜中，具有球差校正功能的 ARM200F NEOARM 和 ARM200F（CFEG）都能够真正实现原子级的分辨，NEOARM 的 HAADF－STEM 像的分辨率达到 0.071nm，CFEG 电镜的扫透分辨率达到了 0.078nm。NEOARM 的校正器是 ASCOR（Advance STEM Cs Corrector），该聚光镜校正器可以降低 6 重像差，配合冷场型电子枪增大了衍射极限，所以使得分辨率有了很大的提高。NEOARM 的球差校正软件实现了一体化的球差自动校正合轴，无须标样就可进行校正器调整，保证了快速的高分辨观察。此外，NEOARM 还使用了增强型环形明场像（e－ABF），在经过实时的信号图像处理后可以获得衬度增强后的轻元素图像，例如可以观察到 $SrTiO_3$ 样品中的氧原子。NEOARM 的 STEM 探测器为新型 PERFECT SIGHT 探测器，相比于传统的 YAP 探测器，具有更好的信噪比，在 60kV 下，信噪比提升 2 倍，200kV 下信噪比提升 1.5 倍。NEOARM 已经完全实现了一体化相机观察系统，各种电镜操作均可通过远程显示器实现。可以认 NEOARM 是 ARM 的更高级版本。

在中低端透射电镜方面，日本电子提供了 F200 通用场发射性电镜和 1400Flash。

JEM-F200 或 F2 使用冷场电子枪,双漂移硅探测器。束斑大小和汇聚角度可通过一个四聚焦透镜系统进行灵活的调整,使得这类电镜的简易操作性得到更大的增强,自动样品装卸系统,双 SDD 能谱探测器、压电样品台系统等,使得该电镜能够满足多方面的使用。1400Flash 标配了日本电子制造的高灵敏度 sCMOS 相机,很适合运用于生物和医学领域。JEM-1400Flash 电镜装备了光学显微镜,高灵敏度 sCMOS 相机和超宽的区域锁定系统,这种电镜的产生是为了解决材料和生物样品分析过程中低倍筛查的需要。使用了 120kV 的电压。

1.2 日立透射电镜

环境透射电镜是日立专有的产品,同时也有冷场灯丝、球差校正等面向各种不同应用的透射电镜。

展会宣传的日立的透射电镜系列有:

HF-3300 冷场发射透射电镜;

H-9500 300kV 环境透射电镜;

HD-2700 球差校正扫描透射电镜;

HF5000 球差校正透射电镜;

HT7800/7830 透射电子显微镜。

其中 HT7800 是一款 120kV 的透射电镜,晶格分辨率是 0.19nm。HF5000 为全新球差校正透射电镜,分辨率为 0.073nm,使用冷场发射枪,采用全自动送样取样系统,极大地降低了不同操作人员插拔样品杆可能造成镜筒真空密封损坏的风险。HF5000 的 3 个特点是:(1)球差的自动调节;(2)独有 SEM 探头;(3)能谱的固体角大到 2.0。在某些性能指标方面与日本电子的 ARM200 相近(这句话去掉)。另外,日立最新推出的 FIB NX5000 是真正意义的三束,即电子束、镓离子束和氩离子束。日立 H-9500 是环境透射电镜,在 300kV 下使用 $LaB6$ 灯丝,能够实现原子级别的分辨率,HF3300 是日立冷发射枪环境透射电镜,集 TEM、STEM 和 SEM 的功能于一体。环境透射电镜使得在原子级尺度上观察某些化学过程,例如金属的氧化成为可能,从而对于基础科学研究帮助很大。

1.3 Thermo Fisher Scientific 透射电镜

FEI 已经和 Thermo Fisher Scientific 合并,其代表的电镜有第一代球差校正电镜 Titan 等。目前资料可知的透射电镜有:

Thermo Scientific TM TalosTM F200i 场发射透射电子显微镜(S/TEM);

Talos TM L 120C T/S EM 透射电子显微;

Themis S 透射电电子显微镜;

Themis TM Z 透射电子显微镜(S/TEM)。

2017 年新推出的面向中国市场的透射电镜是 Talos F200i,此款产品没有出现在 BCEIA'2017 展会上,在 2017 年新推出的 Thermo Scientific TM TalosTM F200i

场发射透射电子显微镜(S/TEM)是一款智能化很高的电镜,支持远程操作,兼具高度自动化的高性能系统,配置灵活、体积小巧,是多用户实验室中各类应用的理想之选。具备最高加速电压200kV的高性能,能够以定制的方式满足客户成像和化学分析的需求。该产品拥有先进的自动化功能,可确保较高的分析效率,并且能在不同的用户权限之间快速、轻松地进行切换。其直观的界面用户可在各种实验室应用中进行高分辨成像和分析,除此之外,该系统较小的体积及简介的外观设计不但为后期的使用维护提供便利,也减少了对安装现场基础设施的需求。FEI Talos TM L 120C T/S EM 可以提供3D图像,智能化程度高可满足不同电镜经验和背景的工程师,沿用了 Titan Krios 和 Themis TM 电镜家族系列的表现和应用性。可以适用于更广泛的用户。Themis S 透射电镜是 thermo Fisher 最新的一款工业用透射电镜平台,主要专注于半导体失效分析特别是20nm以下的工业需求。具有一体化的振动隔离与屏蔽设计和远程操作功能,配置的 DualX X射线能谱分析系统可以提供能谱分析,该系统能够实现亚埃级的图像分辨能力和精确的元素和应力分析。更新的 Themis TM Z S/TEM 使用自动化调节程序,极大地提高了仪器设备的稳定性和测试结果的重复性,能够保证可以在高或低等不同电子束能量下都能获得高图像分辨率,新装的 iDPC 探头可以探测90%以上的透射电子,从而可以提高探测实现轻元素的灵敏度。

各家的透射电镜也都包含扫描透射模式,即扫描透射电子显微(STEM),综合了扫描和普通透射电子分析的原理和特点。利用 STEM 可以观察较厚的试样和低衬度的试样/实现微区衍射、进行高分辨分析、成像及生物大分子分析等。利用 STEM 技术帮助解释功能材料的构成机理,并为新材料的设计开发提供必要理论依据。STEM 在材料研究中的具有重要价值意义。

2 扫描电子显微镜

本次 BCEIA 独立展会参展的扫描电镜供应商有五家,分别是日本电子、日立、德国蔡司、捷克的特斯肯、北京中科科仪,因 FEI 与 Thermo Fisher Scientific 合并,所以没有独立出现在展会上。

从产品序列上看日立,日本电子,蔡司的产品比较多样丰富,既有钨灯丝电镜,也有场发射电镜,北京中科科仪推出的是场发射电镜 KYKY－EM8000F,钨灯丝电镜 KYKY－EM6000 系列,特斯肯(Tescan)有场发射电镜,也还有双束系统,以及配有拉曼光谱的扫描电镜系统,Thermo Fisher Scientic 的扫描电镜产品主要以双束系统和面向半导体工业应用为主。目前钨灯丝电镜的分辨率基本在3.0nm,蔡司的 EVO 系列电镜,日立的 SU 3500,3700 等日本电子的 JSM－A/LA,JSM－LV 系列电镜基本上处于同等分辨率上。

从扫描电镜向双束系统延伸,以及以扫描电镜为基础的微纳加工平台或集成分析平台逐渐成为各领先电镜厂家关注和竞争的要点,许多新颖实用的观察-加工-分析系统不断出现。

2.1　日立扫描电镜

日立的场发射扫描电镜又有热场发射扫描电镜和冷场发射扫描电镜，冷场发射扫描电镜的分辨率相对更高，例如日立的超高分辨率冷场发射电镜 SU9000 的分辨率可以达到 30kV 下 0.4nm，SU8100 在 15kV 下的分辨率是 0.8nm，SU8200 以上型号的分辨率在 15kV 下都达到了 0.7nm。热场 SU5000 的分辨率为 30kV 下 1.2nm。另外，Hitachi FIB－SEM 利用高强度 CFE 源作为高分辨成像和端点检测；双/三梁结构系统配置 ACE 技术对于先进材料的加工是可行的；日立高新自 1986 年开始生产商业化 FIB，最新推出的 FIB－SEM 系列产品十分适合当前最新领域的研究（型号包括：NX2000、ETHOS、NX9000 等）。

2.2　日本电子扫描电镜

日本电子的热场发射电镜 JSM－7900F 在 15kV 下的分辨率为 0.6nm，1.0kV 下是 0.7nm。JSM－7800F/7800F PRIME 的分辨率为分别是 15kV 下 0.8nm，0.7nm。日本电子的冷场电镜 JSM7500F 的分辨率是 15kV 下 1.0nm。在分辨率方面日本电镜还是比较领先的。JSMIT100 InTouchScope 是一款具有触摸屏操作的扫描电镜，同时也支持传统的键盘和鼠标操作，可在高真空和低真空条件下获得高分辨率的图像。同时这电镜还有很好的拓展性，以满足个性化的研究需求。日本电子的 JSM－7900F 扫描电镜使用了 NeoEngine 电子光路系统，使电子束的合轴和优化更加精确和易于操作，适用于各种层次的电镜操作人员。

2.3　蔡司扫描电镜

在蔡司场发射电镜中 GeminiSEM 500 的分辨率在 15kV 下是 0.6nm，同系列的 GeminiSEM 300 在 15kV 下的分辨率是 0.8nm，灯丝束流 3pA～20nA，Sigma 300 和 Sigma500 的分辨率分别是 1.2 和 0.8，Merlin 的分辨率也是 0.8，但 Merlin 可以选择 100nA 和 300nA 的场发射枪，可以实现 30kV 下 STEM 模式 0.6nm 的分辨率。蔡司的 Gemini 电子光学系统把二次电子探测器置于聚光镜和物镜之间，通常 Gemini Ⅰ 型光学系统采用 1 级聚光镜，Gemini Ⅱ 型光学系统采用二级聚光镜如 Merlin。蔡司公司多尺度 3D 关联显微镜，能提供的一系列解决方案。包括 X 射线显微镜（XRM）可实现无损 3D 成像的最优分辨率、最佳材料衬度。CrossBeamR 双束显微镜则可以在最高效率的基础上广泛应用于气体沉积、高分辨成像、成分分析等。在材料研究过程中，从 XRM 到 FIB－SEM 关联的一般工作流程是：首先通过蔡司的 Xradia 520 Versa 或 Xradia 810 Ultra 获得微米级或纳米级的 3D 数据，接着进一步利用 CrossBeamR 双束显微镜（FIB－SEM）进行高分辨观测分析。最后分享了 3D 关联研究的一些应用实例，包括 AI－Cu 合金研究、Li 离子电池阴极中的杂质分析等。展会上没有展品，也没有相关人员接待。没有在展会上出现的一个蔡司特色电镜是高速电镜，据称世界最快的扫描电镜 MultiSEM506 有 91 个并行的电子束，比原来 Multi-SEM505 的通量提高了 2～3 倍，每小时可以提供超过 2T（2X1012）的像素量，特别适合大规模分析观察的需要,例如可应用于 1mm³ 的神经组织的纳米分辨率的观察,从而为整个人脑神经结构的观察和构建提供条件。

2.4 TESCAN 扫描电镜

TESCAN 是捷克的电镜制造商,产品有 VEGA3 钨灯丝(六硼化镧)扫描电镜,MIRA3 通用型场发射扫描电镜,30kV 下分辨率为 1nm,1kV 下为 1.8nm。MAIA3 超高分辨场发射扫描电镜加速电压 15kV 下的分辨率可以达到 0.7nm。MAIA3 Model 2016 装备的是 Triglav 电子光学镜筒,二次电子和背散射电子的探头各有 3 个,实际上共可获得 6 种图像。在 Triglav 系统中还包括了一个 EquiPower 管理系统,可以实现超低加速电压下的高分辨率。RISE 是 TESCAN 是把扫描电镜和拉曼光谱联用在一起的系统,实现化合物信息和分子拉曼成像,这种拉曼光谱和显微镜联用的系统特别适合应用于石墨烯、碳材料、有机高分子材料、制药工程等。TESCAN 的 FIB 双束系统有 FERA3、XEIA3、GAIA3 等,前两者以氙(Xe)离子为离子源,后者以镓(Ga)离子为离子源。XEIA3 和 GAIA3 均采用 Triglav 电子光学镜筒,保证了精密加工所需要的观察分辨率,不同的是氙离子加工速度高于镓离子。值得一提的是 TESCAN 的双束系统还可以和飞行时间-二次离子质谱联用,从而可以不仅对微观结构进行研究还可以对物质的化学组成等复杂信息进行探索和分析。

TriSE 系统实际包含 3 个不同的二次电子探测器,沿着电子束传播的方向,依次是 SE(BDM)探头,专门用于电子束减速模式(BDM)的高分辨成像;In—Beam SE,用于实现超高分辨以及表面灵敏度;In—Chamber SE,用于获得形貌衬度和好的立体感。也就是说 3 个探头分别位于顶部、中下部和底部。探测器采用的是 YAG 晶体材料,所以有很好的信噪比。

2017 年 8 月,TESCAN 推出第四代扫描电镜产品,S8000G 超高分辨聚焦离子束和扫描电子束双束电镜系统。据悉,S8000G 搭载了 TESCAN 最新研发的多项创新技术,可以提供很好的图像质量、可完成复杂的纳米操作并保证极佳的精度和操作灵活性,能够满足现今工业研发和学术研究的所有需求。

2.5 Thermo fisher 扫描电镜

FEI 与 Thermo fisher 合并后在扫描电镜和双束系统方面更主要针对工业应用的定位得到障显,在低电压观察、双束系统应用于半导体工业等方面投入了更大的关注。采用末端复合透镜结合了静电和磁浸没技术的 Apreo TM 扫描电镜,在不需要减速的情况下可以实现 1kV 下 1.0nm 的图像分辨率。Helios G4 双束系统主要是为材料科学服务,提供全自动高精度的透射电镜样品制备,和材料的 3 维表征,是先进的扫描电镜和聚焦离子束的联用系统,该系统还包括了 FX 模式,可以获得亚于 3 埃的 STEM 分辨率,专门为 14nm 以下的半导体加工和研发提供支持。不仅可以用于透射电镜样品制备,还可以专门用于截面样品制备和观察以及微电子失效分析方面的应用。Flexprober system 通过用 SEM 将一个很细的探针定位在暴露的电路板上,进行缺陷定位,通过准确的缺陷定位,可以为后续在缺陷处制备透射电镜样品提供基础,是一种专门用于电子元件电路缺陷定位和诊断的一款系统。Helios G4 FIB聚焦离子束系统用于剥离金属化层,甚至可以用于 7nm 节点的缺陷分析,具备自动停止离子束加工的特性,速度快,效率高,是传统 Ga 离子 FIB 效率的 10～20 倍,所以适合大区域的探测和加工。

2.6　中科科仪扫描电镜

中科科仪此次在 BCEIA 展会上展出的场发射电镜型号是 KYKY－EM8000F,该电镜使用的是肖特基场发射电子枪,实现了 15kV 下 1.5nm 的分辨率,放大倍数的范围是 15～500000。其智能化操作也达到了较高的水平,可以仅通过鼠标操作就可以完成分析和观测,也已经能够实现 0kV～30kV 透镜系统自动调整功能。中科科仪扫描电镜在产品系列、性能指标、专利技术、市场规模和商业推广等方面和国外电镜供应商还有一定的差距,但从国产电镜的发展水平来看,已经有了长足进步,基本能够满足国内广大的科研和工程建设需求。产品单一,缺乏新型设计和个性化设计是中科科仪扫描电镜的弱点,因为设计和制造的产品过于单一,所以缺乏技术创新和拓展的先决条件,从而有技术差距在逐渐扩大的危险。如果国产电镜也在概念电镜、试验电镜、或定制电镜等多方面进行探索和尝试,不断夯实我国电镜制造工业的创新能力,将来国产电镜跻身世界前列也不是幻想。

3　小型或桌面台式扫描电镜

2017'BCEIA 展会上出现的另一个亮点是小型或桌面台式扫描电镜的参展。其中有生产商有日本电子 JEOL、日立 HITACHI,和韩国 COXEM、韩国 SEC。

3.1　日本小型扫描电镜

日本电子的台式或桌面小型化的扫描电镜有 NeoScope 台式扫描电子显微镜(Versatile Benchtop SEM)JCM—6000Plus,其总重量不超过 80kg(主控制系统50kg,真空系统 9kg,电源系统 10kg)。主体系统的可被 50cm 见方的空间容纳(325mm×490mm×430mm)。其性能与一般钨灯丝电镜相当,二次电子像放大倍数可从 10×～60000×,背散射电子像可达 10×～30000×。如果运用数字放大技术,二次电子像放大倍数最高可达 14 万倍,背散射像放大倍数达 7 万倍。二次电子工作的加速电压可在 5kV,10kV,15kV 等三个条件下选择,背散射像的工作电压选择有10kV 和 15kV 两种。电子光学系统主要包含两级聚光镜和一个电磁物镜。采用了集成化整体式灯丝,使得更换灯丝的操作变得简单,配合灯丝自动对中功能,在很大程度上提高使用的简便性。采用触摸屏式操作,辅以能谱分析系统,可以比较好地应用于地质、机械、冶金等行业。

与日本电子相当的日立的桌面式电镜是 TM4000/TM4000Plus,主机系统总重量为 52kg,真空系统 5.5kg,主体系统的尺寸为 330mm×617mm×547mm,用一个1200mm×800mm 承重 100kg 的桌子就可以支撑整个系统,放大倍数从 10×～

100000×,也可以在 5kV,10kV,15kV 三种加速电压下工作。如果选择了 Hitachi MAP3D 附加拓展功能,可以不用通过样品倾斜,获得表面三维图像。其实现的方法是在物镜极靴下方安装一个背散射探测器,该背散色探测器被分成了 ABCD 四个对称的区域,通过对不同区域接受的背散射信号的处理,构造出观察表面的三维图形。同样这样的台式扫描电镜也配备了 30mm² 的能谱探头,能谱分辨率为 158eV,可以实现元素成分的点扫描和面扫描。

3.2 韩国小型扫描电镜

韩国赛可(SEC)公司推出的 SNE 4500MPlus 台式扫描电镜分辨率为 30kV 下二次电子像 5nm,背散射像 8nm,放大倍数 15×～150000×,加速电压可以有六种选择,分别是 1V、5V、10V、15V、20V、30V 等。可选的探测器有高真空和低真空二次电子探测器,背散射探测器等。与电镜搭配的是德国布鲁克能谱系统,可以做元素定性、定量及元素微区分析等。主机尺寸参数为:390mm×615mm×560mm。同类型电镜如 SNE—3000MS、SNE—3000MB、SNE—3200M、SNE—4500M 等主机质量在 80kg～88kg 之间,控制单元质量在 37kg 左右。与日本的同类产品相比,质量偏高。

另外一个韩国的台式扫描电镜是 EM—30,为 COXEM 库赛姆公司提供。采用双聚光镜成像技术,分辨率在加速电压 30kV 下达到了 8nm 以下,放大倍数 20×～100000×,外形尺寸 400mm×600mm×550mm,质量为 100kg。也可以配备能谱仪。

总体而言,小型号化电镜具有易用简便的特点,主要电镜厂商都有相应的产品推出,可以预见的是,随着小型化电镜分辨率的进一步提升,适用范围的进一步拓展,小型化桌面台式扫描电镜将越来越多地出现在检测实验室中。

4 电镜能谱仪

BCEIA 展商中的可以做电镜能谱企业有 DEAX 和 BRUKER,其中 BRUKER 主要展示的是他们的 X 射线衍射仪。

EDAX 的特色是 EDS、EBSD、WDS 的无缝集成,从而结合电镜构成完整的材料表征系统。其中包括了 EDS、WDS、EBSD 的硬件系统和有关分析软件。这里主要对 EDS 系统进行描述,波谱和 EBSD 背散射电子衍射系统就略去。EDAX 的两种硅漂移探测器使用了 CUBE 技术,该技术可以提供高计数率下的低噪声,选用下一代的 CMOS 前置放大器,和多通道架构体系设计,可以使能谱的采集速度和效率得到很大的提高,从而实现优异的性能。EDS 采用的是 SDD(硅漂移探测器)其中 Octane Elect系列 SDD 探测器模块化面积可以达到 70mm²,分辨率 127eV,在 500 千计数/秒(KCPS)时分辨率稳定性大于 90%。可以保证在一定条件下获得 2 兆计数/秒(MCPS)输入计数率和 850 千计数/秒(KCPS)的输出计数率。可在很短时间内获得成分复杂样品的高分辨率能谱元素面分布。此类能谱仪以 Si3N4 材料为窗口,比传统的聚合物窗口 X 射线的透过率提高了 35% 以上,极大地提高了轻元素的检测性能。另一种 Element 系列 SDD 探测器,也采用了 Si3N4 窗口,分辨率则是 129eV,计数率大于 100 千计数/秒(KCPS)。

通过其他途径了解到目前 OXFORD 能谱仪,其主要的能谱仪探头是 X－Max 系列,如 X－Max20、X－Max50、X－Max80,所对应的实际的探测晶体的面积分别是 $30mm^2$、$100mm^2$、$100mm^2$,有效探测面积是 $20mm^2$、$50mm^2$、$80mm^2$,能谱具有长期的稳定性,谱峰漂移小于 1eV,最高分辨率达 121eV,Mn Ka 的分辨率在 125eV～127eV。空间分辨率达到 29nm。$80mm^2$ 的探测器可以使得计数率超过 500 千计数/秒(KCPS),输出计数率超过 350 千计数/秒(KCPS)。低束流保证高分辨率,高束流保证高计数率,但损伤样品,造成污染,因此大面积使得低束流下获得高计数率,和高的分析精度,也可以降低采集时间,提高效率。实验表明,为了达到 100 千计数/秒(KCPS)的计数率,在 5kV 或 20kV 下用 $10mm^2$ 的 SDD 所需要的电子束流是 $80mm^2$ 的 10 倍。另外 X－Max80 探测器的低能端探测精度也很高,从而可以保证在较低电压和较低束流下实现更好的解析率和探测效率,可应用于纳米尺度的成分分析。

BRUKER 能谱仪能谱系统在定性和定量方面也能提供很好的解决方案。不同于一般传统能谱系统的性能,Bruker 能谱仪能量分辨率优于 123eV,在输入计数率 100 千计数/秒(KCPS)内仍能保持不变。QUANTAX 能谱系统使用 X Flash 5000 系列硅漂移(SDD,Silicon Drift Detector)探测器,与混合脉冲处理技术相结合,保证在各种不同分析条件下都能得到最佳的分析性能。X Flash 5000 系列硅漂移探测器具有高脉冲负载能力,同时具有优异、稳定的能量分辨率(优于 123eV)。其优化的电子陷阱即使在低加速电压条件下对电镜也没有任何干扰,该分辨率指标在输入计数率 100000 千计数/秒(CPS)内保持不变,并作为实验室安装验收的重要指标之一。通常,液氮致冷型 Si(Li)探测器只能在输入计数率 1000 千计数/秒(CPS)～5000 千计数/秒(CPS)内保持分辨率不变。

5 其他相关仪器及技术

德国布鲁克公司超高空间分辨率能谱、EBSD 技术及原位纳米力学分析技术。包括平插式能谱 XFlashRFlatQUAD 可实现小于 10pA 极低束流下表面粗糙生物样品分析。通过芯片环形、置于电镜极靴和样品之间、电子束从中心孔穿过等设计,使 SEM EDS 达到最大固体角,高达近 1.2sr。可应用于低电压分析纳米结构材料、超大计数率快速大面积扫描(mapping)。纳米尺度 EBSD 分析的优秀解决方案——OPTIMUSTMTKD、透射电镜扫描电镜中原位定量纳米力学测试系统、最新 AFM 技术 PeakForce SECM——纳米尺度扫描电化学显微镜和原位溶液下电学性质表征等。

徕卡公司多种制样方案可应对各种类型的 SEM/EBSD/AFM/OM 样品的分析。一种样品也可采取不同仪器和方案处理达到制样要求。包括高压冷冻应用中的高压冷冻＋冷冻替代(常温 TEM)、高压冷冻＋激光共聚焦(光电联用)等。

6 结语

综合来看,特色场发射枪;多级、多种球差校正;高智能控制系统;多元、复合探测器;观察、成像、数据采集一体化系统,等是未来透射电镜更新和升级的主要方向;多功能集成、易操作、小型化将是扫描电镜发展的方向。

电子显微技术的未来将主要体现在原位(环境)操作显微镜、多维立体显微镜以及超快电子显微镜这三个方面。随着人类对于微观世界的深入了解和对各种复杂电子交互作用现象如电荷密度,强相关电子系统的轨道和框架耦合等方面的问题的深入研究,超快电子显微镜技术将成为主流,相应的超快电镜或 4D 电镜将成为球差校正电镜之后的新一代电镜。

二、关于冷冻电子显微镜技术

北京时间 2017 年 10 月 4 日 17 时 45 分许,2017 年诺贝尔化学奖颁给雅克·杜波切特(Jacques Dubochet)、阿希姆·弗兰克(Joachim Frank)和理查德·亨德森(Richard Henderson)等三位科学家,表彰他们发展了冷冻电子显微镜技术,以很高的分辨率确定了溶液里的生物分子的结构。由此,冷冻电子显微镜技术收到科学界的高度重视,尤其在中国。

雅克·迪波什(Jacques Dubochet),1942 年生于瑞士,1973 年博士毕业于日内瓦大学和瑞士巴塞尔大学,瑞士洛桑大学生物物理学荣誉教授。Dubochet 博士领导的小组开发出真正成熟可用的快速投入冷冻制样技术制作不形成冰晶体的玻璃态冰包埋样品,随着冷台技术的开发,冷冻电镜技术正式推广开来。

约阿基姆·弗兰克(Joachim Frank)德裔生物物理学家,现为哥伦比亚大学教授。他因发明单粒子冷冻电镜(cryo – electron microscopy)而闻名,此外他对细菌和真核生物的核糖体结构和功能研究做出重要贡献。弗兰克 2006 年入选为美国艺术与科学、美国国家科学院两院院士。2014 年获得本杰明·富兰克林生命科学奖。

理查德·亨德森(Richard Henderson)苏格兰分子生物学家和生物物理学家,他是电子显微镜领域的开创者之一。1975 年,他与 Nigel Unwin 通过电子显微镜研究膜蛋白、细菌视紫红质,并由此揭示出膜蛋白具有良好的机构,可以发生 α-螺旋。近年来,亨德森将注意力集中在单粒子电子显微镜上,即用冷冻电镜确定蛋白质的原子分辨率模型。

1 冷冻电镜与生物大分子的结构

细胞里面的生命活动井然有序,每一个部分都有其特定的结构,承担不同的功能。生物大分子则是一切生命活动的最终执行者,它们主要是核酸和蛋白。核酸携带了生命体的遗传信息,而蛋白是生命活动的主要执行者。自现代分子生物学诞生以来的半个世纪里,解析和分析生物大分子的结构、进而阐释其功能机制一直都是现代生命科学的核心问题之一。

事实上,一切自然科学都涉及物质结构及结构间的相互作用为核心的研究方向。结构生物学研究的直接目的是弄清楚生命大分子结构,从而更好地理解生命。

结构生物学最早诞生于 20 世纪中叶,它是一门通过研究生物大分子的结构与运动来阐明生命现象的学科。在当今结构生物学研究中普遍使用的冷冻电镜,是 20 世纪七八十年代开始出现、近两年飞速发展的革命性技术,它可以快速、简易、高效、高分辨率解析高度复杂的超大生物分子结构(主要是蛋白质和核酸),在很大程度上取代并且大大超越了传统的 X 射线晶体学方法。

2015 年 8 月 21 日,清华大学生命科学学院施一公教授研究组在《科学》周刊(Science)同时在线发表了两篇背靠背研究长文,题目分别为"3.6 埃的酵母剪接体结构"[1](Structure of a Yeast Spliceosome at 3.6 Angstrom Resolution)和"前体信使RNA 剪接的结构基础"(Structural Basis of Pre–mRNA Splicing)。第一篇文章报道了通过单颗粒冷冻电子显微技术(冷冻电镜)解析的酵母剪接体近原子分辨率的三维结构,第二篇文章在此结构的基础上进行了详细分析,阐述了剪接体对前体信使RNA 执行剪接的基本工作机理。

这一研究成果具有极为重大的意义。自 1993 年 RNA 剪接的发现以来,科学家们一直在步履维艰地探索其中的分子奥秘,期待早日揭示这个复杂过程的分子机理。施一公院士研究组对剪接体近原子分辨率结构的解析,不仅初步解答了这一基础生命科学领域长期以来备受关注的核心问题,又为进一步揭示与剪接体相关疾病的发病机理提供了结构基础和理论指导。

2 冷冻电镜的发展简史

冷冻电镜并不是这两年才建立的。在蛋白质 X 射线晶体学诞生大约 10 多年以后的 1968 年,作为里程碑式的电镜三维重构方法,同样在剑桥 MRC 分子生物学实验室诞生,Aron Klug 教授因此获得了 1982 年的诺贝尔化学奖。另一些突破性的技术在 20 世纪 70 年代和 80 年代中叶诞生,主要是冷冻成像和蛋白快速冷冻技术。快速冷冻可以使蛋白质和所在的水溶液环境迅速从溶液态转变为玻璃态,玻璃态能使蛋白质结构保持其天然结构状态。总的思路为:样品冷冻,保持蛋白溶液态结构;冷冻成像,获取二维投影图像;三维重构,从二维图像通过计算得到三维密度图。

但是由于该技术方法的瓶颈,在此后很长的一段时间里只能做一些相对低分辨率的结构解析工作。最重要的革命性事件大约发生在几年之前:一个是直接电子探测器的发明;另一个是高分辨率图像处理算法的改进。新发展的直接电子探测器不仅在电镜图形质量上有了质的飞跃,同时在速度上大幅提高,还可以以电影的形式快速记录电镜图像。同时伴随着电镜图像处理方面的重大变革。电镜技术此前在分辨

---

[1] 1 埃(Å)=0.1 纳米(nm)

率上的一个主要瓶颈是电子束击打生物样品造成的图像漂移和辐射损伤。有了快速电影记录,我们就可以追踪图像漂移轨迹而对图像做运动矫正和辐射损伤矫正,大大提高数据质量。有了硬件和软件方面的双重提高,冷冻电镜的分辨率目前已得到了极大的提高,可以和晶体学相媲美。主要体现在下面几个方面:不需要结晶,研究对象范围大大扩展,研究速度大大提高。样品需求量小,样品制备快,可重复性高。可以研究天然的、动态的结构。技术革命还将开启巨大的潜在医疗价值。冷冻电镜技术方法在时间和精度方面的大幅度提高,可能会导致重大科学和医学临床上的应用价值。

总之,在生物学发展历程的近 20～30 年中,成像技术的进步与应用对推动学科的进步起着非常重要的作用。电子显微镜作为一种成像手段,自发明以来,在物理、材料、生物等很多领域都有着广泛的应用,提供了大量的图像和结构信息。与物理材料相比,生物材料在组成和损伤敏感性等方面存在很大不同,因而电子显微镜在技术上逐渐发展出了基于生物样品自身特点的制样、数据收集以及图像处理系统。随着生物研究的不断深入,传统电子显微镜技术获得的二维图像已经不能完全满足现代分子和细胞生物学的科研需要。因而,如何获得生物样品原位的高分辨三维结构信息是生物成像技术的发展方向。近年来,电子显微镜技术在制样方法、仪器设备、计算条件等方面都有了长足的进步,使得电子显微镜三维重构技术逐渐成为一种实用的三维成像手段,可以在纳米或更高分辨率水平上提供生物大分子的结构、定位、排列、分布、相互作用等信息以及细胞和组织的精细三维结构,在细胞生物学研究中有着很好的应用前景和潜力。

目前,电子显微镜三维重构技术主要分为两种:一是单颗粒三维重构(single particle reconstruction);二是断层成像技术(tomography)。

3 关于单颗粒三维重构技术

冷冻电镜技术多年的发展已经产生了多种解析生物分子或细胞结构的方法,现在备受瞩目的冷冻电镜结构解析则主要是指单颗粒三维重构技术。该方法通过对大量离散分布的单个分子的电子显微像进行统计分析来解析结构。从 70 年代开始,到 90 年代形成了比较完整的结构解析算法原理。进入 21 世纪,电子显微镜硬件的稳定性及自动化程度稳步提升,超大规模计算的能力也大幅度提高,为单颗粒三维重构技术解析生物大分子结构的有效性奠定了良好的基础,使开发新的结构解析算法成为可能,并大大地推动了单颗粒三维重构技术的发展。到 2008—2009 年,具有正二十面体对称性的病毒颗粒已经可以应用单颗粒冷冻电镜技术解析到原子分辨率,标志着这一技术进入了原子分辨率时代。

电镜单颗粒三维重构主要通过采集目标物大量的具有不同取向的颗粒(或分子)的二维投影图像重构出目标物的三维结构。目前,部分生物大分子颗粒在冷冻条件下单颗粒三维重构的分辨率已经能够达到大约 0.3nm,可以直接提供近原子水平的结构信息。单颗粒重构在制样上通常需要对目标分子进行分离纯化,虽然其在样品纯度和量的要求上与 X 射线结晶学相比较低,但重构过程仍需要进行大量的分子间平均,因而在获得生物体系中非均质的或原位的动态结构方面困难较大。

2013 年底,报道了膜蛋白的原子分辨率冷冻电镜结构。在冷冻电镜领域的人看来,这也确实是单颗粒结构解析分辨率的革命。在 2011～2012 年间开始了一种新的直接电子探测成像设备的发明及应用。2013 年初,程亦凡课题组和英国 MRC 分子生物学实验室的课题组独立地发表论文,证明应用直接电子探测成像设备并结合新的图像处理工具可以解析生物大分子的原子分辨率结构。这种新型的成像设备大大提高了冷冻电镜照片的质量,使原来无法被观察到的结构细节变得清晰。与此同时,更为有效的图像处理与结构解析算法被开发出来,成为单颗粒结构解析的利器。

4　电子断层成像技术

电子断层成像技术(electron tomography)是近年来发展起来一项三维成像技术,可以在纳米分辨率(2nm～10nm)水平上获得生物大分子及其复合物或聚集体、细胞器、细胞以及组织的三维结构,而且可以用于研究生物大分子在细胞中的定位、排列、分布以及相互作用,已逐渐成为细胞生物学领域中的另外一项重要技术手段。

断层成像技术由于是通过对同一目标物的不同角度的二维投影进行三维重构,无需颗粒或分子间的平均,所以能适用于非均质生物体系的结构研究。如果再结合快速冷冻等制样技术,则可以获得生物体系原位的动态三维结构。

断层成像的数学原理最早提出于 20 世纪初。到了 60 年代,电子断层成像的方法基本建立。简单地讲,电子断层成像就是利用电子显微镜采集目标物的一系列不同角度的二维投影,从而重构出该目标物的三维结构。在数学上,重构过程可以在傅里叶空间中实现,也可以在实空间中实现。傅里叶空间重构主要是基于中心切片定理(central slicetheorem),也就是一个三维物体的二维投影的傅里叶变换对应于这个三维物体傅里叶变换的一个中心切片。目前通常数据采集的倾转角在 $\pm 70°$ 之间。由于投影角度的限制,在三维重构时会产生信息缺失的问题,进而导致三维重构分辨率的各向异性,比如在 Z 方向(电子束入射方向)会产生拉长效应。如果是采用单轴旋转 $\pm 70°$ 的方式采集投影图像,未采样空间大约是 22%。如果采用双轴(相互垂直,如 X 和 Y)各旋转 $\pm 70°$ 的方式采集投影图像,未采样空间可降低至 7%,可以很好地改善三维重构的质量和分辨率。

生物样品如生物大分子、细胞、组织等,通常比较脆弱,对环境及电子损伤较其他材料更为敏感,无法直接用于电镜观察和数据收集,需经过一定的处理和制备过程。针对不同的生物样品,电镜样品的制备条件也有所不同。由于电镜制样的质量会直接影响以后的重构结果,因此样品制备是获得高质量的电镜三维重构的关键之一。对电子断层成像来说,目前主要有三种制样方式。一是传统的化学固定制样。这种方式虽然可以获得一定量的生物信息,但在固定过程中也引入了相当程度的缺陷,很难保留样品原位的高分辨信息,因此不能完全满足当前生物研究的需要;二是高压冷冻和冷冻替代制样。这种方式是先将样品在高压下用液氮快速冷冻,然后在低温下去水并固定。该方法的优点是避免了常温化学固定带来的缺陷,能够较好地保留样品原位信息,捕捉动态的生物学过程。但制样时间相对较长,同时需要高压冷冻机等特殊制样仪器;三是直接将样品在液氮温度下冷冻,并且在冷冻条件下收集电镜数据。该方法能够很好地保留样品的原位信息和动态过程。对于厚度较小的样品(小于 $1\mu m$),如细胞器、小细胞等,可以直接进行断层成像数据收集。但由于电子穿透能力的限制,对于较厚的样品,则需要在冷冻条件下进行超薄切片,这在实际操作中有一定的难度。同时,未经染色的冷冻样品衬度较低,对电子损伤较化学固定样品更为敏感,这些因素也会增加三维重构和结构分析的难度。除了以上三种主要制样方法外,近年来也有研究组采用离子束减薄的方法(FIB)处理较厚的细胞及组织样品,从而避免冷冻切片带来的结构缺陷和操作上的困难。

数据采集虽然电镜断层成像理论很早就已经提出,但直到 20 世纪 90 年代才逐步实现比较实用的生物电镜断层成像的数据采集和重构系统。尤其在过去的十几年里,由于电镜仪器、图像探测器和计算技术的快速进步,电子断层成像在细胞生物学领域有了实质性的发展。无论是数据采集、图像处理和三维重构都逐步成熟,相当程度上实现了自动化数据采集,使得对细胞甚至更大尺度的生物体系的三维重构成为可能。部分目前高端生物透射电镜(如 FEI Polara、FEI Titan Krios 等),附带有自身的进样及控制系统,可以一次性放置多个样品,大大提高了样品筛选和数据采集的效率。电子断层成像的数据收集通常由专门的数据收集软件控制,目前常用的数据收集软件有 SerialEM、UCSFTomo、Leginon 等。

由于电子断层成像是通过将一系列的二维投影重构出三维结构,所以准确获得二维投影间的相互位置和角度对三维重构至关重要。

作为一种三维成像手段,电子断层成像近年来已经在生物学领域内得到广泛应用,在病毒与感染、细胞骨架、细胞器、细胞黏附等研究方向获得了不少重要的发现。在细胞生物学研究中,如何确定生物大分子的原位动态构象是普遍关心的问题。电子断层成像的一个优势就是能够用于研究细胞内生物大分子的定位和分布。这对于深入了解细胞的各种生物路径及动态过程尤为重要。

另外,电子断层成像还可以用于研究多细胞和组织的三维结构,并提供细胞之间的相互作用结构信息,从而在分子或准分子水平上了解细胞相互作用的细节和机制。

总之,电子断层成像作为近年来迅速发展的一项三维结构解析技术,与其他广泛使用的结构技术如 X-射线蛋白质晶体学、核磁共振等相比,最主要的优势是可以对非均质的蛋白复合物、细胞器、细胞以及组织进行三维结构解析,这也是该技术在结构解析方面的独特之处。电子断层成像针对不同的生物样品,其样品制备在固定、替代以及切片等方式上各有不同。电子断层成像在研究生物大分子在细胞或组织中的定位与分布方面有着很好的应用前景。电子断层成像三维重构目前所能达到的空间分辨率大约在 2nm～10nm,远远低于电子显微镜本身所能达到的分辨率极限。因而在分辨率提高方面还有很大的潜力。在仪器硬件方面,如何改进现有电镜设备及附件,如高分辨电子探测器、相位板、能量过滤器等,都会为该技术的进一步拓展提供保证。除了需要有硬件上的技术进步,与之相配套的软件研发也会直接影响到该技术的应用前景。

事实上,电镜单颗粒重构和断层成像在结构研究上有很大的互补性,将二者有机地结合起来,是目前获得生物体系原位高分辨三维结构很有潜力的途径。

5　有关冷冻电镜厂商情况简介

2017 BCEIA 参展的透射电镜主要就三个厂家:日本电子、日本日立和美国赛默飞世尔公司。

5.1　日本电子目前的透射电镜系列有 10 个种类之多,具体如下:

JEM - ARM300F 原子分辨率分析型球差校正场发射透射电子显微镜;

JEM - ARM200F NEOARM 球差校正透射电子显微镜;

JEM - ARM200F 原子分辨率分析型球差校正场发射透射电子显微镜;

JEM - Z200FSC/Z300FSC(CRYO ARM 200/300)场发射冷冻电子显微镜。

其中 ARM300F 和 3200FSC 的场发射电子枪的加速电压是 300kV,前者用了冷场发射枪,STEM 和 TEM 中可配球差校正器,标称世界最高分辨率的电子显微镜。3200FSC 具备冷冻功能,配置了能量过滤器,适用于低衬度、冷冻生物样品,可配置液氮冷却样品台,可以在 25K 温度下进行样品观察。

5.2　日立的透射电镜系列有:

HF - 3300 冷场发射透射电镜;

H - 9500 300kV 环境透射电镜;

HD - 2700 球差校正扫描透射电镜;

HF5000 球差校正透射电镜;

HT7800/7830 透射电子显微镜。

其中 HT7800 是一款 120kV 的透射电镜,晶格分辨率是 0.19nm。HF5000 为全新球差校正透射电镜,分辨率为 0.073nm,使用冷场发射枪,与日本电子的 ARM200 的性能指标相近。

5.3　赛默飞世尔公司电子显微镜简介

生命科学透射电子显微镜解决方案有:

Talos L120C 属于 120kV LaB6:入门级冷冻电镜,既可以用于细胞生物学,也可以用于冷冻电镜初级筛查样品。

Talos F200C、Talos Glacios、Talos　Arctica:属于 200 kV FEG:侧插式样品杆冷冻电镜,主要用于冷冻样品筛查和初始模型构建;全自动上样冷冻电镜,可用于单颗粒和电子断层成像,针对场地需求比较紧张的客户重新设计,房间大小比 Arctica

小 40%；全自动上样冷冻电镜，可用于单颗粒和电子断层成像，文献报道的单颗粒三维重构分辨率最高达到 0.26nm。

Titan Krios G3i：属于 300 kV FEG；全自动上样冷冻电镜，可用于单颗粒和电子断层成像，文献报道的单颗粒三维重构分辨率最高达到 0.18nm。

生命科学扫描电子显微镜有：

Quattro：高性能，环境真空（ESEM）。

Apreo：多功能场发射 SEM 低真空，低电压。

VolumeScope：内置超薄切片机，实现大容量三维重构。

Scios G2：高衬度 SEM 探头，适合生物样品，离子束切割精度＞10nm。

Helios G4：高性能 SEM，高精度离子束加工性能，加工精度＞3nm。

6 冷冻电镜尚未解决问题及前景分析

冷冻电镜发展到今天，还有很多重要技术问题尚未解决。例如：

（1）在单颗粒分析技术中，如何将生物大分子机器的结构变化及不同构象的分布情况进行精确的描述？如何获得生化反应过程中所有步骤的生物大分子结构信息？这将会提供静态结构以外的重要信息，如分子机器的热力学或动力学的相关信息；

（2）如何进一步提高冷冻电镜结构解析的分辨率，达到 0.1nm 以上的超高分辨率？这将有利于对分子中的电势分布做更精细的解析，从而更好地理解生物大分子机器的化学本质乃至量子本质；

（3）如何获得更接近生理状态的生物大分子结构，如何在细胞乃至组织的原位获得高精度的结构信息？这将实现结构生物学与细胞生物学的融合，甚至可能发展出新的医学检测手段；

（4）如何将冷冻电镜技术与其他技术手段如质谱技术、测序技术、超高分辨率光学成像技术、单分子操控技术等整合起来，开拓新的方法学领域？在广义的生命科学研究中，未来的电子显微镜技术方法还可能用来分析生物样品，获得更多复杂的生物学信息，届时结构生物学家要面对的挑战是如何更有效地整合、挖掘、展示海量的结构信息，全方位地了解我们面对的研究对象。

未来几年，冷冻电镜发展将日臻成熟，建立国家级的冷冻电镜中心，集中高效地提供高质量的冷冻电镜数据收集与分析的服务，将成为可能，也是必然的发展趋势。但以科研课题组为依托，开展新技术开发与应用的研究，将继续作为冷冻电镜领域的主流。新的硬件设备、软件算法会不断被开发出来，帮助生物学家看到更多以前无法想象的结构信息。这将始终是冷冻电镜领域的主旋律。随着技术的进步，结构生物学也将遵循半个多世纪以来的发展轨迹，在结构解析的质量与效率、在研究对象的复杂程度、在探讨生物学问题的深度和广度等方面，提出更高的要求。结构作为功能的基础和生命现象的载体，揭示生命体中原子、分子、细胞、组织、器官等各层级的空间组织方式、变化规律及其与功能的关系，这些始终是结构生物学所关注的根本问题。

随着冷冻电镜技术的发展,对于人才的需求也越来越大。我国在冷冻电镜人才培养方面,经过几年时间的积累,也有一些优秀的青年人才成长起来,为冷冻电镜技术在我国的后续发展打下坚实基础。但是现在对于冷冻电镜人才的需求非常大,我们培养的学生数量还远远不够。虽然目前冷冻电镜的研究很活跃,但是这一技术还非常不完善,所以有许多的工作要做,需要很多人力。冷冻电镜领域的研究团队也日渐壮大起来。冷冻电镜需要吸引了越来越多数学、物理学、计算机科学、工程学背景的科学家的加入。同时,对于一个电镜实验室,往往需要从实验员、到中级管理人员、高级管理人员等各个层次的人才,以推动这一技术的快速发展。

三、开辟新应用领域的硬 X 射线光电子能谱仪——PHI Quantes

1 引言

XPS 是一种通过测量样品表面所含元素的电子态来分析物质的化学组成和化学状态的技术。通常它只能获得样品表面几个纳米深度的信息。XPS 应用范围广泛,比如半导体行业、电子元器件产业以及化工行业等。典型的 XPS 分析仪器使用软 X 射线,如 Al Kα(1486.6eV)和 Mg Kα(1253.6eV)作为激发源,可产生较大的光电离截面。相反的,硬 X 射线光电子能谱(HAXPES)采用硬 X 射线激发源(5keV~10keV)。可激发光电子动能比传统的 XPS 激发光电子动能大数倍,该分析方法既可以检测样品表面的光电子又可以检测表面以下更深区域的光电子。目前,有很多关于应用同步辐射源[1,2]的 HAXPES 报道,该新的分析方法也正引起关注。然而,同步辐射装置由于受到使用地域和机时的限制,因此有了迫切希望能在普通实验室里实现 HAXPES 分析的可能。为了满足这个需求,ULVAC - PHI 开发了一款名为"PHI Quantes"的仪器,可以同时使用传统的 X 射线源(Al Kα)和硬 X 射线源(Cr Kα 5414.9 eV)。下面分别讲述 HAXPES 的特征,和"PHI Quantes"的特性以及其应用领域。

2 HAXPES 的特征

2.1 分析深度

由于 HAXPES 采用了 5keV 甚至更高能量的 X 射线[3],它所探测到的电子的动能更大,其非弹性平均自由程(IMFP)也将更长。更大的非弹性平均自由程也就意味着可以检测更深的光电子。如图 3 - 5 - 3 - 1 是 Tanuma 等人[4]计算 IMFP 和激发能量对应关系。假设电子的来源深度是 IMFP 的三倍,对于传统以软 X 射线,如 AlKα 和 MgKα 源的 XPS 设备,其深度大概是几个纳米,但对于 HAXPES 来说,它的深度可以达到几十个纳米。以 AlKα 和 MgKα 为源的传统 XPS 设备,鉴于它的分析深度太浅,样品的表面污染物(如烃类化合物)对分析的结果影响极大。出于这个原因,有时采用离子刻蚀或其他处理方法,清洁表面污染物。但是,离子刻蚀会改变某些样品的化学状态,从而无法获得准确的数据。然而,对于 HAXPES 来说,即使表面有污染物,鉴于其分析深度可达几十纳米,它可以分析不受污染影响的样品电子态,从而不影响分析结果。

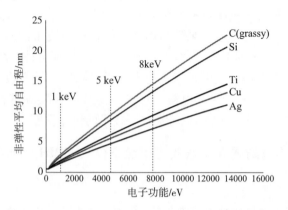

图 3－5－3－1　电子动能 13keV 以下碳、硅、钛、铜、银的非弹性平均自由程

2.2　信号强度

图 3－5－3－2 展示了某些元素的激发能和所对应的光电离截面的关系[5],激发能量越大,光电离截面就越小。因此,HAXPES用高能 X 射线作为激发源,其光电离截面就相当小。以 Si $2p_{3/2}$ 的为例,用 5keV 激发能所产生的光电离截面约为 1keV 的 1%。此外,尽管在 1keV 激发能时 Si1s 的光电离截面不小于 Si $2p_{3/2}$ 的电离截面,Si 1s 可被 5keV 激发并检测,但却不可以被 1keV 激发。因此,HAXPES 可通过测量内层电子来弥补光电离截面的减小的不足。

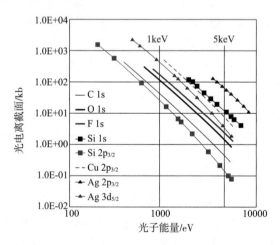

图 3－5－3－2　C 1s,O　1s,F　1s,Si 1s,Si $2p_{3/2}$,Cu $2p_{3/2}$,Ag $2p_{3/2}$,和 Ag $3d_{5/2}$ 的原子层电离截面关系图

3　硬 X 射线光电子能谱仪——PHI Quantes

3.1　设备构造

图 3-5-3-3 展示了 PHI Quantes"的外观。图 3-5-3-4 则展示了内部结构。"PHI Quantes"同时配备了 AlKα 和 CrKα 源。在单一设备上同时实现 XPS 和 HAXPES 的功能,并且可以获得不同深度的电子态信息。可用这两种不同的 X 射线源,检测真空室中的同一分析点上的光电子谱。该设备配备一个超高真空马达驱动的五轴样品台,用来移动样品。一个超高真空的马达驱动机械手臂,将样品从进样室移动到分析室。

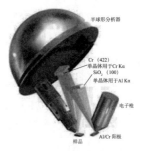

图 3-5-3-3　"PHI Quantes"的外观　　图 3-5-3-4　"PHI Quantes"的内部光学部件

配备的分析器由两个部分组成,一个是新开发拥有±20°接收角的耐高压输入透镜(input lens);另外一部分是,可以耐 6kV 高压的静电半球形分析仪。该设备也配备了离子枪,主要用于清洁表面和荷电中和。低能量的电子枪也用于表面荷电中和,形成双束中和。

3.2　扫描 X 射线源

一个扫描电子枪(最大加速电压 20kV)可激发两种扫描 X 射线源,即 Al Kα 和 Cr Kα 源,阳极马达可自动切换 Al 或 Cr 靶。如图 3-5-3-4 所示,每种 X 射线都通过 Johann 型单色晶体单色后辐照到样品表面。Al Kα 的单色晶体是放置在罗兰圆上的常用石英(100)片。而 Cr Kα 的单色晶体由锗(Ge)制成,它放置在另一罗兰圆上,与竖直方向呈 22°。

该设备采用扫描 X 射线源,通过对扫描 X 射线源和采集二次电子的信号同步,可获得样品的扫描 X 射线图像(SXI)。如图 3-5-3-5 展示了用 Al Kα 和 Cr Kα 源扫描 Au 网格(200LPI)所成的 SXI 图像。采用 20%~80%刀刃法,分别量得 Al Kα 和 Cr Kα 的空间分辨率为 $7.5\mu m$ 和 $15\mu m$。切换不同的 X 射线源,而不改变样品的位置激发的图 3-5-3-5 影像,表明用 Al Kα 和 Cr Kα 激发的 SXI 的中心点相吻合。根据具体的应用条件,均可在 $100\mu m$ 内任意调节和选择对两个 X 射线的束斑直径。利用 SXI,不仅可以更精确地定义测量位置,也可以在样品表面分析多个不同的点。另外,通过采集 X 射线扫描区域每一点的谱图,而得知该点的化学状态,从而得到化学态分布图。

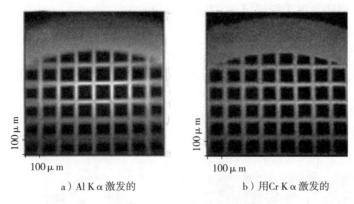

a）Al Kα 激发的   b）用Cr Kα 激发的

图 3－5－3－5　Au 网格 200LPI SXI 影像

3.3　荷电中和的应用

由于 XPS 经常用于分析绝缘材料,荷电中和必须精准。图 3－5－3－6 是用 Cr Kα 源测得 PTFE 的 F1S 和 C 1S 的 XPS 谱图。1eV 的低能量电子束和 7eV 的 Ar＋ 离子束同时照射样品表面,达到中和的效果[6]。尽管这些 1S 峰比较宽,很难用来检验中和的效果,但 F1S 和 C1S 的峰位分别为 689.1eV 和 292.1eV,与数据库[7]中的值相一致(F1S 和 C1S 分别为 689.0eV 和 292.0eV)。此外,1S 峰良好的对称性,也有力地证明了良好的中和效果。这些结果表明,传统光电子能谱仪的双束中和功能不仅适用于 Al Kα,也适用于 Cr Kα 的硬 X 射线。

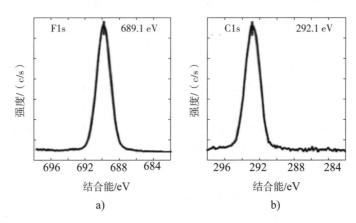

图 3－5－3－6　双束中和条件下,在 PTFE 上用 Cr Kα 激发的 F1S 和 C1S 的谱图

4　PHI Quantes 应用

4.1　分析深度

安装 Cr Kα 硬 X 射线主要的优势就是分析深度深。这里给出以 Cr Kα 和 AlKα 测试样品深度的对比案例。图 3－5－3－7 是用 CrKα 和 AlKα 测试两种不同厚度的

SiO_2/Si 薄膜,测试时分析器和样品平面夹角是 $90°$,SiO_2 薄膜厚度分别为 10nm 和 30nm。图 3-5-3-7a)和 b)是 $AlK\alpha$ 测试的,图 3-5-3-7c)和 d)是 $CrK\alpha$ 测试的。在该样品中,Al 是 $AlK\alpha$ 激发的电子非弹性平均自由程(IMFP)是 3.7nm 而 $CrK\alpha$ 是 11.0nm,据此计算它们的采样深度大约分别为 11nm 和 33nm。图 3-5-3-7a)是 Al $K\alpha$ 激发图谱,有 Si 基体的信号,图 3-5-3-7b)也没有。然而,图 3-5-3-7c)图谱 Si 基体的信号很强,并且图 3-5-3-7d)也测出了 Si 基体的信号,这与分析深度计算的结果相吻合。图 3-5-3-7 中的数据表明 $CrK\alpha$ 分析深度明显比 Al $K\alpha$ 分析深度深。对轻元素而言,Cr $K\alpha$ 能激发的信号,分析深度达数十纳米的,对重元素而言,其分析深度也超过 10nm。因此,可在无损的条件下分析表面以下更深区域的电子态信息。另外,从图 3-5-3-7c)中可以看出在 SiO_2 上 $Si2p_{3/2}$ 谱中存在 Si^+ 和 Si^{3+} 的亚氧化结构[9]。该结构极有可能是在界面区域上的电子态。

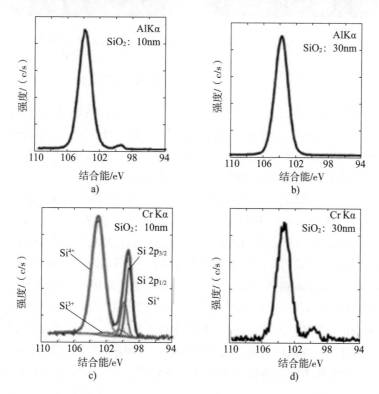

图 3-5-3-7 分别用 Al Kα 和 Cr Kα 在 SiO₂(10nm)/Si 和 SiO₂(30nm)/Si 测得 Si2p 谱

4.2 分析铜焊位

下面我们来分析更多实际使用的材料,同产品硬盘电路板上的铜电极。如图 3-5-3-8 是铜焊位的光学显微镜图。在焊位上能看到一些地方的颜色改变了。我们知道颜色改变可能是由铜的化合价不同和氧化物薄膜的厚度不同引起[10]。常用的 XPS 分析由于分析信息的深度非常浅,常常会测不出这些颜色变化引起的不同。由于这个理由,变色的区域有时会采用离子刻蚀深度分析的方法。但是离子刻蚀会有还原效应,还原氧化铜,因而会丢失化学状态信息。图 3-5-3-8b)列出了详细测量点的信息。选择变色严重的区域(测量点 X 和 x)和轻微变色的区域(测量点 Y 和 y)用 Al K α 射线和 Cr K α 射线分别测量。

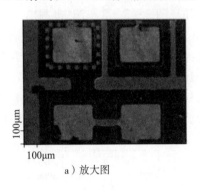

a)放大图 　　　　　b)在X和Y点及x和y点分别用AlKα和
　　　　　　　　　　　　CrKα测量XPS图谱

图 3-5-3-8　印刷电路板上 Cu 焊位左上角

图 3-5-3-9 为 Al K α 和 Cr K α 的采集的全谱图。从测量结果看,采用 AlK α 采集的图谱的 C1s 峰很强,说明样品表面被污染。类似的,采用 Cr K α 的图谱也有很强的 C1s 峰、O1s 和 Si1s 峰,显示样品表面的污染物成分。除了 N1s 外,探测到的元素都一样,并没有在这些测量点中的全谱中发现大的不同。

图 3-5-3-10 给出了由 Al K α 和 Cr K α 射线采集的 $Cu2p_{3/2}$ 谱线。由 Al K α 采集的 $Cu2p_{3/2}$ 谱线显示 Cu^+ 和 Cu^{2+} 在所有的测量点上都有测到,且 Cu^+ 含量相对较多。尽管如此,这些分析点的谱图在化学态和成分比例无明显差别,无法说明颜色改变的原因。同时,在采用 Cr K α 射线采集 $Cu2p_{3/2}$ 谱里面也有 Cu^+ 和 Cu^{2+} 峰,并且在变色严重的 x 点,探测到了大量的 Cu^{2+}。从这两种 X 射线类型的 $Cu2p_{3/2}$ 光电子的理论非弹性平均自由程[11]来看,Cr K α 的分析深度估计比 AlK α 大 5 倍。测量的结果显示铜焊位不管颜色改变与否,表面都含有大量的 Cu^+,而在 Cr K α 所取得的谱中可证明变色的区域内部比表面含有更多的 Cu^{2+}。因此,一个采用两种 X 射线源的 PHI Quantes 系统从不同分析深度得到的分析结果,可以在研发研究上得到更多的信息和方向。

4.3　分析在绝缘体上的单质硅(SOI)

SOI 类样品的分析结果,进一步展示了随分析深度改变而测量信息明显不同的结果。图 3-5-3-11 给出了样品层状结果示意图。在硅衬底上沉积了 100nm 的 SiO_2 层和 10nm 厚的 Si 层。最外表面为由于样品在大气中自然氧化形成;图 3-5-3-12 采用 AlK α 和 CrK α 源进行角分辨测量的结果。对于每个 X 射线源来说,起飞

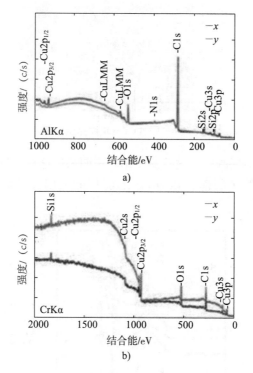

图 3-5-3-9 用 AlKα(x 点和 y 点)和 CrKα(x 和 y 点)测量 XPS 图谱

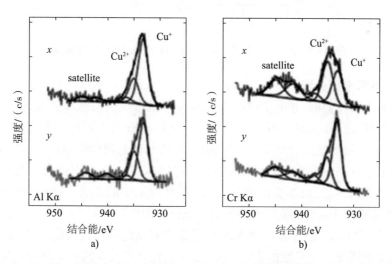

图 3-5-3-10 Al Kα(x 和 y 点)和 Cr Kα(x 和 y 点)射线采集的 Cu2p_{3/2} 谱及拟合谱

角(分析器跟样品表面的夹角)都设为 20°、45° 和 90°。起飞角越大,分析样品的深度越深。从图 3-5-3-12 的结果来看,CrKα 能够帮助获得更内层 SiO₂ 绝缘层的信

图 3 - 5 - 3 - 11 SOI 样品示意图

息,但是 Al Kα 却不能探测到。这些测量结果说明采用这种分析方法,可以无损探测到比传统 XPS 更深的多层薄膜讯息,而之前只能采用离子溅射刻蚀的方法才能做到。

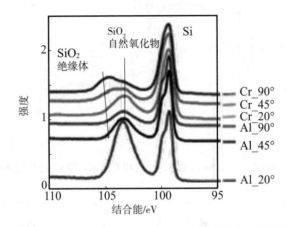

图 3 - 5 - 3 - 12 采用 AlKα 和 CrKα 源角分辨测量的结果

4.4 金属表面分析

在分析金属元素时,光电子峰经常会同 X 射线激发的俄歇峰叠加在一起。这样有时会使分析变得很困难。图 3 - 5 - 3 - 13 为 Fe - Cr 合金的全谱图,在 Al Kα 射线的图谱中,在高键合能端叠加了如上所述的氧,铬和铁的俄歇峰而难于分析。另一方面来说,采用 Cr Kα 射线激发的俄歇电子的谱峰,对上述各元素而言是单一的,其键合能向更高方向移动,而不会出现如 AlKα 射线取谱中的重叠。因此采用更高能量的硬 X 射线源可以避免俄歇峰的和光电子能谱峰的重叠。图 3 - 5 - 3 - 14 给出了更详细的 Fe2p 和 Cr2p 的图谱,两个源的图谱都含有氧化物和氢氧化物,而 AlKα 源获得的图谱上更明显。这些数据说明 FeCr 合金表面含有大量的氧化物和氢氧化物,而金属态主要在更深处(略大于 10nm)。

5 结论

与传统的 XPS 相比,一种新开发的 HAXPES 分析设备"PHI Quantes"具有较好

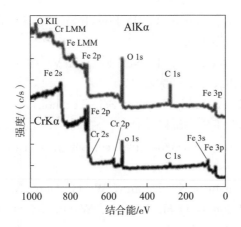

图 3 - 5 - 3 - 13　Fe - Cr 合金采用 AlKα 和 CrKα 测得的 XPS 图谱

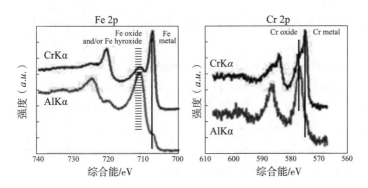

图 3 - 5 - 3 - 14　Fe2p 和 Cr2p 图谱

的应用前景。HAXPES 是一个具有很强能力和应用潜力的分析方法。它能够无损地分析样品更深层的信息，而不被样品表面的污染物影响，能够分析内壳电子态，这是传统 XPS 所不能具备的功能。并且，该设备配备了双 X 射线源，所以它同时具有传统 XPS 的功能。直到现在，HAXPES 仅被用于同步辐射实验室。

参考文献

［1］ T. Ishikawa，K. Tamasaku and M. Yabashi：Nucl. Instrum. Methods Phys. Res. ，Sect. A，547，42（2006）.

［2］ K. Kobayashi，M. Yabashi，Y. Takata，T. Tokushima，S. Shin，K. Tamasaku，D. Miwa，T. Ishikawa，H. Nohira，T. Hattori，Y. Sugita，O. Nakatsuka，A. Sakaiand S. Zaima：Appl. Phys. Lett. ，83，1005（2003）.

［3］ M. Kobata，K. Kobayashi：Journal of Vacuum Society Japan：58（2），43（2015）.

［4］ H. Shinotsuka, S. Tanuma, C. J. Powell and D. R. Penn：Surf. Interface Anal. 47 (9)，871 (2015).

［5］ M. B. Trzhaskovskaya, V. I. Nefedov and V. G. Yarzhemsky：At. Data Nucl. Data Tables 82，257 (2002).

［6］ P. E. Larson, M. A. Kelly：J. Vac. Sci. Technol. A16, 3483 (1998).

［7］ J. E. Moulder，W. EF. Stickle, P. E. Sobol，K. D. Bomben："Handbook of X-ray Photoelectron Spectroscopy" ed. By J. Chastain, R. C. King, Jr. (Physical Electronics, Inc. , 1995)

［8］ H. Ishii, S, Mamishin, K. Tamura, W. G. Chu, M. Owari, M. Doi, K. Tsukamoto, S. Takahashi, H. Iwai, K. Watanabe, H. Kobayashi, Y. Kita, H. Yamazui, M. Taguchi, R. Shimizu and Y. Nihei：Surf. Interface Anal. 37,211 (2005).

［9］ Y. Takata：The Japanese Society for Synchrotron Radiation Research 17，66 (2004)

［10］ Y. Haijima, A. Matsumura, T. Sugiyama, S. Tomonaga , M. Dobashi and I. Koiwa：Journal of The Surface Finishing Society of Japan，59-12，920 (2008).

［11］ S. Diplas, J. E. Watts, P. Tsakiropoulos, G. Shao, G. Beamson and J. A. D. Mattew：Surf. Interface Anal. 31, 734 (2001)

［12］ H. Yamazui, R. Inoue, N. Sanada, K. Watanabe：J. Surf. Sci. Soc. Jpn. , Vol37，No. 4，p150，2016. (in Japanese)

四、赛默飞首发新款多技术联用表面分析 XPS 系统：Thermo Scientific Nexsa

2018 年赛默飞世尔科技(以下简称：赛默飞)将在中国推出新款多技术集成表面分析 X 射线光电子能谱(XPS)系统：Thermo Scientific Nexsa(以下简称：Nexsa)(图 3-5-4-1)。它具有全自动分析、大批量测试和科研级配置。

图 3-5-4-1 Thermo Scientific Nexsa 仪器

赛默飞 XPS 表面分析产品的发展肇始于原英国 VG Scientific 公司。VG Scientific 公司成立于 1972 年,位于英国伦敦南 East Grinstead 镇,是世界上最早进行 XPS 技术开发并实现商业化生产的品牌之一,于 1994 年被赛默飞收购,开始拓展全球销售网络。自创始以来四十多年,XPS 产品历经了四大系列,二十多次的技术更新。针对不同领域实际需求,赛默飞 XPS 产品主推有 ESCALAB 多技术联用平台,K - Alpha全自动分析平台,以及 Theta Probe 角分辨 XPS 分析平台。丰富的高性能产品、强大的软件功能、以及优质的客户服务,使得赛默飞 XPS 产品一直在中国市场保有主导地位,历史市场占有率统计如图 3 - 5 - 4 - 2 所示。

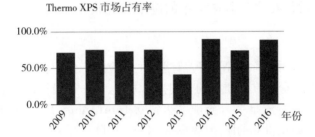

图 3 - 5 - 4 - 2 **Thermo XPS 仪器市场占有情况**

新推出的 Nexsa 系统首次实现了 K - Alpha＋全自动、高样品通量设计与 ESCALAB Xi＋多技术集成功能的高效结合。Nexsa 客户可根据实际科研或测试需求,搭配具有不同特色的 XPS 表面分析平台,如紫外光电子能谱(UPS)、拉曼光谱(Raman)、离子散射普(ISS)、反射式电子能量损失谱(REELS)等,无需移动或转移样品,可在样品同一位点进行原位分析,实现真正意义上的多技术联合分析。同时,还可搭配 Ar 气体团簇复合离子源,样品倾斜、偏压模块,以及快速平行成像(SnapMap)功能。

利用新款 Nexsa 系统,可实现以下功能:

(1)高性能 XPS 分析:单色化、微聚焦 X 射线光源,高灵敏度高分辨率;

(2)微区/选区分析:光斑连续可调,微聚焦最小光斑至 $10\mu m$;

(3)全自动分析:自动识谱,自动添加元素区间,自动生成报告,一键式操作;

(4)大批量测试:样品台面积 $3600mm^2$,样品厚度最大 $20mm$,可一次性测试几百个样品;

(5)绝缘体样品准确分析:自动化同轴双束中和源,确保无阴影效应,无荷电效应;

(6)大气敏感样品分析:真空传输模块,集成手套箱,确保不暴露大气;

(7)Ar 单粒子/团簇复合离子源:同一位点两种模式随时切换,不同硬度材料的深度剖析;

(8)平行成像:三重相机光学系统,快速(秒级)成像,动态变化实时观测;

(9)UPS:费米能级,功函数,占据态能级等信息分析;

(10)ISS:最表面原子层元素信息分析,同位素分析;

(11)REELS:氢元素分析,HOMO－LUMO 带隙分析等;

(12)Raman:原位分子结构分析,材料特性确认等。

结合 Avantage 软件强大数据处理能力以及自动化分析设计,新款 Nexsa 系统既能满足专业科研人员对多功能原位测试分析的需求,也能满足企业生产对简单快速、大批量测试的需求,将会更好地服务于材料分析各个领域。

五、X－射线衍射仪在化学晶体学中的应用和现状

1 引言

化学晶体学,有时也称为小分子晶体学,主要应用于化学、材料、药物和矿物等领域,研究原子/离子/分子在物质中的空间排列方式。X－射线衍射仪是化学晶体学的主要仪器之一,可以看成是一台分辨率达到 0.1nm(1nm＝10^{-9}m)的超高分辨显微镜,是科学家探索微观世界的眼睛(见图 3－5－5－1)。

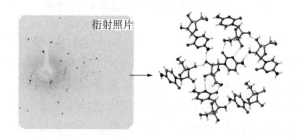

图 3－5－5－1 利用 X－射线衍射仪得到的微观结构示意图

箭头左侧为一张单晶 X－射线衍射照片,红色十字为透射光位置,每个黑点代表一个衍射斑。测试时通过旋转晶体,会得到成百上千张衍射照片,经过特定的数学处理和计算,就能得到箭头右侧的微观结构。例如,图 3－5－5－1 显示了 7 个分子的空间排列方式。图中的灰色小球代表碳原子,蓝色小球代表氮原子,红色小球代表氧原子,白色小球代表氢原子,原子之间的实线代表化学键,虚线代表氢键相互作用。

另一方面,由于原子/离子/分子的空间排列方式与物质的宏观性能紧密相关,因此可以通过改变这些微观粒子的空间排列方式来改变宏观性能,比如改变材料的光电磁等性质,改变药物的药效等,这就是 X－射线衍射仪在应用上的功能。

X－射线衍射仪一般可以分为单晶和多晶两种类型,而单晶 X－射线衍射仪又可以细分为大分子/蛋白类型和小分子类型,本文将主要介绍小分子单晶 X－射线衍射仪的现状及进展。在第十七届北京分析测试学术报告会暨展览会(BCEIA'2017)上,作为国际著名的衍射仪公司,德国布鲁克和日本理学都派出了代表,本文主要介绍这两家仪器公司的单晶 X－射线衍射仪。

2 单晶 X-射线衍射仪的构成

单晶 X-射线衍射仪一般由 3 个主要部分和 1 个附件组成(见图 3-5-5-2)。3 个主要部分为光源,包括 X-射线发生器、靶及真空腔、聚焦镜和准直管,测角仪和检测器,1 个附件为低温系统。以下从这 4 个部分分别介绍。

图 3-5-5-2 单晶 X-射线衍射仪照片图

2.1 X-射线光源

目前单晶 X-射线衍射仪的光源有 3 种,具体为固定靶、转靶和液态金属靶(见图 3-5-5-3)。固定靶按照电子束的聚焦类型,可细分为常规固定靶和微聚焦固定靶;转靶按照电子束的聚焦类型,可细分为常规转靶、细聚焦转靶和微聚焦转靶。其中,常规固定靶、常规转靶和细聚焦转靶属于比较老的技术,新购仪器很少采用。目前主流技术是微聚焦固定靶和微聚焦转靶,最新技术是液态金属靶。所谓常规固定靶/转靶,就是电子束的聚焦比较"粗"些,即电子打在靶上的面积较大,因此靶加载的功率高,单位面积产生的 X-射线通量低,属于高功耗型光源。微聚焦固定靶/转靶,包括液态金属靶,则是将电子束聚焦到靶上很小的面积(比如日本理学的 MM007HF 型微聚焦转靶的电子聚焦尺寸只有 $700\mu m \times 70\mu m$),靶加载的功率低,单位面积产生的 X-射线通量高,属于低功耗型光源,因此微聚焦光源受到用户的普遍欢迎。从用户的角度看,大家普遍关心光源的出射光强度,排序如下,液态金属靶>微聚焦转靶>微聚焦固定靶。从维护的角度看,上述顺序的维护成本依次递减,购置价格也递减。作为主流产品的微聚焦固定靶和微聚焦转靶,德国布鲁克和日本理学都有自己的产品。液态金属靶属于新技术,生产商是瑞典的 Excillum 公司,用户如果选择,德国布鲁克和日本理学也都能将其整合到各自的衍射仪上。

实验室常用的 X-射线是热电子轰击到金属靶上,再由金属靶发射(见图 3-5-5-3),因此靶的发热是不可避免的。为了稳定靶的温度,避免温度波动导致靶发生机械变形,从而导致出射 X-射线强度和位置不稳定,靶的循环制冷系统非常重要。冷场发射电子技术在电镜中早已商品化,但是在 X-射线衍射仪上,由于技术和成本

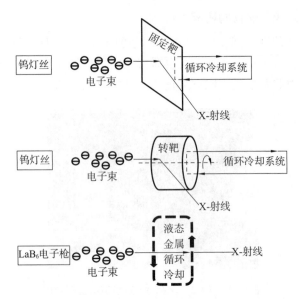

图 3 - 5 - 5 - 3 实验室常见 X -射线产生示意图

等因素,目前还没有商品化。

对于微聚焦固定靶,由于金属靶固定不动,因此可以加载的功率最低,出射光强也最弱,对散热要求也最低,德国布鲁克采用风冷技术,而日本理学采用内置/外置循环水设备实现冷却。近期的一个进展是,德国布鲁克采用"金刚石导热+风冷"技术对金属靶制冷,由于制冷效率提高了,金属靶上可以加载更高的功率,因此使得出射X-射线的强度有效提升。

微聚焦转靶可以加载更高的功率,是因为靶不再固定,而是做旋转运动,有效增大被电子轰击的面积,从而更有效地散热,出射 X -射线的强度高于微聚焦固定靶。德国布鲁克和日本理学都有各自的产品,日本理学的 MM007HF 型号微聚焦转靶在中国市场的占有率较高。

从靶的材料看,微聚焦固定靶和转靶都有钼和铜 2 种金属可以选择,排列组合成4 种类型,即钼固定靶、铜固定靶、钼转靶和铜转靶。钼固定靶和转靶产生的 X -射线波长是 0.071nm,铜靶是 0.154nm,由于波长增长会引发 X -射线更强的吸收,因此铜靶更适合有机类型样品,而钼靶则通用性好,对于样品中含有大量重金属的测试,钼靶是最佳选择。另外,由于长波长可以提高空间分辨率,因此对于大晶胞/长晶轴的样品,由于衍射点过于密集,因此铜靶更合适,这也是大分子/蛋白晶体衍射仪一般配备铜靶的原因。如果同时对两种靶材都有需求,仪器公司还可以提供双靶仪器,靶的切换很方便,但是双靶不能同时使用。一般常见的双靶仪器以微聚焦固定靶为主,日本理学还可以提供双微聚焦转靶。双靶仪器的价格高于单靶仪器。

液态金属靶作为目前实验室里最强的 X -射线光源,还只是刚刚开始,用户群非常小,口碑尚未建立,因此不好评价。需要注意以下几点。第一,靶材料的选取受到低熔点的限制,因此目前可选的为镓和铟,相应的 X 射线波长分别为 0.13nm 和 0.051nm,前者与铜靶类似,适合有机样品,而后者对于矿物比较合适,或者研究电荷密度等,对于化学类晶体,液态铟靶并不合适;第二,金属液体在真空腔体中的挥发问题不能忽视,可能会带来维护上的麻烦;第三,主流的微聚焦固定靶和转靶都使用经济实惠的钨灯丝作为阴极,而液态金属靶则采用价格较高的 LaB₆ 电子枪作为阴极,因此维护成本会增加;第四,主流的微聚焦固定靶和转靶对 X 射线的聚焦尺度(指样品处光斑直径)一般是 $100\mu m$ 以上,而液态金属靶的光斑尺度一般只有几十微米或更小,这对于仪器的整体稳定性,包括聚焦镜的稳定性和调整维护,以及测角仪的共心性都提出了更高的要求。

2.2 测角仪

单晶衍射仪构成的第二部分是测角仪。早期的小分子单晶衍射仪通常配备所谓的四圆测角仪,四个圆分别是 χ 圆、φ圆、ϖ圆和 2θ圆,详细介绍 4 个圆的几何关系不是本文的重点,有兴趣的读者可以参看相关晶体学教材。这种测角仪同早期的点探测器,及计算机自动数据采集系统,完美地组合为一款四圆单晶 X 射线衍射仪(见图 3-5-5-4),并于 1970—1990 年颇为流行,甚至现在在某些晶体学实验室还在使用,当然这非常罕见。

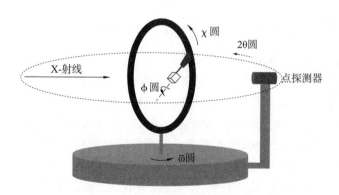

图 3-5-5-4 四圆单晶 X 射线衍射仪示意图

1995 年后,随着二维面探测器的逐渐普及,κ类型测角仪渐渐流行起来,就是把原来四圆中的 χ 圆换成κ圆,其他 3 个圆保持不变。κ测角仪的优点是样品区域开阔,容易加入低温附件的喷嘴,与二维面探组合良好,数据采集策略容易优化,倒易空间盲区容易被转到可采集区。目前κ测角仪虽然不能被称为主流,但是越来越多的研究人员倾向选择这种测角仪。传统的、具有完整 χ 圆的四圆测角仪已经不太常见了,取而代之的是,完整 χ 圆被"修剪"的测角仪,如固定 χ 或 1/4 圆测角仪,是 2 款目前晶体实验室很常见的类型(见图 3-5-5-5),其中 1/4χ 圆测角仪主要由日本理学提供。对于日常晶体数据采集,κ测角仪、固定 χ 和 1/4χ 圆测角仪区别不大,购买选型上不必太纠结。一般建议对于钼靶光源,上述 3 款都可以;铜靶光源,则κ测角仪是首选,其次是 1/4χ 圆测角仪,一般不建议选固定 χ 测角仪。

德国布鲁克:固定χ测角仪
a)

德国布鲁克:κ测角仪
b)

日本理学:固定χ测角仪
c)

日本理学:1/4χ测角仪
d)

日本理学:κ测角仪
e)

图 3-5-5-5   目前实验室常见的测角仪

测角仪的技术指标中,共心性(sphere of confusion)是很重要的,就是这四个圆的 4 个轴要完美地相交于一个点,即测角仪的中心(见图 3-5-5-6)。当然,从技术上看,测角仪的中心不可能是一个理想的点,总有一定的偏差,目前比较好的商品化κ测角仪的共心性偏差一般是 7μm。调整仪器时,需要将 X 射线光斑的中心重叠到测角仪的中心,采集数据的时候,晶体需要经过调整并放置到这个中心上,而且当晶体在测试中旋转时,晶体的中心应该一直处于这个中心,就是要求 X 射线光斑中心、样品中心和测角仪中心能够三心同一。如果三心不同一,那么得到的数据通常不理想。假如测角仪四个圆的共心性丧失,那么测角仪必须返厂维修,因此出厂时测角仪的共心性必须达标,而且要能够保持很长时间,一般应该做到至少 10 年。在"2.1X-射线光源"中提到的液态金属靶,由于样品处光斑非常小,只有几十微米,因此测角仪的共心性尤为重要,仪器的整体稳定性和地面的震动都是必须考虑的因素。

目前德国布鲁克和日本理学的标配测角仪,与微聚焦固定靶/转靶光源相搭配时,从大量使用结果看,一般比较可靠;当与液态金属靶搭配时,由于技术很新,用户群小,结果尚不确定。仅从技术指标的匹配性上看,似乎液态金属靶应更适合几十到几个微米尺度的微小单晶体,因此配备更高精度的测角仪应该更为合理。目前法国 Arinax 公司的测角仪(见图 3-5-5-7)可以做到共心性达到 1μm,甚至 0.1μm,在

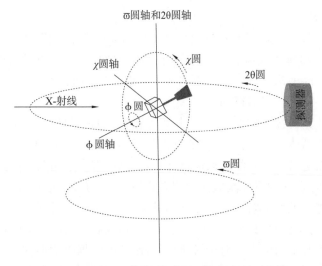

图 3 - 5 - 5 - 6 四圆测角仪的四圆共心性示意图

同步辐射光源线站上有较多用户。但是,该测角仪只有一个旋转轴,属于单圆测角仪,对于大分子/蛋白晶体学一般可以满足测试要求,然而对于特别看重高角度数据(0.08nm 分辨率)的小分子单晶并不合适。虽然该公司还推出了 mini - kappa 作为补充,将单圆拓展为 3 个圆,即 φ 圆、ϖ 圆和小 κ 圆,但是有文献[*Acta Cryst*. (2013).D69,1241 - 1251.]报道,配备 mini - kappa 后,测角仪共心性将下降到 4μm。再者,小 κ 圆毕竟不是标准 κ 圆,对小分子晶体数据采集,能否满足高角度数据(0.08nm 分辨率)的完全度,结果尚未知。

a)   b)

图 3 - 5 - 5 - 7 法国 Arinax 公司的 MD2 - S 单轴测角仪及附件 mini - kappa 照片

2.3 检测器

最早的单晶 X-射线衍射仪一般称为"相机",如魏森堡相机、进动相机等,检测则采用 X-射线胶片,曝光完成后,胶片需要在暗室中冲洗,然后再做衍射强度提取等,相当繁琐。不过这种检测方式倒是颇为先进,属于二维面检测。这些早期的相机型衍射仪已经进入"古董"仪器行列。

随着电子计算机技术的发展,自动化程度比较高的衍射仪出现了,在 1970~1995年间,基于"闪烁晶体+光电倍增管"的点检测器逐渐流行起来,并在后期成为主流检测器。它的优点是衍射信号的提取通过计算机完成,省去了用 X-射线胶片造成的繁琐提取方式。但是,这种点检测器的检测方式退步了,从 X-射线胶片的二维检测退步成 0 维点检测。虽然衍射信号的采集方式电子化自动化了,但是一套完整的数据收集得很慢,因为需要对每一个衍射点进行逐一扫描收集,而一套单晶数据通常包含成百上千甚至上万个衍射点。对于科研人员,漫长的数据采集时间严重制约了效率。目前已经很少见到单晶 X-射线衍射仪配备这种检测器,除非有某种特别的用途。

进入 20 世纪 90 年代,计算机和半导体技术的发展使得单晶衍射仪重新回归了二维面检测技术,并同时拥有通过计算机自动收集衍射信号的能力。可以将这种二维面检测器看成电子化/数字化的 X-射线胶片。一张衍射照片可以同时收集几十甚至上百个衍射点(见图 3-5-5-1),几百张衍射照片就可以构成一套完整的数据,因此数据收集时间被极大地缩短了。一般来说,一套常规数据可以在几个小时甚至一个小时内完成,化学晶体学快速发展,单晶数据库开始积累大量数据。德国布鲁克公司推出的基于 CCD 技术的 APEX 型号二维面检测器是比较有代表性的,并赢得了大批晶体学用户,日本理学公司也推出了两款二维面检测器,分别基于 IP(imaging plate)和 CCD 技术(见图 3-5-5-8)。

CCD 检测器主要由最前面的磷光层,中间的传导光纤和最后面的 CCD 芯片构成。其原理是利用磷光层将衍射的 X-射线转换成可见/紫外光,并经光纤多道同时传输到 CCD 芯片,从而完成检测。为了降低暗电流和背景噪声,通常将 CCD 芯片封装在真空腔体内,并保持在 $-45℃$,甚至更低的温度下,因此这种检测器需要一个独立的制冷装置。另外,由于真空总有泄露,因此需要定期抽气保证腔体的真空度。IP检测器的核心是一块表面涂有磷光层的柔性塑料板。检测原理是衍射的 X-射线激发磷光层跃迁到介稳态,然后用激光扫描处于介稳态的磷光层,并诱导其发射可见/紫外光,同时检测这个可见/紫外光的强度,最后还需要再次用激光扫描 IP 板,使磷光层恢复到最初的基态。每曝光一张衍射照片,这个过程就需要循环一次,一套数据收集的照片张数等于需要循环的次数,因此 IP 检测器的读取速度比 CCD 检测器慢很多。但是,在同等价格上 IP 板的面积可以做得比较大,使得一套完整数据收集的衍射照片张数比 CCD 检测器少很多,因此总的数据收集时间并不一定比 CCD 检测器慢,这一点对于配备铜靶光源的衍射仪尤其明显,甚至 IP 检测器更快。大尺寸的

德国布鲁克APEX型号CCD检测器
a）

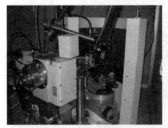

日本理学弯板IP检测器
b）

日本理学SATURN724+型号CCD检测器
c）

图 3－5－5－8　德国布鲁克和日本理学的二维面检测器

CCD 检测器非常昂贵，而同等尺寸的 IP 检测器则便宜很多，且 IP 检测器动态范围明显高于 CCD 检测器，另外，IP 板也无需制冷和真空，维护简单，因此，对于使用铜靶光源的大分子/蛋白晶体学，IP 检测器还是有一定优势的。但是对于小分子单晶，钼靶光源更合适，IP 检测器比 CCD 检测器的全部数据收集时间要长一些。我们曾经比较过日本理学的弯板 IP 检测器和 Saturn724＋型号的 CCD 检测器，对于高角度数据，后者的信噪比和精度明显优于前者，而高角度数据恰恰是小分子用户非常关注的。因此，综合考虑数据质量、测试速度、维护和价格等因素，小分子单晶用户一般优先选择 CCD 检测器。

在化学晶体学领域，从 1995 年开始，将近 20 年的时间，基于 CCD 技术的二维面检测器一直占据主流，这种状况一直延续到 2014 年，随着德国布鲁克和日本理学相继停产 CCD 检测器而终止。目前晶体学实验室还存在大量配有 CCD 检测器的单晶衍射仪，且使用状况良好，但是一般都为 2014 年以前的仪器，新仪器采用了其他的检测技术。

从用户的角度看，CCD 检测器存在如下问题。第一，检测动态范围较窄，导致强信号容易溢出，虽然可以加入衰减机制挽救，但是仍然有一些强度特别高的衍射点在衰减后还是溢出，因此被"抛弃"，导致低角度强点的完全度受到影响；第二，对于弱信号，一般采用延长曝光时间提高信噪比，但是由于过度曝光会导致强信号溢出，因此曝光时间的设置受到制约，导致弱信号的质量打折扣，表现为信噪比和精度不佳，甚至不如点检测器的效果好。有些晶体学家甚至觉得 CCD 检测器除了比点检测器收集速度快很多外，其他并无明显优势，甚至很多时候还不如点检测器；第三，虽然曝光时间被谨慎设置，但是总还是存在强度溢出的强信号，为了挽救这些强信号，通常会对这张衍射照片再次曝光，同时检测器会自动将曝光时间适当衰减，有时候确实可以挽救一些强信号，但是代价是同一张照片收集了两次，导致数据总收集时间延迟。对于强信号溢出较严重的样品，这种延迟相当明显；第四，CCD 芯片的最小像素可以做到几十微米，甚至更小，但是在实际检测时，由于点扩散函数不理想，信号会扩散到临近的多个像素点上，导致空间分辨率下降；第五，CCD 检测器的故障率比较高，一般源于真空/制冷出现问题；第六，CCD 检测器的读取速度是秒级的，对于一套包含上百张、甚至上千张衍射照片的数据，总的读取时间还是较为可观的。

新推出的检测器目的在于克服上述问题，德国布鲁克公司先后推出 PHOTON 100、PHOTON Ⅱ 和 PHOTON Ⅲ 这 3 种型号的二维检测器，日本理学推出了 Pilatus 200K、Pilatus 300K 和 HyPix 6000 型号的二维检测器（见图 3-5-5-9）。Pilatus 检测器实际是瑞士 Dectris 公司的产品，理学只是将其整合到自己的衍射仪上而已。

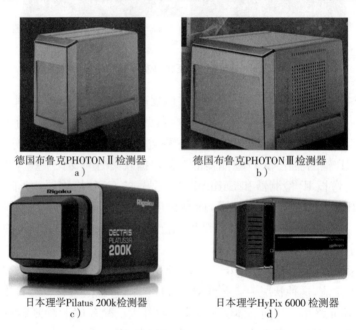

德国布鲁克 PHOTON Ⅱ 检测器
a）

德国布鲁克 PHOTON Ⅲ 检测器
b）

日本理学 Pilatus 200k 检测器
c）

日本理学 HyPix 6000 检测器
d）

图 3-5-5-9　德国布鲁克和日本理学推出的新型检测器

在这些新推出的检测器中，德国布鲁克公司的 PHOTON 100 出现在 2011 年，是最早的，其构造同 CCD 检测器非常相似，都是由"磷光层＋传导光纤＋感光芯片"这 3 部分构成，区别是 PHOTON 100 的感光芯片为 CMOS，而 CCD 检测器的感光芯片顾名思义为 CCD。从检测原理上讲，都是利用磷光层将衍射的 X-射线转换成可见/紫外光，并经光纤多道同时传输到感光芯片上，感光芯片再经过光电转换，最后经过放大读出。同 CCD 检测器相比，PHOTON 100 在技术上有所改进。第一，单个像素点的阱深更深,因此在防止强信号溢出方面好于 CCD 检测器;第二,读取速度更快,支持连续扫描/无快门模式进行数据收集,能够进一步缩短数据收集时间;第三,能耗及维护远低于 CCD 检测器。从目前的发展看,PHOTON 100 可以算作一种替代CCD 检测器的过渡型产品。德国布鲁克公司很快转向了其他检测技术,并推出了PHOTON Ⅱ 和 PHOTON Ⅲ 作为新的主要产品。日本理学目前以 Pilatus 和 HyPix 6000 为主要产品。

瑞士 Dectris 的 Pilatus 检测器和日本理学的 HyPix 6000 的检测技术很类似,属于光子计数器。其原理是利用半导体传感器将 X-射线转换成电荷,再通过以阵列方式排布的微米级铟球将电荷传递给 CMOS 芯片放大和读取。同传统的 CCD 检测器相比,优点体现在以下 4 点。第一,动态范围更宽,使得强信号收集更快;第二,噪声更低,使得弱信号收集更准;第三,读取速度更快,单张照片读取时间是毫秒级,支持以连续扫描/无快门模式进行数据收集,数据收集时间基本等于曝光时间,检测器的读取时间几乎可以忽略,对于一套衍射照片较多的数据很有优势;第四,点扩散函数为 1 个像素点,远远优于 CCD,因此原则上空间分辨率更好;第五,能耗及维护远低于CCD 检测器。

新检测器也出现了一些新的问题。第一,由于技术和成本等因素,大面积的 Pilatus 和 HyPix 检测器要采用拼接技术,可是拼接缝隙较大,这些区域的数据无法采集,属于"死区域"(图 3-5-5-10 中红色矩形区域),而 CCD 检测器则没有这个问题。

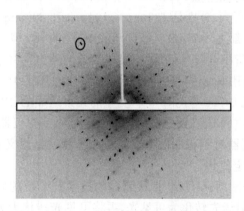

图 3-5-5-10　Pilatus 检测器衍射照片,光源为钼靶

第二个问题是衍射点形状畸变(parallax distortion),比如图 3-5-5-10 中黄圈中的衍射点明显拉长,对高角度衍射点(距照片中心越远,角度越高)尤其明显。这种现象的原因除了入射光不纯(含有 Kα2 光),和高角度的自然展宽大于低角度外,还有一个原因,就是检测器的构造。因为现在的检测器的检测面都是平面形状的(见图3-5-5-10),只有直射光是垂直检测面的,其他所有衍射光都是斜着入射,越高角度,入射的倾斜角度越大,那么在半导体传感器中穿过的路径也越长,因此导致衍射点拉长畸变。对于小分子单晶常用的钼靶光源，由于波长短，穿透力强，因此半导体传感器的厚度会加大，路径也越长，这进一步加剧了畸变。这种效应在一定程度上对抗了新检测器优秀的点扩散函数，导致空间分辨率下降。对于长晶轴样品，衍射点在长轴方向上极为密集，这种效应尤其明显，甚至导致临近的衍射点无法分开。铜靶和液态金属镓靶配这种检测器将是比较理想的组合。

第三，二维检测器的一个重要指标是像素点的尺寸，因为像素点尺寸越小空间分辨率越高。瑞士 Dectris 的 Pilatus 的像素是 $172\mu m$，最新的 Eiger 可以到 $75\mu m$，日本理学 HyPix 的像素点是 $100\mu m$，德国 DESY 的 Lambda 检测器采用类似技术，基于 Medipix3 芯片，像素点可以达到 $55\mu m$。CCD 检测器的像素点则普遍是几十微米，甚至 $10\mu m$ 以下，但由于使用中普遍采用多像素点合并模式（binning mode），以及点扩散函数不理想，因此对抗了 CCD 芯片自身的优秀空间分辨率。

第四，Pilatus 和 HyPix 检测器都采用光子计数模式，每一个像素点都可以看成一个微小的检测器，那么当信号恰好位于相邻像素点之间时，则会出现信号被漏计，称为电荷共享效应（charge-sharing effect）。

虽然 Pilatus 和 HyPix 检测器带来了新的问题和挑战，但总的来说，它们比 CCD 检测器还是进步了，表现为强信号和弱信号都可以被较好地同时收集，速度也更快，维护更低，与铜靶或液态金属镓靶搭配时，表现更优越。

德国布鲁克公司现在主推 PHOTON Ⅱ 和 PHOTON Ⅲ 作为新检测器。这两款检测器的检测面积都更大，分别是 $139mm\times 104mm$ 和 $200mm\times 140mm$，且没有"死区域"。单个像素点都是 $135\mu m$，优于 Pilatus 检测器，但不如 HyPix 检测器。PHOTON Ⅱ 采用电荷积分技术，原理上可以有效消除电荷共享效应。另外，Pilatus 和 HyPix 检测器都使用 Si 材料为半导体传感器，而 PHOTON Ⅱ 检测器的传感器则不是，可能是 GaAs 或 CdTe 等比 Si 材料更重的元素组成的，因此 PHOTON Ⅱ 对于短波长 X-射线的吸收同长波长的一样好，对铜靶和钼靶仪器的效率都类似，不像 Pilatus 和 HyPix 检测器对钼靶的效率要打折扣。从这个意义上讲，PHOTON Ⅱ 检测器对双靶仪器有一定优势。

德国布鲁克公司的 PHOTON Ⅲ 检测器的技术有了新的变化，它通过阵列化的闪烁体将衍射的 X-射线先转化为可见光，再将可见光转化为电信号，最后经过放大读取完成检测。因此，PHOTON Ⅲ 属于一种非直接（indirect）型检测器，而 Pilatus 和 HyPix 检测器都是通过半导体传感器直接将 X-射线转化为电信号，属于直接（direct）型检测器。这容易引起一种错觉，就是 PHOTON Ⅲ 的技术似乎退回了被淘汰的 CCD 技术。实际上，阵列化的闪烁体不能等同于 CCD 和 PHOTON 100 检测器的磷光层，因为阵列化的闪烁体通过微加工技术保证了点扩散函数小于 CCD 检测器，甚至达到单像素的点扩散函数水平。另外，由于多了一步将 X-射线先转化为可见光，因此其单光子引发的电信号强度弱得多，但是 PHOTON Ⅲ 采用了一种超低噪声的放大读取芯片,也可以做到单光子灵敏,信噪比可以达到直接型检测器的水平。最后,在计数模式上,PHOTON Ⅲ采用混合模式,对弱信号采用直接计数模式,对于强信号则采用积分模式,从而消除电荷共享效应。Pilatus 和 HyPix 检测器采用直接计数模式,容易引发电荷共享效应而导致漏计,CCD 检测器则采用积分模式。因此,从设计原理的角度看,PHOTON Ⅲ检测器克服了现在主流直接型检测器的如下问题:面积做大后成本高,且"死区域"比例高,电荷共享效应导致漏计。但是,作为最终用户,主要从使用效果上比较各类检测器的优劣,而非从设计原理上,PHOTON Ⅲ是一款刚刚推出的检测器,其表现如何还需要大量用户的检验。

综上所述,单晶 X-射线衍射仪检测器的发展的方向是,更高的动态范围,更低的噪声,更快的读取速度,更大的面积,更高的空间分辨率,更少的信号漏计和畸变,以及更低的能耗和维护等。另外,还有一个很重的指标,就是能量分辨率,大多数情况,它对于单晶测试的影响不是很大,但是当样品出现强烈 X-射线荧光的时候,就会导致检测信号噪声非常高。目前二维检测器的能量分辨率一般是几百到一千电子伏特,不太理想。单晶衍射聚焦镜都是兼顾光的纯度和强度,因此出射光是既有 Kα1 光,又有 Kα2 光。以铜靶光源为例,Kα1 和 Kα2 光的能量差只有大约 20eV,检测器无法区分,因此本来应该是单个衍射点的信号都呈现为非常近的双点,在高角度尤其明显。如果能量分辨达到几个电子伏特,那么就可以滤掉 Kα2 信号,使得最终信号的半峰宽更窄,从而提高空间分辨率,对于 X-射线荧光样品,背景噪声也会下降。当然,目前的技术可以通过光源中的聚光镜实现 Kα2 光的滤除,但是入射光的强度会下降很多,另外,对于和衍射伴生的荧光,是无法通过改进入射光实现的,最好的办法是提高检测器的能量分辨能力。还有一点,现有二维检测器的检测面一般都是平面型的,高角度衍射点的形状畸变不容易克服,有的仪器公司在研制弧形检测面的检测器,从而克服这个问题。

2.4 低温附件

低温附件是单晶 X-射线衍射仪的重要附件,主要作用有:第一,化学类晶体通常包含低沸点溶剂,在常温常压下,这些溶剂很容易从晶体中扩散出去,称为风化,然后多数晶体就丧失单晶态,导致测试无法完成。加入低温保护气体,能有效防止晶体风化;第二,低温测试的数据质量,特别是高角度数据质量有明显提升;第三,有些样品,比如超导体,随温度改变而发生性质和结构改变,低温附件给这类研究提供可能。

目前的低温附件都以英国 OxfordCryosystems 公司的产品为主。常见的温度范围是 80K~500K,使用氮气,80K 以下氮气会液化,因此更低的温度需要使用氦气,目前商用的低温附件可以到 15K。由于单晶测试时,样品区是开放的,不容易实现有效的真空密封,因此 15K 以下的温度很难实现。

从低温附件的类型上分,以氮气为保护气的低温有 3 种。第一种最常见,优点是噪声低,设备本身的维护低,但是需要准备一个较大的液氮杜瓦(一般 200L),根据使用情况,定期(一周或几周)提供一次液氮;第二种,无需准备液氮,但是需要提供干燥压缩氮气,低温附件通过压缩机将氮气制冷。这种低温价格高些,另外噪声大些,压缩机的维护成本不容忽视;第三种,既不需要液氮,也不需要压缩氮气,低温附件直接从空气中将氮气和氧气分离,然后将冷的氮气"吹出"用于保护晶体。第三种从使用上最方便,对于液氮和压缩氮气都不方便提供的用户合适,但是设备价格高,噪声很大,费电,硬件维护成本高。氮气型低温附件目前已经成为单晶衍射仪的标配附件。

配备氦气型低温附件的用户在国内很少,设备类型有两种,一种使用液氦,加热成冷的氦气;另一种使用压缩氦气,并通过制冷系统将氦气降温,这种低温的最低温度只能到 28K。无论哪种氦气型低温附件,购置价格和维护成本都高于氮气型低温附件,因此只有对低于 80K 的超低温有强烈需求的用户才配备。

3 单晶 X-射线衍射仪的软件

以上主要论述了单晶 X-射线衍射仪的硬件构成和发展情况。软件的重要性完全不输硬件。单晶衍射的软件分为仪器控制、数据采集和还原软件,结构分析软件等。不同的仪器公司都有各自的仪器控制、数据采集和还原软件。一般来说,有的数据还原软件(如日本理学的 CrysAlisPro 软件)有一定的通用性,但是控制和采集软件与硬件的关系过于密切,一般无法通用。数据还原指从衍射照片中提取衍射强度的位置和强度信息,并经过矫正、标度和平均等过程得到一种通用的原始数据文件(如常见的 HKL 文件)。对于同样一套完整的包含若干张衍射照片的数据,不同的还原软件存在差异,好的软件会得到更为理想的结果。

单晶衍射最大的优点就是可以得到原子的微观排列结构,但是还原出来的原始数据并不能自动给出微观结构信息,它的获取要归功于结构分析软件。结构分析软件比较多,德国 George Sheldrick 教授开发的 SHELX 是学术免费版的结构分析软件,一直是小分子晶体学家最常使用的。德国布鲁克公司的 SHELXTL 软件包就是基于 SHELX 软件,当然还包含了其他如 XPREP 和 XP 等布鲁克公司版权的软件。近些年,英国的 Olex2 学术免费版软件流行起来,主要是因为其良好的图形界面。Olex2 中的主要求解和精修软件内核仍然很多是基于 SHELX 的。目前,德国布鲁克和日本理学都开发了自动结构解析软件,随着数据采集和还原完成,微观结构自动解析出来,并直接展示给科研人员,甚至不需要采集完整的数据就可以完成自动结构解析。当然,这通常是对于相对比较简单的单晶数据而言的,较为复杂的数据仍然需要有经验的科研人员分析,软件无法自动完成,但是这种趋势也代表了仪器正在朝着越来越智能化的方向发展。

计算机运算速度的加快和软件自动化程度的提高,使得单晶衍射数据大量涌现,于是数据库出现了,如剑桥的晶体数据库 CSD,这也对数据格式的标准化提出了要求,于是产生了 CIF 格式的国际标准单晶衍射数据。另外,大量数据的产生也难免伴随着一些错误，于是基于 PLATON 晶体学软件工具的 CIF 网上检查出现了，并成为国际晶体学 IUCr 的标准查验工具，在空间群和近距离接触等的查验上非常有效，对减少错误单晶数据发表起到了重要作用。

4 展望

X-射线晶体学从 1912 年诞生，已经有 106 年的历史了，是一门比较成熟的学科。化学晶体学作为其分支之一，主要依靠 X-射线衍射仪，对化学类单晶体进行数据采集和结构分析。从目前的发展趋势上看，整个仪器朝着光源亮度更高、检测器灵敏度更高、数据采集速度更快、以及越来越智能化和低功耗的方向发展。对于常规简单数据，基本实现了数据采集和分析的全自动化。但是，仍然遗留了一些比较难啃的硬骨头。例如，只有低角度数据的弱衍射有机晶体的求解和精修；非公度晶体和准晶的结构分析；与同步辐射光源或电子衍射结合，克服目前 X-射线衍射仪无法测试微纳尺度单晶的困难；处理非常规数据的软件（如捷克教授 V. Petricek 等人编写的 JANA 晶体学软件）的开发和发展；晶体生长控制、结构设计和预测，等等。总之，新的挑战对衍射仪的硬件和软件都提出了更高的要求，也带来了更多机会。

第六节 多通道涡流探伤仪的性能评价探索

近些年，我国正在由制造业大国向制造业强国迈进，各制造行业对原材料功能和性能的要求快速攀升，推动了无损检测技术的迅猛发展，不断衍生出新的技术方法和技术应用。众所周知，凡纳入需进行无损检测范畴的钢材和钢铁产品，都是可靠性要求高的产品，往往规定 100% 进行无损检测，涉及领域有军工生产、航空航天、船舶、特种设备、石化、能源、机械、建筑等行业。

对于重要用途管、棒材等，均需对表面和内部进行高灵敏度探伤检验。涡流探伤是一种应用广泛的表面无损检测技术。过去，涡流探伤主要采用单通道的穿过式探头，这种方法的检测覆盖区域大、速度快效率高，但它的灵敏度较低，且对缺陷取向性敏感，在管棒轧制生产中最易产生的沿轴向分布的线性裂纹往往会漏检。近些年，为了提高探伤可靠性，管、棒材逐步采用灵敏度更高的点探头涡流探伤方法。点探头的探测面积小，灵敏度高，对缺陷的取向不敏感。但是，单个点探头的覆盖区域小，探伤速度慢。为了提高探伤效率，实际应用中往往使用多个点探头同时工作，甚至采用多探头阵列加大检测区域，这就需要使用多通道涡流探伤仪。多通道涡流探伤仪的自动化检测应用正日趋广泛。

多通道涡流探伤仪生产厂家的设计能力和制造水平各不相同，多通道涡流探伤仪在经过长时间使用后状态会发生变化，这些都可能造成多通道涡流探伤仪性能的差异，进而影响探伤的可靠性。合理地评价和正确地判断多通道涡流探伤仪的性能优劣，对于它的有效使用、发挥最大效能和保证可靠性具有重要意义。

1 多通道涡流探伤仪及其典型应用

1.1 多通道涡流探伤仪简介

涡流探伤仪是应用电磁感应原理对金属材料及其制成件进行无损检测的电子设备。多通道涡流探伤仪的通道数量一般在 2～16 个,有的甚至更多。多通道涡流探伤仪对性能的要求高,它除应满足涡流探伤仪每个单通道在激励源稳定度、衰减器精度、增益的线性度、动态范围和电噪声电平等方面要求外,还应尽量减小各通道性能的离散性和互扰,保证各激励通道输出特性和各接收通道特性的一致性。

通常,多通道涡流探伤仪的主要功能和性能指标如下:

(1)检测频率:1kHz～1.0MHz,分级连续可调;

(2)通道数量:2 个以上独立的检测通道;

(3)增益范围:0dB～69dB,以 1dB 步长调整;

(4)相位旋转:0°～359°,以 1°步长调整;

(5)显示方式:矢量光点显示/时基扫描显示;

(6)报警模式:幅度/扇区阈值设置;

(7)存储功能:检测结果和检测曲线的存储;

(8)端部信号切除;

(9)编制探伤报告和打印;

(10)存储和接口设备(硬盘、刻录光驱和 USB 接口)。

常见多通道涡流探伤仪的实例如图 3-6-1-1 所示。

图 3-6-1-1 钢研-8D 型 8 通道涡流探伤仪

1.2 多通道涡流探伤仪的典型应用

1.2.1 钢管的多通道涡流探伤

按照标准的规定,当钢管的直径超过 180mm 时,不能使用穿过式涡流探伤方法。此时可以采用点探头不动/钢管螺旋前行或者钢管原地旋转/点探头沿钢管轴向移动的探伤方式。

(1)钢管螺旋前行的涡流探伤:对于大直径钢管,为了保证检测灵敏度,需要使用多个点探头,配以多通道涡流探伤仪探伤,而为了实现探头对整个钢管表面的覆盖扫查,如果探头固定不动,就需要钢管做螺旋前行运动,如图 3-6-1-2 所示。

(2)钢管原地旋转的涡流探伤:对于超大直径的钢管,由于安全性等原因不适宜做螺旋前行运动时,就需要选择钢管原地旋转、多个点探头沿钢管表面轴线方向平移的探伤方式,以此完成对整个钢管外表面的扫查。实现这种探伤方式的设备的结构如图 3-6-1-3 所示。

图 3-6-1-2　管螺旋传输的多通道涡流检测

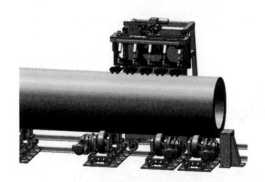

图 3-6-1-3　钢管原地旋转的多通道涡流探伤

1.2.2　钢棒的多通道涡流探伤

在对钢棒表面检测灵敏度要求较高的场合,需要使用旋转点探头的涡流探伤方式。按照 GB/T 11260,这种探伤方式的适用范围是直径为 2mm~100mm 的钢棒。

旋转点探头式涡流探伤是点探头围绕钢棒旋转而钢棒直线前行的自动化探伤方式。带动多个点探头旋转的装置是旋转盘,俗称旋转头,如图 3-6-1-4 所示。点式涡流探头安装在旋转头内,当钢棒通过旋转头时,探头即完成对钢棒表面的扫查。

2　测试评价依据与测试项目

2.1　测试依据

目前,国内外对多通道涡流探伤仪性能尚无统一的评价标准。我们依据国家计量校准规范 JJF 1094—2002《测量仪器特性评定》,参考多通道涡流探伤仪的一般设计指标

图 3-6-1-4 钢棒的多通道旋转探头涡流探伤

以及产品涡流探伤标准对检测灵敏度和精度的要求,制订出多通道涡流探伤仪的测试项目和测试方法,以期利用电气测试参数表征多通道涡流探伤仪检测能力和准确程度。

2.2 主要被测试参数

(1)激励源输出频率稳定度 f_s;

(2)激励源输出电压稳定度 U_s;

(3)衰减器:衰减器总衰减量、衰减器衰减误差;

(4)动态范围;

(5)电噪声电平;

(6)最大使用灵敏度。

3 测试条件、辅助设备与器具

3.1 环境条件

(1)环境温度为 15℃~35℃,相对湿度为 30%~90%;

(2)交流电源为 220V(1±10%),50Hz(1±5%);

(3)环境电磁场不得大于 240A/m。

3.2 辅助设备器具

由数字示波器、函数信号发生器、标准衰减器组成,其技术要求如下:

(1)数字示波器:频率范围:0MHz~20MHz;允许误差:±5%;

(2)函数信号发生器:频率范围:100Hz~2MHz;频率稳定度:$5×10^{-4}$;

(3)标准衰减器:衰减范围:0dB~100dB;频率范围:0~2MHz;

衰减误差:(0.5%A±0.02dB),式中:A 为衰减量示值。

4 测试方法与测试结果

4.1 方法(多通道仪器逐通道分别测试)

4.1.1 激励源输出频率稳定度 f_s 的测试

选取仪器常用频率范围内的中间频率点测试。

(1)所用辅助设备器具与被测涡流仪的连接方式如图 $3-6-1-5$ 所示。

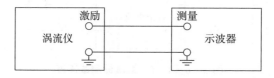

图 $3-6-1-5$　激励源测试连接

(2)接通仪器电源,由示波器读出输出信号频率,然后每隔 5min 测量一次,共测量 3 次。将测量结果分别记作 f_i($i=1$、2、3),并将 f_i 的最大值 f_{max} 和最小值 f_{min} 代人下式计算频率稳定度:

$$f_s=\frac{f_{max}-f_{min}}{f_0}\times100\%$$

式中:

f_s——频率稳定度;

f_{max}——f_i 的最大值,kHz;

f_{min}——f_i 的最小值,kHz;

f_0——输出信号频率标称值,kHz。

4.1.2　激励源输出电压稳定度 U_S

选取常用频率范围内的中间频率点测试。

(1)所用辅助设备器具与被测涡流仪的连接方式如图 $3-6-1-5$ 所示。

(2)接通仪器电源,由示波器读出输出信号电压,然后每隔 5min 测量一次,共测量 3 次。将测量结果分别记作 U_i($i=1$、2、3),并将 U_i 的最大值 U_{max} 和最小值代入下式计算电压稳定度:

$$U_S=\frac{U_{max}-U_{min}}{U}\times100\%$$

式中:

U_S——输出电压稳定度;

U_{max}——U_i 的最大值,V;

U_{min}——U_i 的最小值,V;

U——输出电压的 3 次平均值,V。

4.1.3　衰减器总衰减量、衰减器衰减误差

(1)所用辅助设备器具与被测涡流仪的连接方式如图 $3-6-1-6$ 所示,并应使信号发生器输出阻抗、标准衰减器特性阻抗与终端负载相互匹配。

(2)选择信号发生器的频率处于涡流仪的常用激励频率上。信号发生器选择猝发正弦波模式,正弦波个数取 5~10 个;调节信号发生器输出,使被测涡流仪显示屏上显示的信号幅度为满刻度 100%(如果在矢量光点显示时信号不垂直,可以通过旋

图 3-6-1-6　衰减器测试连接

转相位使之处于垂直状态）。

（3）采用被测涡流仪衰减器衰减量与标准衰减器衰减量进行比较的方法，读出被测涡流仪总衰减量及衰减器衰减量误差。

4.1.4　动态范围

（1）标准衰减器衰减量置适当值，调节信号发生器的输出和标准衰减器的衰减量，使被测涡流仪显示屏上显示的高频信号幅度为幅值满刻度 100%，且有大于 30dB 的衰减量。

（2）调节标准衰减器，读取高频信号幅度自幅值满刻度 100% 下降至刚能辨认之最小值时衰减器调节量，即为被测涡流仪的动态范围。

4.1.5　电噪声电平

取下所有连接线，并将被测涡流仪增益调至最大，此时显示屏时基线上电噪声（可将矢量光点显示的噪声信号的最大值旋至 Y 轴方向）平均幅度在幅值满刻度上的百分数，即为被测涡流仪的电噪声电平。

如果电噪声电平超过 20%，则减少仪器增益，直至电噪声电平为 20% 止，记录此时的剩余增益值（dB）。

4.1.6　最大使用灵敏度

（1）所用辅助设备器具与被测涡流仪的连接方式如图 3-6-1-6 所示。并应使信号发生器输出阻抗、标准衰减器特性阻抗和终端负载相互匹配。

（2）信号发生器选择猝发正弦波模式，正弦波个数取 5~10 个。调节被测涡流仪使其增益达到最高，然后调节信号发生器输出，使被测涡流仪显示屏上显示的高频信号的最大值比电噪声电平高 6dB，如图 3-6-1-7 所示。

说明：1—a 为电噪声电平；2—$a+b$ 为高频信号电平。

图 3-6-1-7　信噪比示意图

（3）用示波器测量此时高频信号的峰—峰值电压，或根据信号发生器输出的峰—峰值电压和标准衰减器的总衰减量计算出涡流仪输入信号的峰—峰值电压，作为该频率下被测涡流仪的使用灵敏度。其最小值为接收系统最大使用灵敏度。

4.2　测试数据及汇总比对

4.2.1　按 4.1 所述方法对所选取的 4 台评议对象，逐台、逐通道进行了测试，记录结果列表示例如表 3−6−1−1 所示：

表 3−6−1−1　国产 4 通道多通道涡流探伤仪

<table>
<tr><td rowspan="2">输出频率稳定度 f_s</td><td>频率</td><td colspan="2">f_0/kHz</td><td colspan="2">f_{max}/kHz</td><td colspan="2">f_{min}/kHz</td><td colspan="3">f_s/%</td></tr>
<tr><td>设定/测量值</td><td colspan="2">4</td><td colspan="2">4.08</td><td colspan="2">4.02</td><td colspan="3">1.5%</td></tr>
<tr><td rowspan="2">输出电压稳定度 U_s</td><td>电压</td><td>U_1/V</td><td>U_2/V</td><td>U_3/V</td><td>U/V</td><td>U_{max}/V</td><td>U_{min}/V</td><td colspan="3">U_s/%</td></tr>
<tr><td>测量值</td><td>15.4</td><td>15.1</td><td>15.2</td><td>15.233</td><td>15.4</td><td>15.1</td><td colspan="3">2.0%</td></tr>
<tr><td rowspan="6">CH1</td><td rowspan="3">衰减误差</td><td>增益示值</td><td>0～12 dB</td><td>12～24 dB</td><td>24～36 dB</td><td>36～48 dB</td><td>48～60 dB</td><td>60～72 dB</td><td>72～84 dB</td><td>78～90 dB</td><td>Max. ± dB</td></tr>
<tr><td>误差 Δ dB/12dB</td><td>0.40</td><td>0.20</td><td>0.00</td><td>0.10</td><td>0.10</td><td>−0.20</td><td>−0.50</td><td>−0.30</td><td></td></tr>
<tr><td>\|Δ\| dB/12dB</td><td>0.4</td><td>0.2</td><td>0</td><td>0.1</td><td>0.1</td><td>0.2</td><td>0.5</td><td>0.3</td><td>0.5</td></tr>
<tr><td rowspan="2">动态范围</td><td>增益示值 dB</td><td colspan="3">100%幅值时增益示值 A1</td><td colspan="3">4%幅值时增益示值 A2</td><td colspan="3">动态范围</td></tr>
<tr><td>测量值 dB</td><td colspan="3">48.0</td><td colspan="3">20.0</td><td colspan="3">28.0</td></tr>
<tr><td colspan="2">电噪声电平</td><td colspan="6">电噪声电平为 20%时的剩余增益/(%/dB)</td><td colspan="3">20%/60</td></tr>
<tr><td colspan="2">最大使用灵敏度</td><td colspan="6">a:b＝1:1 时的输入信号峰—峰值电压/mV</td><td colspan="3">4</td></tr>
</table>

4.2.2　测试数据汇总比对如表 3−6−1−2～表 3−6−1−4 所示：

表 3−6−1−2　国产 4 通道多通道涡流探伤仪(仪器 A)

<table>
<tr><td rowspan="2" colspan="2">测　试　项　目</td><td colspan="4">结　果</td></tr>
<tr><td>CH1</td><td>CH2</td><td>CH3</td><td>CH4</td></tr>
<tr><td>1</td><td>激励源输出频率稳定度 f_s/%</td><td>1.5</td><td>1.5</td><td>1.5</td><td>1.5</td></tr>
<tr><td>2</td><td>激励源输出电压稳定度 U_s/%</td><td>2.0</td><td>2.0</td><td>2.0</td><td>2.0</td></tr>
<tr><td rowspan="2">3</td><td>衰减器 / 总衰减量/dB</td><td colspan="4">90</td></tr>
<tr><td>衰减误差/(dB/12dB)</td><td>Max. ±0.5</td><td>Max. ±0.4</td><td>Max. ±0.4</td><td>Max. ±0.5</td></tr>
<tr><td>4</td><td>动态范围/dB</td><td>28</td><td>29</td><td>27</td><td>28</td></tr>
<tr><td>5</td><td>电噪声电平/(%/dB)</td><td>20/60</td><td>20/60</td><td>20/60</td><td>20/60</td></tr>
<tr><td>6</td><td>最大使用灵敏度/mV</td><td>4</td><td>4</td><td>4</td><td>4</td></tr>
</table>

表 3-6-1-3　国外进口4通道多通道涡流探伤仪(仪器 B)

测 试 项 目		结　果			
		CH1	CH2	CH3	CH4
1	激励源输出频率稳定度 f_S/%	0.2	0.2	0.2	0.3
2	激励源输出电压稳定度 U_S/%	0.5	0.5	0.5	0.5
3	衰减器　总衰减量/dB	69.8			
	衰减误差/(dB/12dB)	Max. ±0.2	Max. ±0.2	Max. ±0.3	Max. ±0.3
4	动态范围/dB	28	28	28	28
5	电噪声电平/(%/dB)	20/69	20/69	20/69	20/69
6	最大使用灵敏度/mV	2	2	2	2

表 3-6-1-4　国产8通道多通道涡流探伤仪(仪器 C)

测 试 项 目		结　果							
		CH1	CH2	CH3	CH4	CH5	CH6	CH7	CH8
1	激励源输出频率稳定度 f_S/%	0.08	0.08	0.08	0.08	0.08	0.08	0.08	0.08
2	激励源输出电压稳定度 U_S/%	0.8	1	0.8	0.8	0.8	1	1	0.8
3	衰减器　总衰减量/dB	80							
	衰减误差/(dB/12dB)	Max. ±0.8	Max. ±0.8	Max. ±0.8	Max. ±0.8	Max. ±0.8	Max. ±0.8	Max. ±0.8	Max. ±0.8
4	动态范围/dB	26	26	26	26	26	26	26	26
5	电噪声电平/(%/dB)	20/60	20/60	20/60	20/60	20/60	20/58	20/60	20/58
6	最大使用灵敏度/mV	4	4	4	4	4	4	4	4

表 3-6-1-5　国外进口6通道多通道涡流探伤仪(仪器 D)

测 试 项 目		结　果					
		CH1	CH2	CH3	CH4	CH5	CH6
1	激励源输出频率稳定度 f_S/%	0.06	0.06	0.06	0.06	0.06	0.06
2	激励源输出电压稳定度 U_S/%	0.6	0.6	0.6	0.6	0.6	0.6
3	衰减器　总衰减量/dB	76.5+80					
	衰减误差/(dB/12dB)	Max. ±0.2	Max. ±0.2	Max. ±0.2	Max. ±0.2	Max. ±0.2	Max. ±0.2
4	动态范围/dB	28	28	28	28	28	28
5	电噪声电平/(%/dB)	20/92	20/92	20/92	20/92	20/92	20/92
6	最大使用灵敏度/mV	0.5	0.5	0.5	0.5	0.5	0.5

5　测试结果与分析

5.1　多通道涡流探伤仪广泛使用于各类金属材料或结构的无损检测中，国内多家钢材生产企业和应用企业采用了多通道涡流探伤技术，国内、外仪器技术与需求互相拉动不断进步日趋成熟，并获得基本适应目前需要的使用效果。

5.2　激励源输出激励频率是涡流探伤调试校准中首先需要确定的参数，所测的 4 台仪器的激励源输出频率稳定度 f_s 在 0.06%～1.5% 范围。涡流探伤仪激励频率与名义值存在误差甚至较大误差都不会对涡流探伤结果产生重大影响，而频率的稳定度 f_s 发生微小波动即会带来较大的仪器噪声进而影响检测信噪比。

5.3　多通道涡流探伤仪激励输出电压的稳定度 U_s 是应当引起关注的特性指标。AC 仪器在所测的 4 台仪器中有 2 台的电压稳定度达到 0.8%～2.0%，见仪器 A 和 C，从仪器的显示屏观察，它们的空载信号噪声高于另外 2 台稳定度较低的仪器，这说明在进行较高灵敏度要求的检测时，其检测信噪比会偏低。

5.4　所测的 4 台仪器最大使用灵敏度特性指标为 0.4mV～4 mV 不等，其中 D 仪器最低。根据不同的检测要求选用相应的仪器，如：对检测灵敏度要求较高的场合，注意选用最大使用灵敏度特性较低的仪器。

5.5　各通道衰减器存在误差且衰减误差不一致，在制造、评价仪器时或在设定仪器的使用参数时，可考虑给予相应的补偿，尤其是某些智能化程度较高的仪器，在调试或程序设计中应关注的特性参数。衰减器的误差关系到仪器线性的好与坏，直接影响对于缺陷的准确检出和判定。如所测仪器 A，各通道衰减误差各异为 ±0.4～±0.5dB/12dB。

5.6　所测的 4 台仪器中电噪声电平值低为佳，动态范围均在 26dB～29dB 范围内，能适应不同检测需要。

5.7　仪器性能的优劣、合理使用都是重要技术关键，掌握对仪器性能正确评价和准确认识至关重要。合理的选用和调试仪器，应建立在对仪器特性充分的认识了解的基础上，尤其是对其中的个性部分应注意给予统筹兼顾。

6　尚待继续探索的其他工作

6.1　作为评价要素，本次探索测试的 4 个测试对象及其结果，只是针对仪器本身的性能及能力表征的部分主要参数，也是最基础的仪器特性参数。若欲全面地评议仪器及检测效果，还要更为全面地测试其他的参数，并在条件允许的情况下与仪器的具体检测产品对象结合起来，则可能更为客观。

6.2　与当代科学技术迅猛地发展同步，涡流探伤技术也在日新月异地向前进步，多频涡流、远场涡流、脉冲涡流、相控阵涡流等新方法和新技术不断推陈出新。随着对金属材料的无损检测精度、效率等要求的不断提高，采用多通道仪器技术是重要的发展方向之一，新型技术和仪器会不断出现，人工智能化程度会不断提高，将给仪器评价提出新的内涵和要求。

第七节　我国硬度计和硬度试验方法的现状和发展方向

硬度是金属材料力学性能中最常用的一个性能指标。硬度检测又是最迅速最经济的一种试验方法。一般说来,金属的硬度,是金属材料抵抗局部变形,特别是塑性变形,压痕或划痕的能力,是衡量金属材料软硬程度的一种指标。由于硬度能灵敏地反映金属材料在化学成分、金相组织、热处理工艺及冷加工变形等方面的差异,因此硬度试验在生产、科研及工程上都得到广泛的应用。硬度试验方法比较简单易行,试验时不必破坏工件,因此,很适合于成批零件检验及机械装备和零部件材质的现场检测。由于硬度试验仅在金属表面局部体积内产生很小的压痕,所以用硬度试验还可以检查金属表面层情况,如脱碳与增碳、表面淬火以及化学热处理后的表面硬度等。

常用金属硬度试验方法一般有如下分类:

1　按受力方式分类

一般可分为压入法和划刻法两种。

2　按试验力施加速度分类

(1)静力试验法

施加试验力时是缓慢而无冲击的。硬度的测试主要决定于被测试样表面压痕的状况,即压痕的深度、压痕投影面积或压痕凹印面积的大小。这包括所有的静力压入法,如常用的布氏、洛氏、维氏、努氏硬度试验法等。

(2)动力试验法

施加试验力特点是动态和具有冲击性,包括肖氏、里氏、锤击和弹簧加力试验法等。

3　按试验力的大小分类

(1)宏观硬度试验法,试验力$\geqslant 49.03N(\geqslant 5kgf)$;

(2)小负荷硬度试验法,试验力$1.961N\sim 49.03N(0.2kgf\sim 5kgf)$;

(3)显微硬度试验方法,试验力$0.0098N\sim 1.96N(0.001kgf\sim 0.2kgf)$;

(4)超显微硬度试验法,试验力$<0.0098N(<0.001kgf)$;

(5)纳米级硬度试验方法,试验力$<50nN$。

4　按试验温度分类

(1)常温硬度试验法,在室温下进行;

(2)低温硬度试验法,在0℃以下某一特定温度下进行;

(3)高温硬度试验法,在室温以上某一特定温度下进行。

硬度值的具体物理意义随试验方法的不同,其含义也不同。例如,压入法的硬度值是材料表面抵抗另一物体压入时所引起的塑性变形的能力;划刻法硬度值表示金属抵抗表面局部破裂的能力;而回跳法硬度(里氏硬度)值则代表金属弹性变形功的大小。因此,硬度值实际上不是一个单纯的物理量,而是一个由材料的弹性、塑性、韧性等一系列不同物理量组合的一种综合性能指标。它表征金属表面上不大体积内抵抗塑性变形或破裂的能力。由此可见,"硬度"不是金属材料独立的力学性能,其硬度值不是一个单纯的物理量,是人为规定的在某一特定条件下的一种性能指标。

硬度试验方法很多,这些方法不仅在原理上有区别,而且就是在同一方法中也还存在着试验力、压头和标尺的不同。因此,在进行硬度试验时,应根据被测试样的特性选择合适的硬度试验方法。从而保证试验结果具有代表性、准确性及相互间的可比性。

下面就分别针对静力试验法和动力试验法进行介绍。

一、布氏硬度

1 布氏硬度检测方法

布氏硬度检测方法最初是在 1899—1900 年由瑞典工程师布利奈尔(J. A. Brinell)在研究热处理对轧钢组织影响时提出来的。这种方法使用最早,由于其压痕较大,因而硬度值受试样组织显微偏析及成分不均匀的影响轻微。检测结果分散度小,复现性好,能比较客观地反映出材料的客观硬度。这正是布氏检测方法成为最广泛和常用的硬度检测方法之一的原因。

现行有效的相关布氏硬度试验方法标准有:GB/T 231.1—2018,ISO 6506-1: 2014,ASTM E 10-2015。

新修订的 GB/T 231.1 与 GB/T 231.1—2009 相比,主要技术变化如下:

——删除了引言;

——鉴于国内计量检定规程和检验标准并存的中国国情,在第 2 章中增加了 JJG 150 金属布氏硬度计;

——与第 2 章增加的规范性引用文件相呼应,在 5.1、5.2 和 5.3 中增加了注:对应 GB/T 231.2 的还有 JJG 150,明确告知实验室可以按照 JJG 150 对硬度计进行计量检定;

——增加了 7.2 试验前应按照附录 A 核查硬度计的状态,将附录 A 核查硬度计的状态由可选项变成了必选项,这也是新版国家标准的重大技术变化;

——在 7.4 中增加了"如果压痕直径超出了上述区间,应在试验报告中注明压痕直径与压头直径的比值 d/D。";

——修改了 7.9 的相关内容;2009 版国家标准的对应条款为 7.8,新版国家标准对 7.9 分别针对手动和自动测量进行了描述,并增加了对各项异性材料的注解,便于试验人员操作,具体如下:

"7.9 压痕直径的光学测量既可采用手动也可采用自动测量系统。光学测量装置的视场应均匀照明，照明条件应与硬度计直接校准、间接校准和日常检查一致。

对于手动测量系统，测量每个压痕相互垂直方向的两个直径。用两个读数的平均值计算布氏硬度。对于表面研磨的试样，建议在与磨痕方向夹角大约 45°方向测量压痕直径。

注：应该注意对于各向异性材料，例如经过深度冷加工的材料，压痕垂直方向的两个直径可能会有明显差异。相关的产品标准可能会给出允许的差异极限值。

对于自动测量系统，允许按照其他经过验证的算法计算平均直径。这些算法包括：

- 多次测量的平均值；
- 测量压痕投影面积。"

——在 7.10 中增加了硬度结果的修约要求，2009 版对硬度结果没有修约要求；

——资料性附录 A 变为规范性附录，关于附录 A 使用者对硬度计的日常检查的详细内容较 2009 版有一定的变化，主要变化就是 2009 版标准要求"日常检查之前，（对于每个范围/标尺和硬度水平）应使用依照 GB/T 231.3 标定过的标准硬度块上的标准压痕进行压痕测量装置的间接检验。压痕测量值应与标准硬度块证书上的标准值相差在 0.5% 以内。如果测量装置不能满足上述要求，应采取相应措施。"新版国标取消了这部分内容，但是新版国标将附录 A 由资料性附录上升为规范性附录，值得注意；

——修改了资料性附录 C 硬度值测量不确定度的相关内容。

新修订的 GB/T 231.1 修改采用 ISO 6506－1:2014《金属材料　布氏硬度试验　第 1 部分:试验方法》(英文版)，新修订的 GB/T 231.1 与 ISO 6506－1:2014 相比存在技术差异，这些差异涉及的条款已通过在其外侧页边空白位置的垂直单线(｜)进行了标识，与 ISO 6504－1:2014 的技术差异及其原因如下：

——关于规范性引用文件，本部分做了具有技术性差异的调整，以适应我国的技术条件，调整的情况集中反映在第 2 章"规范性引用文件"中，具体调整如下：

- 用修改采用国际标准的 GB/T 231.2 代替了 ISO 6506－2；
- 用修改采用国际标准的 GB/T 231.3 代替了 ISO 6506－3；
- 用修改采用国际标准的 GB/T 231.4 代替了 ISO 6506－4；
- 用等同采用国际标准的 GB/T 9097 代替了 ISO 4498；
- 增加引用了 JJG 150(见第 5 章)。

还做了下列编辑性修改：

——删除了国际标准的前言；

——用小数点"."代替作为小数点的"，"；

——在5.1、5.2和5.3中增加了注:对应GB/T 231.2的还有JJG 150。

2 布氏硬度压痕测量对比试验

按照《GB/T 231.1修订工作计划》的要求:进行"布氏硬度压痕尺寸自动测量实验室间的比对"。测量试样为中国计量院提供,表面状态分别为抛光面和磨砂面两种,其每种表面6个大小不一的压痕,并由中国计量院提供测量标准值。分别选取不同实验室不同的自动测量设备进行测量,结果详见后面的叙述。

分别选取不同实验室不同的自动测量设备进行测量,结果详见后面的叙述。

(1)上海尚材试验机有限公司

使用上海尚材的带自动测量装置的布氏硬度计和工具显微镜进行测量。在使用带自动测量装置的布氏硬度计测量时,分别使用全自动测量(压痕边界由系统直接测量,不进行人为最佳调整)和半自动测量(压痕边界进行人为最佳调整),其结果分别见表3-7-1-1和表3-7-1-2;使用工具显微镜进行测量的结果见表3-7-1-3。

表3-7-1-1　全自动测量结果

表面		压痕1 mm	压痕2 mm	压痕3 mm	压痕4 mm	压痕5 mm	压痕6 mm
抛光面	尚材	4.5529	2.8066	2.2452	1.4345	1.1018	0.7068
	标准	4.4858	2.7776	2.2506	1.3953	1.1267	0.7007
	绝对偏差	0.0671	0.029	0.0054	0.0392	0.0249	0.0061
	相对偏差/%	1.50	1.040	0.24	2.81	2.21	0.87
磨砂面	尚材	4.5321	2.7650	2.2868	1.3929	1.1434	0.7068
	标准	4.4830	2.7703	2.2498	1.3961	1.1261	0.6928
	绝对偏差	0.0491	0.0053	0.037	0.0032	0.0173	0.014
	相对偏差/%	1.10	0.190	1.640	0.23	1.54	2.02

注:参考GB/T 231.2—2012中5.2"对于每一标块,测量的压痕直径的平均与检定合格的压痕直径的平均值之差应不超过0.5%",该测试结果为不满意。

表3-7-1-2　半自动测量结果

表面		压痕1 mm	压痕2 mm	压痕3 mm	压痕4 mm	压痕5 mm	压痕6 mm
抛光面	尚材	4.5321	2.7858	2.2452	1.4322	1.1500	0.7095
	标准	4.4858	2.7776	2.2506	1.3953	1.1267	0.7007
	绝对偏差	0.0463	0.0082	0.0054	0.0369	0.0233	0.0088
	相对偏差/%	1.03	0.30	0.24	2.64	2.07	1.26

续表 3-7-1-2

表面		压痕 1 mm	压痕 2 mm	压痕 3 mm	压痕 4 mm	压痕 5 mm	压痕 6 mm
磨砂面	尚材	4.5321	2.7702	2.2660	1.3877	1.1434	0.6963
	标准	4.4830	2.7703	2.2498	1.3961	1.1261	0.6928
	绝对偏差	0.0491	0.0001	0.0162	0.0084	0.0173	0.0035
	相对偏差/%	1.10	0.00	0.72	0.60	1.54	0.51

注:参考 GB/T 231.2—2012 中 5.2"对于每一标块,测量的压痕直径的平均与检定合格的压痕直径的平均值之差应不超过 0.5%",该测试结果为不满意。

表 3-7-1-3　工具显微镜测量结果

表面		压痕 1 mm	压痕 2 mm	压痕 3 mm	压痕 4 mm	压痕 5 mm	压痕 6 mm
抛光面	尚材	4.5380	2.7900	2.2800	1.3990	1.1370	0.6960
	标准	4.4858	2.7776	2.2506	1.3953	1.1267	0.7007
	绝对偏差	0.0522	0.0124	0.0294	0.0037	0.0103	0.0047
	相对偏差/%	1.16	0.45	1.31	0.27	0.91	0.67
磨砂面	尚材	4.5080	2.7650	2.2570	1.3980	1.1340	0.6920
	标准	4.4830	2.7703	2.2498	1.3961	1.1261	0.6928
	绝对偏差	0.025	0.0053	0.0072	0.0019	0.0079	0.0008
	相对偏差/%	0.56	0.19	0.32	0.14	0.70	0.12

注 1:参考 GB/T 231.2—2012 中 5.2"对于每一标块,测量的压痕直径的平均与检定合格的压痕直径的平均值之差应不超过 0.5%",该测试结果为不满意。

(2)上海宝钢

宝钢分析测试研究中心使用设备为英国富臻 BRIN400D,由于其测量后不能人为干预,所以采用全自动模式进行测量,测量结果见表 3-7-1-4。

(3)沈阳天星

沈阳天星使用自产的硬度压痕测量装置,主要原理为 CCD 照相技术,测试前需要对比例尺进行重新校正,使用标准的压痕修正软件中的标准尺,修正后进行压痕测量,测量结果见表 3-7-1-5。

表 3-7-1-4　全自动测量结果

表面		压痕 1 mm	压痕 2 mm	压痕 3 mm	压痕 4 mm	压痕 5 mm	压痕 6 mm
抛光面	宝钢	4.5140	2.8040	2.2904	1.4184	1.1492	0.7032
	标准	4.4858	2.7776	2.2506	1.3953	1.1267	0.7007
	绝对偏差	0.0282	0.0264	0.0398	0.0231	0.0225	0.0025
	相对偏差/%	0.63	0.95	1.77	1.66	2.00	0.36
磨砂面	宝钢	4.4963	2.7808	2.2643	1.4158	1.1417	0.6943
	标准	4.4830	2.7703	2.2498	1.3961	1.1261	0.6928
	绝对偏差	0.0133	0.0105	0.0145	0.0197	0.0156	0.0015
	相对偏差/%	0.30	0.38	0.64	1.41	1.39	0.22

注：参考 GB/T 231.2—2012 中 5.2"对于每一标块,测量的压痕直径的平均与检定合格的压痕直径的平均值之差应不超过 0.5%",该测试结果为不满意。

表 3-7-1-5　沈阳天星测量结果

表面		压痕 1 mm	压痕 2 mm	压痕 3 mm	压痕 4 mm	压痕 5 mm	压痕 6 mm
抛光面	天星	4.4980	2.7700	2.2540	1.3880	1.1260	0.6910
	标准	4.4858	2.7776	2.2506	1.3953	1.1267	0.7007
	绝对偏差	0.0122	0.0076	0.0034	0.0073	0.0007	0.0097
	相对偏差/%	0.27	0.27	0.15	0.52	0.06	1.38
磨砂面	天星	4.4980	2.7700	2.2430	1.3930	1.1260	0.6850
	标准	4.4830	2.7703	2.2498	1.3961	1.1261	0.6928
	绝对偏差	0.0150	0.0003	0.0068	0.0031	0.0001	0.0078
	相对偏差/%	0.33	0.01	0.30	0.22	0.01	1.13

注：参考 GB/T 231.2—2012 中 5.2"对于每一标块,测量的压痕直径的平均与检定合格的压痕直径的平均值之差应不超过 0.5%",该测试结果为不满意。

　　从上述三家实验室的比对试验可以看出,针对由中国计量院定值的抛光面和磨砂面的 6 种尺寸压痕,3 家实验室都没能给出完全满意的结果。相较抛光面的压痕尺寸测量,3 家给出的磨砂面的压痕尺寸结果优于抛光面。对于老牌的英国富臻 BRIN400D 硬度计,由于不能人为干预和修正,给出的结果不令人满意。由于沈阳天星使用了标准的压痕修正软件,给出了比较满意的结果(仅有抛光面的压痕 4 略微超限)。此次比对试验说明,压痕的全自动测量如果没有人为干预,测试结果的风险很大。

3 布氏硬度保载时间对比试验

按照《GB/T 231.1 修订工作计划》的要求:进行"布氏硬度保载时间对于测试结果的影响"。试样为各个实验室随机选取的实验室标准硬度块,具体试验结果见如下。

(1)钢研纳克

试验在力学试验室进行,选取了不同标尺的三种标块,分别进行保载 10s 和 15s,其他实验条件均按照新修订国标 GB/T 231.1 执行。具体结果见表 3-7-1-6、表 3-7-1-7、表 3-7-1-8。

表 3-7-1-6 HBW10/3000 的测试结果

保载时间		测试点 1	测试点 2	测试点 3
保载 10s	压痕(mm)	4.450/4.450	4.445/4.445	4.450/4.450
	硬度值	182.8	183.2	182.8
保载 15s	压痕(mm)	4.440/4.440	4.460/4.455	4.450/4.450
	硬度值	183.7	182.2	182.8

注:硬度标块信息:编号:NB1511-1328;标准值:184HBW10/3000;均匀度:1.0%。

由表 3-7-1-6 计算得出:

保载 10s 时,测试点的平均值为:182.9;标准偏差为:0.1886;

保载 15s 时,测试点的平均值为:182.9;标准偏差为:0.6164;

由此可见,在该硬度块上,保载 10s 和保载 15s 时,硬度值无明显的差别。

表 3-7-1-7 HBW5/750 的测试结果

保载时间		测试点 1	测试点 2	测试点 3
保载 10s	压痕(mm)	2.060/2.070	2.065/2.065	2.065/2.065
	硬度值	213.9	213.9	213.9
保载 15s	压痕(mm)	2.065/2.070	2.070/2.065	2.065/2.076
	硬度值	213.4	213.4	213.9

注:硬度标块信息:编号:QB1602-188;标准值:212HBW5/750;均匀度:0.5%。

由表 3-7-1-7 计算得出:

保载 10s 时,测试点的平均值为:183.9;标准偏差为:0.0000;

保载 15s 时,测试点的平均值为:183.6;标准偏差为:0.2357;

由此可见,在该硬度块上,保载 10s 和保载 15s 时,硬度值无明显的差别。

表 3 - 7 - 1 - 8 HBW2.5/187.5 的测试结果

保载时间		测试点 1	测试点 2	测试点 3
保载 10s	压痕(mm)	1.050/1.050	1.050/1.050	1.050/1.050
	硬度值	206.5	206.5	206.5
保载 15s	压痕(mm)	1.050/1.050	1.050/1.050	1.050/1.050
	硬度值	206.5	206.5	206.5

注:硬度标块信息:编号:QB1602-193;标准值:205HBW2.5/187.5;均匀度:0.4%。

由表 3 - 7 - 1 - 8 计算得出:

保载 10s 时,测试点的平均值为:206.5;标准偏差为:0.0000;

保载 15s 时,测试点的平均值为:206.5;标准偏差为:0.0000;

由此可见,在该硬度块上,保载 10s 和保载 15s 时,硬度值无明显的差别。

(2)上海尚材

分别选取了 HBW5/750 和 HBW2.5/62.5 两个标块进行试验,试验结果分别见表 3 - 7 - 1 - 9 和表 3 - 7 - 1 - 10。

表 3 - 7 - 1 - 9 HBW5/750 的测试结果

保载时间		测试点 1	测试点 2	测试点 3
保载 10s	压痕(mm)	2.1457	2.1551	2.1482
	硬度值	197.4	195.6	196.9
保载 15s	压痕(mm)	2.1573	2.1587	2.1571
	硬度值	195.2	194.9	195.2

注:硬度标块信息:编号:16071911#;标准值:200HBW5/750;均匀度:0.8%。

由表 3 - 7 - 1 - 9 计算得出:

保载 10s 时,测试点的平均值为:196.6;标准偏差为:0.7587;

保载 15s 时,测试点的平均值为:195.1;标准偏差为:0.1414;

由此可见,在该硬度块上,保载 10s 时硬度值大于保载 15s 时的硬度值。

表 3 - 7 - 1 - 10 HBW2.5/62.5 的测试结果

保载时间		测试点 1	测试点 2	测试点 3
保载 10s	压痕(mm)	0.8489	0.8489	0.8516
	硬度值	107.1	107.1	106.5
保载 15s	压痕(mm)	0.8382	0.8516	0.8489
	硬度值	110.0	106.5	107.1

注:硬度标块信息:编号:16070412#;标准值:110HBW2.5/62.5;均匀度:2.7%。

由表 3-7-1-10 计算得出：

保载 10s 时,测试点的平均值为:106.9;标准偏差为:0.2828;

保载 15s 时,测试点的平均值为:107.9;标准偏差为:0.5283;

由此可见,在该硬度块上,保载 10s 时硬度值小于保载 15s 时的硬度值。

（3）上海宝钢

分别选取了 HBW10/3000 和 HBW2.5/187.5 两个标块进行试验,试验结果分别见表 3-7-1-11 和表 3-7-1-12。

表 3-7-1-11　HBW10/3000 的测试结果

保载时间		测试点 1	测试点 2	测试点 3
保载 10s	压痕(mm)	2.640	2.644	2.6447
	硬度值	538	537	536
保载 15s	压痕(mm)	2.640	2.6412	2.6437
	硬度值	538	538	537

注:硬度标块信息:编号:KB1704-122;标准值:522HBW10/3000;均匀度:未提供。

由表 3-7-1-11 计算得出：

保载 10s 时,测试点的平均值为:537.0;标准偏差为:0.8165;

保载 15s 时,测试点的平均值为:537.7;标准偏差为:0.4714;

由此可见,在该硬度块上,保载 10s 与保载 15s 时的硬度值无明显差别。

表 3-7-1-12　HBW2.5/187.5 的测试结果

保载时间		测试点 1	测试点 2	测试点 3
保载 10s	压痕(mm)	1.1086	1.1034	1.1012
	硬度值	184	186	187
保载 15s	压痕(mm)	1.1173	1.1180	1.1095
	硬度值	181	181	184

注:硬度标块信息:编号:KB1612-193;标准值:192HBW2.5/187.5;均匀度:未提供。

由表 3-7-1-12 计算得出：

保载 10s 时,测试点的平均值为:185.7;标准偏差为:1.2472;

保载 15s 时,测试点的平均值为:182.0;标准偏差为:1.4142;

由此可见,在该硬度块上,保载 10s 时硬度值大于保载 15s 时的硬度值。

（4）沈阳天星

选取了标尺为 HBW10/3000 硬度值不同的两个标块进行试验,试验结果分别见表 3-7-1-13 和表 3-7-1-14。

表 3－7－1－13　HBW10/3000 中值的测试结果

保载时间		测试点 1	测试点 2	测试点 3
保载 10s	压痕(mm)	3.697	3.697	3.685
	硬度值	270	270	271
保载 15s	压痕(mm)	3.697	3.697	3.697
	硬度值	270	270	270

注:硬度标块信息:编号:A2112;标准值:272HBW10/3000;均匀度:未提供。

由表 3－7－1－13 计算得出:

保载 10s 时,测试点的平均值为:270.3;标准偏差为:0.4714;

保载 15s 时,测试点的平均值为:270.0;标准偏差为:0.0000;

由此可见,在该硬度块上,保载 10s 与保载 15s 时的硬度值无明显差别。

表 3－7－1－14　HBW10/3000 低值的测试结果

保载时间		测试点 1	测试点 2	测试点 3
保载 10s	压痕(mm)	4.418	4.429	4.441
	硬度值	186	185	184
保载 15s	压痕(mm)	4.464	4.452	4.429
	硬度值	182	183	185

注:硬度标块信息:编号:B1607－42;标准值:184HBW10/3000;均匀度:未提供。

由表 3－7－1－14 计算得出:

保载 10s 时,测试点的平均值为:185.0;标准偏差为:0.8165;

保载 15s 时,测试点的平均值为:183.3;标准偏差为:1.2472;

由此可见,在该硬度块上,保载 10s 时硬度值大于保载 15s 时的硬度值。

(5)北京有色金属研究院

针对选取的铜排和铝合金进行加力时间 7^{+1}_{-5} s 的试验研究,7s 是通常的保持时间,可以接受的时间范围是不少于 2s(7s－5s),不多于 8s(7s＋1s);针对选取的选取的铜排和铝合金进行试验力保持时间为 14^{+1}_{-4} s(10s～15s)的试验研究,14s 是通常的保持时间,可以接受的时间范围是不少于 10s(14s－4s),不多于 15s(14s＋1s)。

测试样品为电工用导电铜排,牌号为 T2,状态为硬态 Y;铝合金厚板,牌号为 6082。

布氏硬度计 3000BLD,压痕测量设备为显微镜,精度为 0.01mm。试验结果见表 3－7－1－15 和表 3－7－1－16。

表 3-7-1-15　铜排(牌号 T2)布氏硬度验证试验结果

编号	总试验力 kgf*	加载力时间 t/s	保载力时间 t/s	压痕平均直径 d/mm	布氏硬度值 HBW10/1000	硬度平均值
001-1	1000	2	10	3.796	86.3	
001-2	1000	2	10	3.770	86.3	86.0
001-3	1000	2	10	3.788	85.4	
002-1	1000	2	15	3.800	84.9	
002-2	1000	2	15	3.788	85.4	84.9
002-3	1000	2	15	3.808	84.5	
003-1	1000	8	10	3.783	85.7	
003-2	1000	8	10	3.773	86.1	85.6
003-3	1000	8	10	3.797	85.0	
004-1	1000	8	15	3.780	85.8	
004-2	1000	8	15	3.778	85.9	85.4
004-3	1000	8	15	3.810	84.4	

* 1kgf≈9.8N

表 3-7-1-16　铝合金(牌号 6082)布氏硬度验证试验结果

编号	总试验力 kgf	加载力时间 t/s	保载力时间 t/s	压痕平均直径 d/mm	布氏硬度值 HBW10/1000	硬度平均值
001-1	1000	2	10	3.078	131	
001-2	1000	2	10	3.072	132	132
001-3	1000	2	10	3.072	132	
002-1	1000	2	15	3.085	130	
002-2	1000	2	15	3.068	132	131
002-3	1000	2	15	3.078	131	
003-1	1000	8	10	3.078	131	
003-2	1000	8	10	3.080	131	131
003-3	1000	8	10	3.065	132	
004-1	1000	8	15	3.080	131	
004-2	1000	8	15	3.078	131	131
004-3	1000	8	15	3.068	132	

　　综合上述 5 家单位布氏硬度保载时间对比试验的结果,可以认为在标准规定的加力和保持力时间的范围内,试验结果差异不大。

4　布氏硬度试验的应用范围及其优缺点

　　由于布氏硬度检测采用的压力大,压头球径大,压痕直径大,它适合具有大晶粒金属材料的硬度测定。例如铸铁、有色金属及其合金,各种退火、调质处理后以及大多数出厂供货的钢材等。特别是对于较软的金属,如纯铝、铜、铅、锡、锌等及其合金,测定出的硬度是很准确的。此种方法具有高的测量精度,因此复现性和代表性好。

它的不足之处是:操作时间较长,对不同硬软材料试样要选择和更换压头及检测力,压痕测量也较费时。

二、洛氏硬度

1　洛氏硬度检测方法

洛氏硬度检测法最初是由美国人 S. P 洛克威尔和 H. M 洛克威尔(S. P. Rockwell和 H. M. Rockwell)在 1914 年提出的。以后他们在 1919 年和 1921 年两次对硬度计的设计进行了改进,奠定了现代洛氏硬度计的雏形。到 1930 年威尔逊(C. H. wilson)进行了更新设计,使洛氏硬度检测方法和设备更趋完善,一直沿用至今。现在我国已生产用数码管显示并自动打印的洛氏硬度计。洛氏硬度检测方法的特点是操作简单,测量迅速,并可从百分表或光学投影屏或显示屏上直接读数。同布氏和维氏硬度检测法一样,成为三种最常用的硬度检测法之一。

现行有效的相关洛氏硬度试验方法标准有:GB/T 230.1—2018,ISO 6508 - 1:2016,ASTM E18 - 2016。

新修订的 GB/T 230.1 与 GB/T 230.1—2009 相比,主要技术变化如下:
——修改了球形标准型洛氏硬度压头的材质,将硬质合金修改为碳化钨合金;
——修改了钢球压头的使用范围,仅用于薄产品 HR30TSm 和 HR15TSm 试验;
——修改了洛氏硬度 HRA、HRB 的适用范围;
——修改了洛氏硬度 HRC 适用范围延伸至 10HRC 的规定;
——修改了初试验力 F_0 和主试验力 F_1 的保持时间;
——修改了两相邻压痕中心之间的距离;
——删除了洛氏硬度值修约的要求;
——删除了试样粗糙度的要求;
——修改了附录 A 中薄产品 HR30TSm 和 HR15TSm 使用的压头;
——附录 E 由资料性附录改为规范性附录(见附录 E,2009 版附录 E),同时修改了附录 E 日常检查程序的内容;
——附录 F 由资料性附录改为规范性附录(见附录 F,2009 版附录 F);
——修改了附录 G 硬度测量值的不确定度评定方法。

新修订的 GB/T 230.1 修改采用 ISO 6508 - 1:2016《金属材料　洛氏硬度试验　第 1 部分:试验方法》(英文版)。

新修订的 GB/T 230.1 结构与 ISO 6508 - 1:2016 基本一致。本部分与 ISO 6508 - 1:2016 相比存在技术差异,这些差异涉及的条款已通过在其外侧页边空白位

置的垂直单线(│)进行了标识,本部分与 ISO 6508－1:2016 的技术差异及其原因如下:

——关于规范性引用文件,本部分做了具有技术性差异的调整,以适应我国的技术条件,调整的情况集中反映在第 2 章"规范性引用文件"中,具体调整如下:

· 用修改采用国际标准的 GB/T 230.2 代替了 ISO 6508－2;

· 用修改采用国际标准的 GB/T 230.3 代替了 ISO 6508－3;

· 增加引用了 JJF 1059.1(见第 8 章)

· 增加引用了 JJG 112(见第 5 章)。

新修订的 GB/T 230.1 还做了下列编辑性修改:

——删除了国际标准的前言;

——附录 G 中增加了图 G.1 和相应的注;

——删除了国际标准的附录 H 和附录 I。

2 洛氏硬度试验验证

针对"试样表面粗糙度对洛氏硬度试验结果的影响"进行了试验验证。

按照《GB/T 230.1 修订工作计划》的要求:进行"试样表面粗糙度对洛氏硬度试验结果的影响"的研究。本次比对试验所使用的试样均由钢铁研究总院提供,为了保证试样的均匀性和可靠性,选取由中国二重生产的 300M 作为试验材料,在热处理完成后,为了保证不受可能的脱碳影响,试样试验面距离试样原始热处理面不小于 2mm。

本次试验我们选取两种不同的粗糙度:(1)通常磨床平磨后的原始表面,以下简称为平磨样;(2)在平磨的基础上采用不低于 800 号的砂纸进行抛光,以下简称为抛光样。为了保证试验的一致性,排除试样分散性带来的影响,我们在试样选取时保证了试样的同一面既能进行平磨样试验,又能进行抛光样试验。先在平磨试样的一侧进行试验,而后将该试样进行上述的抛光处理,在另一侧进行试验。以下是在各个实验室进行试验的数据统计:

(1)上海尚材

选取了硬度值不同的两块试样分别进行试验,在钢铁研究总院的编号分别为 17SL001706 5－2 和 17SL001740 5－2。考虑到实际试验时,第一点数据往往不稳定,常做舍弃处理,故在本次处理中亦做同样的舍弃处理,具体数据见表 3－7－2－1 和表 3－7－2－2,分布曲线见图 3－7－2－1 和图 3－7－2－2;

表 3－7－2－1　17SL001706 5－2 的试验数据

试样	HRC(1)	HRC(2)	HRC(3)	HRC(4)	HRC(5)	均值	方差
平磨样	49.1	49.6	49.8	49.9	49.6	49.7	0.0169
抛光样	50.1	50.2	50.3	50.5	50.0	50.3	0.0325

注:表中抛光样的数据不纳入均值、方差的计算中。

表 3 - 7 - 2 - 2　17SL001740 5 - 2 的试验数据

试样	HRC(1)	HRC(2)	HRC(3)	HRC(4)	HRC(5)	均值	方差
平磨样	52.8	53.2	52.9	53.3	52.8	53.1	0.0425
抛光样	53.0	53.2	53.3	53.2	53.2	53.2	0.0019

注:表中抛光样的数据不纳入均值、方差的计算中。

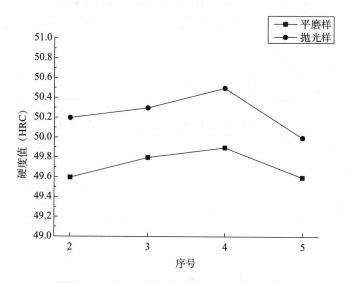

图 3 - 7 - 2 - 1　17SL001706 5 - 2 的硬度分布

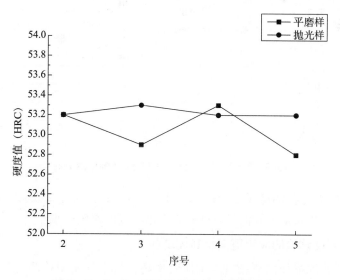

图 3 - 7 - 2 - 2　17SL001740 5 - 2 的硬度分布

（2）沈阳天星

选取了硬度值不同的两块试样分别进行试验,在钢铁研究总院的编号分别为17SL001737 1-3 和 17SL001709 1-5。考虑到实际试验时,第一点数据往往不稳定,常做舍弃处理,故在本次处理中亦做同样的舍弃处理,具体数据见表 3-7-2-3 和表 3-7-2-4,分布曲线见图 3-7-2-3 和图 3-7-2-4:

表 3-7-2-3　17SL001737 1-3 的试验数据

试样	HRC(1)	HRC(2)	HRC(3)	HRC(4)	HRC(5)	均值	方差
平磨样	51.2	51.0	51.0	50.7	51.5	51.1	0.1089
抛光样	51.0	51.4	51.2	51.3	50.9	51.2	0.0350

注:表中抛光样的数据不纳入均值、方差的计算中。

表 3-7-2-4　17SL001709 1-5 的试验数据

试样	HRC(1)	HRC(2)	HRC(3)	HRC(4)	HRC(5)	均值	方差
平磨样	49.7	50.6	51.0	50.9	50.8	50.8	0.0219
抛光样	50.8	51.3	51.3	51.2	51.1	51.2	0.0069

注:表中抛光样的数据不纳入均值、方差的计算中。

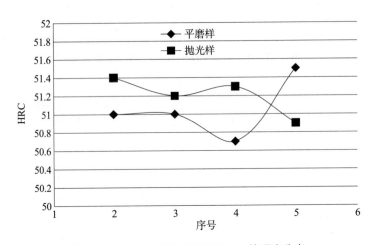

图 3-7-2-3　17SL001737 1-3 的硬度分布

综上所述,抛光样的洛氏硬度略微高于平磨样,但总体上差异很小。鉴于此,在新修订的 GB/T 230.1 中取消了对试样表面粗糙度的明确要求。

3　洛氏硬度试验的应用范围及其优缺点

洛氏硬度检测操作简便、迅速,工作效率高。由于其使用检测力小,所产生的压痕比布氏硬度检测的压痕小,因而对制件表面没有明显损伤。由于使用金刚石压头

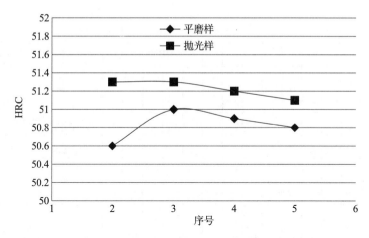

图 3－7－2－4 17SL001709 1－5 的硬度分布

和两种直径硬质合金球作为压头,由三种检测力,共计 15 个标尺,可以测量从较软到较硬材料的硬度,使用范围广。再者有预检测力,所以试件表面轻微的不平度对硬度值的影响比布氏、维氏为小。因此,适用于成批生产大量检测的机械、冶金热加工过程中以及半成品或成品检验。特别适用于刃具、模具、量具、工具等的成品制件检测。

三、维氏硬度

1 维氏硬度检测方法

维氏硬度检测法是 1924 年由史密斯(R. L. Smith)和桑德兰德(G. E. Sandlnd)合并首先提出的。以后由英国维克斯—阿姆斯特朗(Vickers－Armstrongs)公司于 1925 年第一个制造出这种硬度计,因而习惯称为维氏硬度检测方法。

现行有效的相关维氏硬度试验方法标准有:GB/T 4340.1—2009,ISO 6507－1: 2005,ASTM E92－2017,ASTM E384－2017。

由于相应的 ISO 6507－1 标准正在修订过程中,待国际标准修订完成后将立即启动国标 GB/T 4340.1 的修订。

2 维氏硬度试验的应用范围及其优缺点

维氏硬度检测方法广泛应用于材料检测和材料科学研究中。它能从很软的材料(如几个硬度单位)测试到很硬的材料(超过 3000 个单位)。从图 3－7－3－1 中可看出维氏硬度试验方法从很低到很高硬度范围内,对各种金属材料硬度检测均可适用。

图 3－7－3－1 中:X 坐标为 HV30 维氏硬度值;Y_1 为各种洛氏硬度标尺及其硬度值;Y_2 为布氏硬度值;

①非铁金属适用方法及相对应硬度值;②钢类适用方法及相对应硬度值;③硬质合金适用方法及相应硬度值。

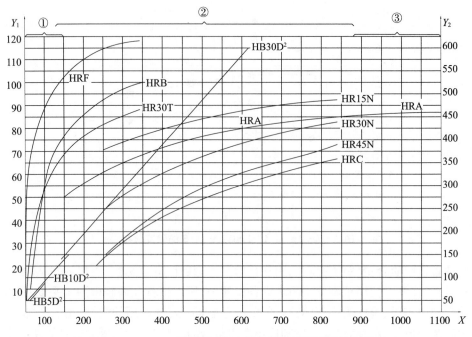

图 3-7-3-1　维氏、洛氏、布氏方法适用及硬度值间关系

　　除特别小和薄试验层的样品外,测量范围可覆盖所有金属。和布氏、洛氏法比较,它所获得的压痕不受检测力影响,并具有相似几何形状,对任一性质相同的材料在变换检测力后得到的硬度值是相同或相近的。压痕具有清晰轮廓的正方形,对角线的测量精度高,这对保证硬度测量精确度有利。维氏法中压痕对角线增长与其压痕面积增加成正比,而布氏硬度压痕(d)增大到一定程度后,值变化小面积增大多,这时测量误差对测量结果影响较大。因此,采用对角线长度计量的维氏法较布氏法要精确。与洛氏法比较,它有一个统一的标尺,可适用于较大范围变化的硬度测试,如某一种金属材料,经过各种处理,硬度从低到高变化很大,都可以以一种标尺来反映其硬度变化情况。

四、其他硬度检测方法

1　努氏硬度检测方法

　　努氏硬度试验压头是 1940 年由美国的努氏(F. Knoop)、彼氏(C. G. Peters)和奕氏(W. B. Emerson)三人发明的。努氏硬度试验是一种压入硬度试验方法。努氏硬度试验采用金刚石菱形基面棱锥体压头,是美国标准局研制的。

　　努氏硬度试验标准主要有:GB/T 18449.1—2009、ISO 4545-1:2005、ASTM E384-2017。

由于相应的 ISO 4545 - 1 标准正在修订过程中，待国际标准修订完成后将立即启动国标 GB/T 18449.1 的修订。

努氏硬度试验的应用范围及其优缺点如下：

努氏硬度试验得到的压痕有一个长对角线和一个短对角线，其长短对角线间的比值近似于 7.11:1。压痕深度约为其长对角线的 1/30.5。根据压头的几何形状可知，采用小试验力能获得用以精确测量的清晰的长对角线压痕。努氏压头和维氏压头在相同试验力作用下压入相同试件，卸除试验力，比较其压痕。努氏压头压入的深度约为维氏压头压入深度的 1/2，而压痕的长对角线长度是维氏硬度压痕对角线长度的 2.8 倍，更适合测量较薄件试件的硬度。改变试验压痕方向，更有利于了解被试验材料的各向异性。另外，对于金属的晶内偏析、时效、扩散、相变、合金状态图、合金的化学成分不均匀性及金属结晶点阵的扭曲等对硬度的影响的研究特别适用。无论是硬的材料还是易碎的材料，努氏硬度试验方法均可进行试验。缺点是为得到对称的硬度压痕，需精加工后测量，较耗费时间。

2　肖氏硬度检测方法

肖氏硬度试验方法是由美国的肖尔（A. F. Shore）在 1907 年发表的目测型（C 型）肖氏硬度计时提出来的。美国肖氏仪器公司（THE SHORE INSTRUMENT & MEG. CO.）最先制造了 C 型和 D 型肖氏硬度计，20 世纪 90 年代该公司又研制成 E 型肖氏硬度计。C、D、E 三种型号肖氏硬度计我国均已能生产。

我国的国家标准有：GB/T 4341.1—2014 金属材料　肖氏硬度试验　第 1 部分：试验方法和 GB/T 13313—2008 轧辊肖氏、里氏硬度试验方法。国外其他标准有：日本 JIS Z2246 - 2000 肖氏硬度试验—试验方法。

肖氏硬度试验的应用范围及其优缺点如下：

由于肖氏硬度计具有便于携带、操作方便、测量迅速、压痕浅而小的特点，所以至今仍广泛应用在冶金、机械、轻工工业的材料或产品质量的硬度检验上。例如：轧辊（轧钢及轧铁轧辊、面粉轧辊、橡胶轧辊、造纸轧辊、油脂轧辊、油墨轧辊、烟草轧辊及砂轮轧辊）。

它还应用在机床导轨、特大形齿轮及火车的车轮、非金属材料及电刷制品、螺旋桨的叶片以及电刷等肖氏硬度的测量上。

肖氏硬度与轧辊的使用寿命有重要关系。轧辊有一定的强度和硬度要求，硬度过高和过低都不行。一般来讲，硬度的提高，会增加轧辊的生产率，并改善轧制品的质量。轧辊的硬度若仅增加 1HS，就可提高轧辊的生产率 3%～4%。当工作辊的初始硬度为 98HS 时，寿命最长，可轧制 2300t 钢；若为 96HS 时，则可轧制 1400t 钢。肖氏硬度仅降低 2HS，寿命最长，可轧制 2300t 钢；若为 96HS 时，则可轧制 1400t 钢。肖氏硬度仅降低 2HS，就少轧 900t。所以，若是轧辊的肖氏硬度比轧辊的最高寿命时的硬度降低 1HS，就少轧 450t 钢材。当轧辊表面平均硬度为 92HS，寿命最长，可轧制 21.2 万 ft(1ft＝30.48cm)带钢；若由 90HS 降至 89HS 时，肖氏硬度仅降低 1HS，则少轧 2 万 ft 带钢。

在进入 21 世纪后，由中国测试技术研究院和中测量仪公司研制的数字显示 D 型和 E 型硬度计，比机械指示型的肖氏硬度计提高了测量准确度，不确定度＜1.5HS。这样，肖氏硬度测量技术在冶金、机械工业的应用仍然是很有意义的。

肖氏硬度计最佳的测量范围为 20HS～92HS，即相当于从布氏硬度 112HBW、洛氏 72HRC 开始一直到大约 66HRC 范围内的各种金属材料的硬度。

很多大型冷轧辊以及冷硬铸铁辊、曲轴等机械图纸上，对硬度要求均以 HS 标注。其他如机床导轨、特大型齿轮、螺旋桨叶片等用肖氏法测试有其独特的优越性。

不足之处是与静态检测方法相比较准确性稍差，因测试时垂直性、表面光洁度等因素影响数值波动稍大。在测试过程中应予特别关注，其误差可控制在±2.5HSD 之内。

3 里氏硬度检测方法

里氏硬度试验方法是由瑞士的迪·里伯（Dietmar Leeb）博士发明的。EQUOTIP 硬度计是瑞士 PROCEQ SA 公司于 1975 年首先制造的。由于未在中国注册专利，所以，中国有关公司也制造了该里氏硬度计。

EQUOTIP 或 Leeb 硬度试验，在中国和美国的标准中均称为里氏硬度试验。里氏硬度试验也是属于动态回弹硬度测量原理，其硬度值主要视试样的塑性和弹性两种特性而定。所测量结果既表示出试样的硬度与强度，也与试样的热处理有关。

里氏硬度试验是一种表面硬度测定，只测定冲击体的接触表面。冲击体接触试样表面位置上的测量结果，不表示任何其他表面部位，也不表示材料表面位置上的屈服强度值。

里氏硬度计可以向任意方向进行试验冲击，而不失测量精确度。由于里氏硬度计是按垂直冲击方向（从上向下冲击）校验的，因而在偏离该冲击方向时，必须对测量值进行稍微地修正。

里氏硬度试验的标准有中国 GB/T 17394.1—2016《金属材料 里氏硬度试验：第 1 部分：试验方法》，美国 ASTM A 956-02《钢制品的 Leeb 硬度试验方法》，国际 ISO 16859.1-2015《金属材料 里氏硬度试验 第 1 部分：试验方法》。

里氏硬度试验的应用范围及其优缺点如下：

里氏硬度特别适用于已安装的机械部件或永久性组装部件；各种轧辊、大型工件；压力容器、汽轮机、发电机组上部件的失效分析；大型轴承及其他交大零件生产流水线上的检测，金属材料仓库材料区分；热处理后较大模具、零件的硬度检测等。

里氏硬度的特点是，精度较高，仪器和操作正常情况下能保证±0.8%；使用范围宽，能适用于钢、铁、铜、铝及其合金；测量方向可根据现场情况任意选用。仪器轻巧，操作简便；所测得的 HL 硬度值根据需要可自动转换成布氏、洛氏硬度值并能自动显示或打印出单个和多个平均硬度值结果。

缺点是不适用于质量体积较小的试样。

4　锤击和弹簧加力式布氏硬度检测方法

锤击和弹簧加力式布氏硬度检测就其加荷的方式和速度来区分,属于典型的动力硬度检测方法。因其检测原理来源于布氏硬度试验,所以称为锤击和弹簧加力布氏硬度。另外,由于这种方法相对于其他硬度检测方法误差较大,所以还被称为近似硬度检测法。但是由于这种方法使用方便,硬度计能随身携带以及价格低廉等,在材料仓库、生产车间和一些大制件上仍然经常使用。

锤击和弹簧加力式布氏硬度试验的应用范围及其优缺点如下:

锤击和弹簧加力式布氏硬度检测适用于不能用普通硬度计检测的大型件,如机架、大锻件、已组装在设备上的制件(复验)以及仓库贮存的钢材等。对于铜、铝等合金应有专门的换算表。

这种检测方法的优点是硬度计体积小,结构简单、携带和操作简便。其不足之处是由于不同金属硬软程度不同,有时不能满足布氏检测法中 F 与 D 的比值关系,因此检测误差较大。另外,所用压头为淬火钢球,故不适用于检测淬火后的高硬度制件,仅适用于查对弹性模量与钢大致相同的材料的布氏硬度值。

近几年,针对现场硬度检测出现了很多快速硬度检测的解决方案,国家和相关行业也出台了相关标准:GB/T 33362—2016《金属材料　硬度值的换算》、GB/T 34205—2017《金属材料　硬度试验　超声接触阻抗法》、GB/T 32660.1—2016《金属材料　韦氏硬度试验　第 1 部分:试验方法》、YB/T 4285—2012《采用便携式硬度计测试压痕硬度的试验方法》、GB/T 24523—2009《金属材料　快速压痕(布氏)硬度试验方法》、GB/T 17394.1—2016《金属材料　里氏硬度试验:第 1 部分:试验方法》以及美国 ASTM A1038 - 13《采用超声波接触阻抗法进行便携式硬度测试的标准试验方法》、ASTM E110 - 14《使用便携式硬度计测试金属材料洛氏和布氏硬度的标准试验方法》、ASTM E103 - 17《金属材料　快速压痕硬度试验规范》和国际 ISO 16859.1 - 2015《金属材料　里氏硬度试验　第 1 部分:试验方法》等。

五、目前我国硬度计发展的优势和不足

1　优势

(1)目前我国市场上各种规模的硬度计制造企业数量众多,较为有影响力的硬度计制造企业有:山东烟台华银硬度试验仪器厂、上海尚材试验机有限公司、北京时代之峰科技公司、上海恒一精密仪器有限公司、奥龙星迪上海材料试验机厂、沈阳天星试验仪器有限公司、上海特视精密仪器有限公司、上海泰明光学仪器有限公司等。目前硬度计制造行业在中国制造业中仅属于一个极小的分支,相关部门公布的数据显

示,2015 年我国硬度计制造行业的工业总产值也只有 3 亿元左右,今后发展空间很大。

(2)当前我国国民经济发展正处在从速度型增长向质量型增长的转变时期,这就需要更全面、精确的检测数据来支撑。另外由于许多企业的经济效益不理想,原来计划选用进口硬度计的,现部分改为选用国产硬度计,这给国内硬度计制造行业的发展带来了很好的机遇。目前国内硬度计市场眼前和潜在的需求均比较旺盛。

(3)目前我国硬度计的测量、控制、计算机应用等技术均已取得了重大突破,所制造的常规硬度计基本可以满足国内一般市场需求,部分硬度计的技术指标已经达到国内同类硬度计的水平,几个较大规模的企业已具备开发高档硬度计的实力。

(4)随着数字信号处理技术的发展,动态硬度计的技术水平也有了较大的提高。

2 劣势

(1)随着国有企业逐步退出硬度计制造行业,国内硬度计的生产格局由集中向分散转化,行业的集中度低。据不完全统计,2015 年销售额超过 1000 万元的国内硬度计企业只有 5 家左右,年销售额在 500 万元左右的企业也只有 10 家左右。

(2)由于长时间受计划经济时期的影响,国内硬度计制造企业管理者和技术人员长期以来形成的一些根深蒂固的旧观念制约了企业的发展。部分硬度计制造企业本来从事技术的专业人员就少,而他们又要忙于处理其他日常事务,缺乏对技术业务的总结或提升。另外部分硬度计制造企业投入的研发资金少,从事研发的手段相对落后,因而制造出来的硬度计质量、测试重复性、稳定性较差,试验软件功能低下。

(3)硬度计产品的结构性矛盾非常突出。一方面常规硬度计存在着局部过剩;另一方面技术上较复杂的高档硬度计却严重短缺,用户只能购买价格极高的进口硬度计。

(4)国产硬度计的外型、颜色设计几十年不变,如到展览会参观,尽管国产和进口硬度计相对集中放置在一起,但只要一看外型和颜色,即可基本判断出哪些是进口硬度计,哪些是国产硬度计。

(5)硬度计制造厂家的同质化竞争激烈。面对低利润合同,一般小企业只能竭尽全力简化工艺,以次充好,压低生产成本,根本无法保证硬度计质量,对于优秀企业来说,长期陷入资金紧张的状态,企业没有足够的资金投入到研发中,产品的质量技术无法从根本上突破,不能与国外品牌抗衡。最终使广大用户达成了这种无序竞争的受害者。

(6)国内硬度计行业缺乏对关键技术的合作开发,都是靠各个企业自己来摸索或仿造。这不利于我国硬度计行业技术水平的快速提升和发展。

(7)硬度计融入智能化和信息化的程度,相比拉伸试验机要低很多。传统的硬度计只是一个独立的单体设备,所有操作或设置都由操作者人工在硬度计上实现,测试数据存储到本机,再通过打印机打印出或通过数据线传输到上位机,不能满足如远程控制、融入大数据系统、设备状态远程诊断等现代化需求。

(8)现在许多国外知名的硬度计品牌都已经打入中国市场,如美国 Wilson、日本 Future、英国 Foundrax、德国 Kb、德国 Zwick、荷兰 Innovatest 等。这些品牌不但垄断了国内高档硬度计的市场份额,而且还与国内企业争夺中档硬度计的市场份额。相关数据显示,2015 年我国硬度计的进口额度有 1.5 亿元左右,约为国内硬度计制造企业总产值的一半。

3　硬度计行业急需解决的关键技术

当前,国内硬度计行业急需解决以下几个方面的关键技术:

(1)通用或万能硬度计的核心零件——全量程高精度、高分辨率力传感器;

(2)高、低温硬度计的配套附件——高、低温模拟试验箱及测量装置;

(3)自动化、智能化、网络化技术在硬度计上的应用,如硬度计压头自动转换技术、智能机械手与硬度计的联动等;

(4)高档硬度计的研发制造,如大空间硬度计、全量程的通用或万能硬度计、全自动硬度计、高低温硬度计、现场在线硬度计等;

(5)提高便携式硬度计测试结果的准确性等。

4　展望

国家已正式发布了《智能制造"十三五"发展规划》,为我国智能制造明确了发展思路和目标,智能制造日益成为我国未来制造业发展的重大趋势,用"工业 4.0"概念建造智能工厂,以促进工业向高端发展。汽车、军工、铸造、锻造及热处理行业都对现场硬度检测及硬度在线检测技术提出了迫切需求,因为只有实现自动化生产,减员增效,实现更高的产量,更稳定的质量和更低的人员成本,才能在竞争中立于不败之地。以汽车零部件行业为例,在新上项目中大量采用全自动化生产线,数字化工厂层出不穷。然而,生产过程可以自动化,装配过程也可以自动化,但是硬度检验过程的自动化还远远没有实现。为了保证硬度这一关键质量指标得到可靠控制,非常需要在生产过程中对产品硬度进行在线检验。但是由于一直以来国内硬度检测技术的相对落后,硬度计生产企业的制造技术还停留在台式机阶段,汽车零部件产品硬度的在线检测还是个空白。国内外高端硬度计服务商正瞄准这一市场进行积极开发,沈阳天星智能检测设备有限公司在汽车零部件硬度在线检验方面已经有了突破性进展。我们期待着有更多的国内硬度计厂商能加入高端硬度计的制造行列,为我国在硬度试验领域赶超世界先进水平共同努力。

第四章 仪器综合分析及相关实验技术——环境空气和污染源废气中 VOCs 在线监测系统评议

一、什么是挥发性有机物

挥发性有机物(Volatile Organic Compounds,以下简称 VOCs)是一类有机化合物的统称,目前在国际范围内没有统一的定义。世界卫生组织(WHO)从物理层面定义为:在标准大气压下,熔点低于室温、沸点低于 200℃～260℃ 的有机化合物总称。美国环保署(EPA)、美国 ASTM D3960 - 98 标准等从化学层面将其定义为:除 CO、CO_2、碳酸、金属碳化合物、碳酸盐和碳酸铵以外的,任何可以参加大气光化学反应的碳化合物。在我国 VOCs 通常指常温下饱和蒸汽压大于 70Pa、常压下沸点在 260℃ 以下的有机化合物,或在 20℃ 条件下蒸汽压大于或者等于 10Pa 具有相应挥发性的全部有机化合物。按照化学结构,VOCs 可以分为烷烃(直链烷烃和环烷烃)、烯烃、炔烃、苯系物、醇类、醛类、醚类、酮类、酸类、酯类、卤代烃等。

二、挥发性有机物环境危害

许多 VOCs 具有光化学活性,在一定条件下可能引发光化学烟雾,由此影响人的呼吸道功能,引发胸闷、恶心、疲乏等症状,同时也会对植物系统造成损伤。部分 VOCs 是臭氧前体物质,VOC - NO_x 的光化学反应使得大气对流层的臭氧浓度增加,增强温室效应。此外,VOCs 可以在大气中形成细小粒子,是灰霾的成因之一。大多数的 VOCs 不溶于水,可溶于苯、醇、醚等有机溶剂,对皮肤、黏膜有刺激性,对中枢神经系统有麻醉作用。其所表现的毒性、刺激性、致癌作用和具有特殊气味能导致人体呈现多种不适反应,并对人体健康造成较大的影响。因此,研究环境中 VOCs 的存在、来源、分布特点、迁移规律以及对人体的影响一直受到人们的重视,并成为国内外研究的重点。

三、挥发性有机物排放来源

从 VOCs 污染角度来看,VOCs 排放源非常复杂,从大类上分,主要包括自然源和人为源,自然源主要为植被排放、森林火灾、野生动物排放和湿地厌氧过程等,目前仍属于非人为可控范围。VOCs 人为源主要包括移动源和固定源,固定源中又包括生活源和工业源等,详见表 4 - 1 - 3 - 1。生活源 VOCs 排放对象复杂,包括建筑装饰、油烟排放、垃圾焚烧、秸秆焚烧、服装干洗等等。生活源以无组织排放为主,可以从生活的源头进行控制。目前 VOCs 排放主要来源为工业源,也就是"大气固定污染源"。大气固定污染源的 VOCs 排放所涉及的行业众多,具有排放强度大、浓度高、污染物种类多、持续时间长等特点,对局部空气质量的影响显著。

表 4-1-3-1　人为源排放 VOCs 占比的估算结果

类型	人为源		比例(%)	
工业源	工业溶剂使用	涂料	10.4	38.1
		胶黏剂	5.4	
		脱脂剂	0.2	
		印刷	1.8	
		制药	1.7	
		其他	2.6	
		小计	22.1	
	化石燃料加工与分配	冶炼	2.6	
		原油分配	1.4	
		汽油分配	1.7	
		柴油分配	0.7	
		其他	0.2	
		小计	6.6	
	化工	无机化工	0.3	
		有机原料化工	1.5	
		有机合成	1.6	
		小计	3.4	
	非化学工业	炼焦	3.0	
		矿业	0.9	
		炼铁/炼钢	0.1	
		食品	1.1	
		其他	0.9	
		小计	6.0	

续表 4-1-3-1

类型	人为源		比例（%）	
生活源	生物质燃烧	稻草	4.1	33.1
		小麦	3.7	
		玉米	5.5	
		其他	1.9	
		树枝	2.8	
		小计	18.0	
	商业能源利用	工业能源	0.5	
		家庭小锅炉用煤	0.05	
		家庭炉灶用煤	1.8	
		其他	0.5	
		小计	2.9	
	废弃物处理	生物质露天焚烧	4.8	
		其他	0.9	
		小计	5.7	
	生活源溶剂使用	涂料	1.8	
		胶粘剂	0.6	
		杀虫药	2.2	
		其他	2	
		小计	6.5	
移动源	道路排放	汽油车	8.7	27.8
		柴油车	0.9	
		摩托车	13.7	
		其他	0.1	
		小计	23.4	
	非道路排放	建筑机械	1.6	
		农业机械	0.1	
		其他	4.4	
其他			1	1
总结				100

四、环境质量与污染物排放标准对 VOCs 的监测要求

美国 1970 年实施清洁空气法后,美国环保署(EPA)逐渐关注空气中的 VOCs,并发现城市和乡村地区挥发性有机物(VOCs)、羰基类化合物(carbonyls)以及氮氧化物(NO_x)的浓度虽然不高,甚至低至 ppb 级别,但确是地面臭氧生成的前体物。1990 年,在传统的六项环境空气监测指标基础上加入了挥发性有机物(VOC)的监测,并建成光化合物评估监测站(PAMS)来监测 VOCs 的时空变化。尽管光化学评估监测站(PAMS)在美国已经建立很多年,据最近美国国家环保局(EPA)最近发布消息,在过去 10 年里臭氧浓度仅降低了 4%,仍然是一主要的健康关注因素。欧洲也遵循联合国欧洲经济局有关控制 VOCs 排放的协议,开展 VOCs 的监测与控制。

我国 GB 3095—2012《环境空气质量标准》中暂时对 VOCs 没有设置质量标准,但和 VOCs 相关 PM2.5 和臭氧等都有明确的限值。

在污染物排放(控制)标准方面,我国 GB 16297—1996《大气污染物综合排放标准》对一些常见的 VOCs 如:苯、甲苯、甲醛、氯苯,以及非甲烷总烃等制订了排放限值,其他涉及 VOCs 排放的行业都有相应的排放限值。

2016 年 12 月 25 日,十二届全国人大常委会第二十五次会议表决通过了《中华人民共和国环境保护税法》,现行排污费更改为环境税,将于 2018 年 1 月 1 日起开征。但是针对仅有甲苯、甲醛、酚类等十几个有机物被纳入征税范围,有明确的税目税额,针对其他的 VOCs 物质没有明确规定。

随着我国工业的发展,国家越来越重视 VOCs 的污染排放监测和控制。《国家环境保护"十二五"规划》中强调了:"积极开展挥发性有机物污染控制。环保重点城市和省会城市至少选择一个监测点位增加 VOCs 监测,并在全国逐步开展 VOCs 监测试点,大力推进工业 VOCs 排放控制。"

根据《2018 年重点地区环境空气挥发性有机物监测方案》,2018 年在京津冀及周边、长三角、珠三角、成渝及关中地区开展环境空气 VOCs 监测,监测的形式包括手工监测及自动监测(手工监测为主、自动监测为辅)。

随着环保税征收的逐步开展,针对废气中 VOCs 排放量的核定将需要更加的准确和实时。由此可知,废气 VOCs 在线监测系统将会得到更为广泛的应用。

五、VOCs 监测方法

1　离线分析方法

现行的方法都是基于实验室的离线分析方法,样品经过采集后运送到实验室,采用气相色谱或气相色谱质谱的方法进行准确的定性与定量,见表 4-1-5-1。

表 4－1－5－1　国内 VOCs 检测分析方法和方法原理

标准号	方法名称	方法原理
HJ/T 34—1999	固定污染源排气中氯乙烯的测定 气相色谱法	氯乙烯用注射器直接进样,经过色谱柱分离后,被氢火焰离子化检定,以色谱峰的保留时间定性,峰高(或峰面积)定量
HJ/T 35—1999	固定污染源排气中乙醛的测定 气相色谱法	用亚硫酸氢钠溶液采样,乙醛与亚硫酸氢钠发生亲核加成反应,在中性溶剂中生成稳定的 α-羟基磺酸盐,然后再稀碱溶液中共热释放乙醛,经色谱柱分离,用氢火焰离子化检测器测定,以标准样品色谱峰的保留时间定性,峰高定量
HJ/T 37—1999	固定污染源排气中丙烯腈的测定 气相色谱法	丙烯腈用活性炭常温吸附富集,再经二硫化碳常温解吸,解吸液中各组分通过色谱柱得到分离后进入氢火焰离子化检测器,从测得的丙烯腈色谱峰峰高(或面积),对解吸液中丙烯腈浓度定量,最后有解吸液体积、浓度和采样体积计算出气体样品中丙烯腈的浓度
HJ/T 38—1999	固定污染源排气中非甲烷总烃的测定 气相色谱法	用双柱双氢火焰离子化检测器气相色谱仪,注射器直接进样,分别测定样品中的总烃和甲烷含量,以两者之差得到非甲烷总烃含量。同时以除烃空气求氧的空白值,以扣除总烃色谱峰汇总的氧峰干扰
HJ/T 39—1999	固定污染源排气中氯苯类的测定 气相色谱法	氯苯类化合物经疏水性富集剂捕集后,用溶剂洗脱。取洗脱液进行气相色谱分析,采用高效毛细柱为色谱柱,以氢火焰离子化检测器进行检测,以色谱峰保留时间定性,用色谱峰峰高(峰面积)定量
HJ 734—2014	固定污染源废气 挥发性有机物的测定 固相吸附—热脱附/气相色谱—质谱法	使用填充了合适吸附剂的吸附管直接采集固定污染源废气中挥发性有机物(或先用气袋采集然后再将气袋中的气体采集到固体吸附管中),将吸附管置于热脱附仪中进行二级热脱附,脱附气体经气相色谱分离后用质谱检测,根据保留时间、质谱图或特征离子定性,内标法或外标法定量

2　在线分析技术

在线或现场实时分析,免除样品运输,避免采样介质或容器对样品浓度的造成的损失,既可以进行瞬时采样,也可以连续采样和分析,能实时反映污染源的浓度变化趋势,为污染源超标排放或环境空气质量变化提供及时的数据支撑。

对于固定污染源中 VOCs 的在线分析主要有美国的 Conditional Test Method

028 和 Method 18。

美国 Method 25A 采用氢火焰离子化检测器（FID）在线分析污染源中的总烃。目前针对 VOCs 在线监测主要有以下几种应用方法，见表 4－1－5－2。

表 4－1－5－2　几种 VOCs 在线检测技术优缺点及应用场景

序号	分析方法	优缺点	主要应用
1	色谱—氢火焰离子检测器 GC—FID	对碳氢有机物响应十分灵敏，线性范围宽，稳定性强，而且结构简单，使用维护方便已广泛应用于总量的监测，废气中的氧气、水分以及含氮、氧或卤素原子的有机物均会对测试造成干扰和影响	主要应用于污染源非甲烷总烃、苯系物及其他分量的测定
2	光离子化检测器 PID	检测器体积小巧，无需辅助气体，对不同化合物的响应系数也不同，对一些短链烷烃响应极低甚至无法检测，例如甲烷	常用于现场便携仪器使用，主要用于室内环境监测、应急监测、危险、泄漏气体预警、污染源追踪中含量的监测分析
3	催化氧化非分散红外吸收 NDIR	技术稳定性和灵敏度不高，易受共存干扰物的影响，且在催化氧化过程中往往存在催化剂中毒、转化不完全，转化效率低等问题，因此目前在实际应用中并不多见	主要用于非甲烷总烃的测定
4	傅里叶红外光谱 FTIR	检测技术成熟，检测种类较多，可同时分析多个组分，现场测量检测周期短、响应时间快，但其检测分析的灵敏度一般胶色谱技术低且光学器件维护成本高、维护量较大	多用于便携式多种有机物的测定
5	差分吸收光谱 DOAS	检测技术成熟，可同时分析多个组分，一般现场采取非接触式直接连续测量，无需预处理，保证气体不失真，响应时间很快，可实现测量光路区域内的在线监测，但其检测分析的灵敏度一般较色谱技术低，不能测定非甲烷总烃	检测种类有限，目前主要是苯、甲苯等苯系物的测定
6	离子迁移谱 IMS	检测灵敏度高，相比于质谱技术不需要真空系统，仪器结构简单、成本较低，可测量浓度低，腐蚀性高的气体，但该技术特异性差，可测量种类有限，干扰化合物较多，目前作为便携式监测仪在应急监测	多用于食品、安全领域

续表 4-1-5-2

序号	分析方法	优缺点	主要应用
7	调谐激光吸收光谱 TDLAS	检测灵敏度高,选择性强,干扰很小,现场采取非接触式直接连续测量,无需预处理,保证气体不失真,响应时间很快,实时性强,可实现测量光路区域内的在线监测,该技术单一光源一般只能完成单一组分测量	主要用于单种挥发性有机物的测定
8	色谱-质谱 GC-MS	检测灵敏度高,可测量浓度低,但需要真空系统,仪器结构复杂、运行成本较高。对于废气的高浓度环境耐受性差	主要应用于环境 VOCs 监测,在废气 VOCs 在线中使用很少

由表 4-1-5-2 所述各种检测技术的特点。目前,针对废气 VOCs 监测的采用的检测技术基本上都是氢火焰离子检测器(FID)。针对分量的测试,目前基本上以色谱-氢火焰离子检测器(GC-FID),通过阀路切换以及多种色谱柱的使用,实现VOCs 分量的在线监测。

2.1 VOCs 在线分析的进样方式

目前较为常用的在线采样分析方法有定量环采样分析法和动态稀释直接进样。

(1)定量环采样分析

在线分析法,由于仪器直接采样分析,所以没有传统意义上的采样过程,样品直接通入仪器进行分析,可以将采样和分析流程合并起来研究。EPA Method 18 里规定了仪器直接色谱分析法,与之相类似的 CTM 028 规定了在线气质联用分析法。这两个方法都是利用仪器内部定量环收集样品,然后通过样品阀(六通阀)切换将样品直接导入色谱分离分析。

(2)动态稀释直接进样

如果遇到样品浓度更大时,可能会引起检测器饱和的情况,现场分析就需要考虑将样品进行现场稀释。EPA Method 18 规定了"与稀释法相结合的现场采样分析方法"(Dilution Interface Sampling and Analysis Procedure)。

动态稀释直接进样装置,从原理上,就是在仪器直接采样分析系统的基础上增加一个动态稀释系统。该动态校准系统是增加在样品采样管路与 GC 进样阀之间,起到对样品进行稀释的作用。与常用的动态气体稀释仪的用法主要区别在于,常用的动态稀释仪是对标准样品进行稀释的,使用的标准气体和稀释气体是干净和无杂质的,而且都是正压输入进仪器的;而在线稀释仪是稀释污染源 VOCs,它不仅需要考虑颗粒物、湿度、pH 值、压力等多种因素的影响,而且要求死体积和管路残留要低。

2.2 我国在线分析涉及的 VOCs

目前我国主要监测的是对光化学污染影响较大的挥发性有机物(VCOs),共计 117

种。109 - 117 的醛、酮类物质为选测项目。自动或在线监测物质为表 4 - 1 - 5 - 3 中甲醛、乙醛外的 115 种 VOCs。

表 4 - 1 - 5 - 3　我国主要监测的 VOCs 名录

序号	化合物中文名	化合物英文名	CAS 号
1	丙烯	Propylene	115 - 07 - 1
2	丙烷	Propane	74 - 98 - 6
3	异丁烷	Isobutane	75 - 28 - 5
4	正丁烯	1 - Butene	106 - 98 - 9
5	正丁烷	n - Butane	106 - 97 - 8
6	顺 - 2 - 丁烯	cis - 2 - Butene	590 - 18 - 1
7	反 - 2 - 丁烯	trans - 2 - Butene	624 - 64 - 6
8	异戊烷	Isopentane	78 - 78 - 4
9	1 - 戊烯	1 - Pentene	109 - 67 - 1
10	正戊烷	n - Pentane	109 - 66 - 0
11	反 2 - 戊烯	trans - 2 - Pentene	646 - 04 - 1
12	2 - 甲基 1,3 - 丁二烯	Isoprene	78 - 79 - 5
13	顺 - 2 - 戊烯	cis - 2 - Pentene	627 - 20 - 3
14	2,2 - 二甲基丁烷	2,2 - Dimethylbutae	75 - 83 - 2
15	环戊烷	Cyclopentane	287 - 92 - 3
16	2,3 - 二甲基丁烷	2,3 - Dimethylbutane	79 - 29 - 8
17	2 - 甲基戊烷	2 - Methylpentane	107 - 83 - 5
18	3 - 甲基戊烷	3 - Methylpentane	96 - 14 - 0
19	1 - 己烯	1 - Hexene	592 - 41 - 6
20	正己烷	n - Hexane	110 - 54 - 3
21	2,4 - 二甲基戊烷	2,4 - Dimethylpentane	108 - 08 - 7
22	甲基环戊烷	Methylcyclopentane	96 - 37 - 7
23	苯	Benzene	71 - 43 - 2
24	环己烷	Cyclohexane	110 - 82 - 7
25	2 - 甲基己烷	2 - Methylhexane	591 - 76 - 4
26	2,3 - 二甲基戊烷	2,3 - Dimethylpentane	565 - 59 - 3
27	3 - 甲基己烷	3 - Methylhexane	589 - 34 - 4
28	2,2,4 - 三甲基戊烷	2,2,4 - Trimethylpentane	540 - 84 - 1

续表 4 - 1 - 5 - 3

序号	化合物中文名	化合物英文名	CAS 号
29	正庚烷	n - Heptane	142 - 82 - 5
30	甲基环己烷	Methylcyclohexane	108 - 87 - 2
31	2,3,4 - 三甲基戊烷	2,3,4 - Trimethylpentane	565 - 75 - 3
32	2 - 甲基庚烷	2 - Methylheptane	592 - 27 - 8
33	甲苯	Toluene	108 - 88 - 3
34	3 - 甲基庚烷	3 - Methylheptane	589 - 81 - 1
35	正辛烷	n - Octane	111 - 65 - 9
36	对二甲苯	p - Xylene	106 - 42 - 3
37	乙苯	Ethylbenzene	100 - 41 - 4
38	间二甲苯	m - Xylene	108 - 38 - 3
39	正壬烷	n - Nonane	111 - 84 - 2
40	苯乙烯	Styrene	100 - 42 - 5
41	邻二甲苯	o - Xylene	95 - 47 - 6
42	异丙苯	Isopropylbenzene	98 - 82 - 8
43	正丙苯	n - Propylbenzene	103 - 65 - 1
44	1 - 乙基 - 2 - 甲基苯	o - Ethyltoluene	611 - 14 - 3
45	1 - 乙基 - 3 - 甲基苯	m - Ethyltoluene	620 - 14 - 4
46	1,3,5 - 三甲苯	1,3,5 - Trimethylbenzene	108 - 67 - 8
47	对乙基甲苯	p - Ethyltoluene	622 - 96 - 8
48	癸烷	n - Decane	124 - 18 - 5
49	1,2,4 - 三甲苯	1,2,4 - Trimethylbenzene	95 - 63 - 6
50	1,2,3 - 三甲苯	1,2,3 - Trimethylbenzene	526 - 73 - 8
51	1,3 - 二乙基苯	m - Diethylbenzene	141 - 93 - 5
52	对二乙苯	p - Diethylbenzene	105 - 05 - 5
53	十一烷	n - Undecane	1120 - 21 - 4
54	十二烷	n - Dodecane	112 - 40 - 3
55	二氟二氯甲烷	Dichlorodifluoromethane	75 - 71 - 8
56	一氯甲烷	Chloromethane	74 - 87 - 3
57	1,1,2,2 - 四氟 - 1,2 - 二氯乙烷	1,2 - Dichlorotetrafluoroethane	76 - 14 - 2
58	氯乙烯	Vinyl chloride	75 - 01 - 4

续表 4-1-5-3

序号	化合物中文名	化合物英文名	CAS 号
59	丁二烯	1,3 - Butadiene	106 - 99 - 0
60	一溴甲烷	Bromomethane	74 - 83 - 9
61	氯乙烷	Chlorethane	75 - 00 - 3
62	一氟三氯甲烷	Trichlorofluoromethane	75 - 69 - 4
63	丙烯醛	Acrolein	107 - 02 - 8
64	丙酮	Acetone	67 - 64 - 1
65	1,1-二氯乙烯	1,1 - Dichlorethene	75 - 35 - 4
66	1,2,2-三氟-1,1,2-三氯乙烷	1,1,2 - trichloro - 1,2,2 - trifluoroethane	76 - 13 - 1
67	二硫化碳	Carbon disulfide	75 - 15 - 0
68	二氯甲烷	Methylene chloride	75 - 09 - 2
69	异丙醇	2 - Propanol	67 - 63 - 0
70	顺1,2-二氯乙烯	cis - 1,2 - Dichloroethene	156 - 59 - 2
71	甲基叔丁基醚	2 - Methoxy - 2 - methylpropane	1634 - 04 - 4
72	1,1-二氯乙烷	1,1 - Dichloroethane	75 - 34 - 3
73	乙酸乙烯酯	Vinyl acetate	108 - 05 - 4
74	2-丁酮	2 - Butanone	78 - 93 - 3
75	反1,2-二氯乙烯	trans - 1,2 - Dichloroethene	156 - 60 - 5
76	乙酸乙酯	Ethyl acetate	141 - 78 - 6
77	三氯甲烷	Trichloromethane	67 - 66 - 3
78	四氢呋喃	Tetrahydrofuran	109 - 99 - 9
79	1,1,1-三氯乙烷	1,1,1 - Trichloroethane	71 - 55 - 6
80	1,2-二氯乙烷	1,2 - Dichloroethane	107 - 06 - 2
81	四氯化碳	Carbon tetrachloride	56 - 23 - 5
82	三氯乙烯	Trichloroethene	79 - 01 - 6
83	1,2-二氯丙烷	1,2 - Dichloropropane	78 - 87 - 5
84	甲基丙烯酸甲酯	Methyl methacrylate	80 - 62 - 6
85	1,4-二氧六环	1,4 - Dioxane	123 - 91 - 1
86	一溴二氯甲烷	Bromodichloromethane	75 - 27 - 4
87	顺式-1,3-二氯-1-丙烯	cis - 1,3 - Dichloropropene	10061 - 01 - 5

序号	化合物中文名	化合物英文名	CAS 号
88	4-甲基-2-戊酮	4 - Methyl - 2 - pentanone	108 - 10 - 1
89	反式-1,3-二氯-1-丙烯	trans - 1,3 - Dichloropropene	10061 - 02 - 6
90	1,1,2-三氯乙烷	1,1,2 - Trichloroethane	79 - 00 - 5
91	2-己酮	2 - Hexanone	591 - 78 - 6
92	二溴一氯甲烷	Dibromochloromethane	124 - 48 - 1
93	四氯乙烯	Tetrachloroethene	127 - 18 - 4
94	1,2-二溴乙烷	Ethylene dibromide	106 - 93 - 4
95	氯苯	Chlorobenzene	108 - 90 - 7
96	三溴甲烷	Bromoform	75 - 25 - 2
97	四氯乙烷	1,1,2,2 - Tetrachloroethane	79 - 34 - 5
98	1,3-二氯苯	1,3 - Dichlorobenzene	541 - 73 - 1
99	氯代甲苯	Benzyl chloride	100 - 44 - 7
100	对二氯苯	1,4 - Dichlorobenzene	106 - 46 - 7
101	邻二氯苯	1,2 - Dichlorobenzene	95 - 50 - 1
102	1,2,4-三氯苯	1,2,4 - Trichlorobenzene	120 - 82 - 1
103	萘	Naphthalene	465 - 73 - 6
104	1,1,2,3,4,4-六氯-1,3-丁二烯	Hexachloro - 1,3 - butadiene	87 - 68 - 3
105	乙烯	Ethylene	74 - 85 - 1
106	乙炔	Acetylene	74 - 86 - 2
107	乙烷	Ethane	74 - 84 - 0
108	乙醇	ethyl alcohol	64 - 17 - 5
109	丙醛	Ethanol	123 - 38 - 6
110	丁烯醛	Propionaldehyde	123 - 73 - 9
111	甲基丙烯醛	Crotonaldehyde	78 - 85 - 3
112	正丁醛	methacrylaldehyde	123 - 72 - 8
113	苯甲醛	butyraldehyde	100 - 52 - 7
114	戊醛	Benzaldehyde	110 - 62 - 3
115	间甲基苯甲醛	Pentanal	620 - 23 - 5
116	甲醛	m - Tolualdehyde	50 - 00 - 0
117	乙醛	Formaldehyde	75 - 07 - 0

2.3　我国在线分析参考的标准方法

目前国家针对废气VOCs相关的检测标准主要有以下两个，HJ 38－2017《固定污染源废气总烃、甲烷和非甲烷总烃的测定 气相色谱法》、HJ 734－2014《固定污染源废气 挥发性有机物的测定 固相吸附—热脱附/气相色谱—质谱法》。其中标准HJ 734—2014中仅仅涵盖了24种有机物，而各行业所排放的有机物成百上千种，尚无法无安全覆盖。此外，基于HJ 734—2014标准的气质联用，应用于废气在线监测还存在很多问题，例如需要高真空、环境要求高等问题推广困难。

国内现在正在制定和规范在线VOCs监测的方法，在国内标准颁布前，主要参考EPA的方法开展监测，如表4－1－5－4。

表4－1－5－4　自动监测方法依据

物质序号	物质名录来源	方法原理	方法依据	备注
1－52	TO15	气相色谱—质谱法	EPA TO15	—
53－92	PAMS	气相色谱—质谱法	EPA TO15	高碳物质，2种方法可用
		气相色谱—FID检测	EPA/600－R－98/161	
93－109	PAMS	气相色谱—FID检测	EPA/600－R－98/161	PAMS中的低碳物质

2.4　自动VOCs在线监测系统的组成

VOCs大气在线自动监测系统主要由下列子系统组成：

（1）采样和前处理子系统

该子系统是将空气样品采集进入在线分析仪器的系统，它包括样品的采集和样品的富集预浓缩两个部分。根据目前的技术，对低浓度的空气样品，必须大体积采样，并经过富集浓缩处理后，输入气相色谱仪才能达到符合上述目标化合物的测试要求，因此，样品的预浓缩前处理是必须的组成部分。预浓缩前处理技术，可以采用有吸附功能的常温或低温（－20℃～20℃）预浓缩技术、超低温冷冻预浓缩技术（－150℃～－180℃），也可以采用经过实验验证证明的其他技术。无论采用何种技术，样品的富集浓缩倍数至少达到10倍以上，最高可达上千倍，从而能够满足C4以下VOCs的监测要求。

（2）气相色谱分析子系统

这个系统由色谱分离装置和检测器组成，色谱分离装置一般由色谱仪的色谱柱、程序升温、柱流速控制配合完成，达到分离目标化合物的要求，使目标化合物得到分离后进入检测器定性定量检测。检测器可以选择氢火焰离子化检测器（FID）和质谱检测器（MSD或TOF），也可以使用其他检测器。

（3）数据处理和传输子系统

数据处理系统是将气相色谱仪定性定量的数据按照要求进行整理和报告，数据处理系统必须给出目标化合物的浓度单位、浓度值、测试时间、取样时间、目标化合物的浓度质量等级、仪器质量控制和运行状况等。数据处理系统将处理完成的数据储存于仪器的数据库，便于日后复查等。数据传输系统必须可将仪器测得的浓度数据，按照指定要求传入上级联网数据平台。依据监测点实际情况可观察环境空气中挥发性有机化合物的浓度值，并传输至监控系统。

2.5 自动 VOCs 在线监测系统的质量保证与质量控制要求

(1)色谱质控要求

- 每周开展保留时间检查，通全部目标化合物的标准品，确保每个目标化合物定性正确；
- 每周开展 VOCs 空白检查，每个目标化合物空白响应应小于 0.3nL/L，所有目标化合物空白总响应应小于 2nL/L；
- 每月开展 VOCs 空白及标点检查，如 20% 物种标点浓度偏差大于 20%，需重新建立标准曲线(至少五点)；每个目标化合物空白响应应小于 0.3nL/L，所有目标化合物空白总响应应小于 2nL/L；
- 每月开展高浓度残留检查，通 20nL/L 标准物质，立即采集零气，采集 1 个循环的零气后，要求每个目标化合物响应小于<0.5nL/L；
- 每月开展采样流量检查，采样流量(或体积)与设定值误差超过±10%时，要检查气路，对流量(体积)进行校正；
- 每季度应开展多点线性检查，标准曲线的相关系数应满足 $r \geqslant 0.990$。

(2)质谱质控要求

- 质谱调谐，更换色谱柱、改变分析条件，更换灯丝、清洗离子源后要重新进行质谱调谐；内标响应距标定时下降了 20% 时需重新进行标定并进行调谐；
- 每日开展外标样的定量结果检查，定量结果中 30% 以上目标物相对误差大于 20% 时需对仪器进行标定；
- 每周开展 VOCs 空白检查，每个目标化合物空白响应应小于 0.3ppbv，所有目标化合物空白总响应应小于 2ppbv；
- 每月开展高浓度残留检查，通 20ppbv 标准物质，立即采集零气，采集 1 个循环的零气后，要求每个目标化合物响应小于<0.5ppbv；
- 每月开展流量检查，采样流量(或体积)与设定值误差超过±10%时，要检查气路，对流量(体积)进行校正；
- 每季度应开展多点线性检查，最小二乘法制备校准曲线的相关系数 R^2 应$\geqslant$0.990；用相对响应因子进行校准的，相对响应因子的 RSD$\leqslant$30%。

六、国外典型的 VOCs 在线监测设备

1　VOCs 总量在线监测设备

1.1　岛津 VOC-3000F 在线 VOCs 监测系统(图 4-1-6-1)

岛津 VOC-3000F 在线 VOCs 监测系统是岛津 70 年高端、专业气相色谱技术与 50 年稳定、可靠在线监测技术相融合的最新产品,专业应对中国国内工业废气高温、高湿、高腐蚀及复杂 VOCs 废气排放的特征,实现挥发性有机物(VOCs)排放在线监测系统运行的高可靠性、数据高准确及系统运维极致简单等功能,为工业用户提供了业界性价比极高的 VOCs 在线监测解决方案,为环保监管部门提供更准确、更可靠、更真实并符合国家标准的 VOCs 排放数据。

图 4-1-6-1　岛津 VOC-3000F
在线 VOCs 监测系统

该系统特点包括:

(1)高稳定性和重现性

采用先进的自动压力控制系统(APC)实现气体流量的高精度自动控制;

先进的自动温度控制技术(PID)实现柱温箱±0.05℃的极高精度控制;

极高灵敏度(3pg C/s)、极宽量程(10^7)响应能力的 FID 检测器,有效保证监测数据的更高稳定性和重现性。

全流路系统自动/人工校准功能及符合国标的监测方法,有效保证在线监测数据的真实性。

(2)高可靠性和安全性

自动点火、氢气故障时自动熄火及自动再点火、异常温度传感器监视及供给气体的压力、载气气体的控制状况、FID 的点火状态等自动检测功能,实现系统运行的高可靠和安全性。高温全热法防吸附自动采样/反吹,两段式采样预处理设计,保证系统耐腐蚀、抗粉尘堵塞、快速响应能力极强,运行稳定。

(3)极致简单"Clear UI"操作界面

主画面上会显示从最新到近期的数据,不需要操作即可把握测量值的变化。测量时、待机中、警报、维护时,可通过主画面上颜色的变化,一目了然地明确设备状态,让操作、维护及管理更简单。

可广泛用于石油化工、有机化工、医药制造、工业涂装、机械设备制造、包装印刷、电子生产、合成革、涂料油漆、服装加工、家具制造、胶粘剂等行业的有组织固定源的废气 VOCs 在线监测及 VOCs 处理设施的进、出口的 VOCs 在线监控及处理效率的评价监测。

1.2　赛默飞 TVC－5800 甲烷/非甲烷组分连续监测系统

采用 GC/FID 对 VOCs 进行检测。样品由载气携带通过分离管柱分离,THC 透过无分离效果的熔硅毛细空管,将样品一同吹出,CH_4 透过具强吸附性的分子筛,仅允许 CH_4 通过,VOCs 针对不同用户的分析要求,透过不同分离效果的管柱组合,来实现定制化测量。分离后的有机物进入 FID,在氢火焰中被电离生产阳离子和电子,产生的微电流,经由信号放大器输出信号。

该系统的组成为:

(1)挥发性有机物监测装置:测量 CH_4/NMHC,苯,甲苯,二甲苯,苯系物,高反应性 VOCs(根据需求);

(2)烟气参数监测装置:测量流量、温度、压力、湿度、O_2(根据需求);

(3)辅助气体装置:氢气供应,零气供应,标气;

(4)系统控制及数据采集装置;

(5)针对污染源 VOCs 采样开发的直接抽取法(热—湿式)采样系统。该系统主要有采样探头、伴热取样管和样气预处理系统。

根据不同的装置,不同工况,设置探头及管线的温度。取样探头带有标准的防护罩。电加热取样探头可以加热到最高 200℃。温度控制系统除恒温控制整个取样探头外,在探头掉电或温度过低时可以输出报警信号给系统。探头最高可适应含尘量 $\leqslant 10g/m^3$。从取样探头抽出的样气通过电伴热取样管线进入样品预处理系统。取样管线是恒功率加热式的,并采用温控器对管线温度进行控制,加热温度可以设定为80℃～150℃。取样管线设定的温度将可以保证样气在传输过程中气态污染物不会发生冷凝,以保证测量结果的准确性。取样管线的材质为不锈钢,可以防止 Teflon 材质对 VOCs 组份的吸附作用。

由于挥发性有机物的物质种类非常多,有些物质可能会溶解在水中,因此,我们的系统不设置制冷器,高温加热的样气可以直接进入分析仪,Model 5800 可接受的样气最高温度为 220℃。

预处理单元需对颗粒物、沸点超过 250℃以上的焦油等进行滤除。过滤精度高达 $0.1\mu m$,过滤效率为 99.995%,分析仪内部还有一级高温精密过滤器,去除颗粒物的干扰。

性能参数如下:

(1)响应时间:1min(平均);

(2)准确度:±1% FS 或 ±0.1 ppm(取其优者);

(3)分辨率:0.05 ppm;

(4)检测范围:0ppm～50ppm/500ppm/5000ppm/5%/50% 以甲烷计。

系统特点如下:

(1)基于热态测量设计和组成,可接受的样气温度可达 220℃;

(2)能实现成分分析：THC/CH$_4$/NMHC，苯系物（苯、甲苯、乙苯、邻二甲苯、间二甲苯、对二甲苯、异丙苯、苯乙烯），PAMS56 种 VOC、高反应性 VOC，可测量 VOCs 组分多达 90 种；

(3)量程宽：0ppm～50/500/5000/50000/500000ppm（可选择）；

(4)分析时间迅速：每分钟一笔数据，既可满足合规的连续性要求，又可满足治理设备的工艺控制要求；

(5)校准：系统全程校准，国标规定，可确保整个分析系统的准确性。

1.3 安徽皖仪 VM 1720 甲烷/非甲烷组分连续监测系统

VM 1720 催化转化 FID 监测系统采用了催化的方法进行甲烷的测量，即待测样气通过高温催化剂后，将样气中除甲烷外的总烃都反应生成水和二氧化碳，然后再将剩余的样气进入 FID 检测器进行测量获得甲烷的浓度。同时，将同样的样气通入 FID 检测器测量得到总烃的浓度，两者相减就获得了非甲烷总烃的浓度。

由于这一方法没有气相色谱系统，所以就不需要使用高温多路切换阀、色谱柱等色谱部件，仪器整机的成本得到了极大的降低。同时由于部件少，仪器可靠性、寿命等得到了提高。与 GC－FID 的 VOCs 监测系统相比，两者都是使用 FID 作为检测器，对不同物质的响应都是一致的，只是将气相色谱分离系统替换为催化剂气路，两者的测量结果通过标准校准后能实现量程内的数据一致。

仪器特点包括：

(1)测量方法符合国家标准，测量准确；

(2)全程高温伴热，样品在进入到 FID 分析之前都保持高温，避免待测组分丢失；

(3)高灵敏度 FID 检出限：0.1ppm（甲烷），0.05ppm（非甲烷总烃）；

(4)FID 检测器具有自动点火和火焰熄灭判断功能，使用更加安全；

(5)分析周期≤30min；

(6)重现性 RSD≤1%；

(7)24h 漂移≤1%FS/24h。

2 VOCs 分量在线监测设备

2.1 PE 公司在线 VOCs 监测系统（图 4－1－6－2）

Perkinelmer 公司的在线分析仪采用实验室精度的热脱附自动采样进样器和气相色谱仪作为主要分析设备。热脱附仪和气相色谱的精度就决定了在线分析的灵敏度和稳定性。相比模块化的分析仪，Perkinelmer 公司的在线 VOC 分析设备在仪器的稳定性，谱图质量和数据的稳定性上都具有明显的优势。

系统包括采样，除水和分析三部分。外围采样管路和空气泵将室外空气抽向在线 VOC 分析仪。在空气流向分析仪的管路上有一段选择性渗透膜，此设备可让水分透过膜并被膜外的干燥空气带走，从而实现空气中的水分去除，除水率可达到 97% 以上。

经过除水的空气样品会被引入到热脱附采样进样仪的冷阱中进行吸附富集。冷阱采用 TurboMatrix TD 半导体制冷,无需使用冷却剂即可达到−30℃的低温,并配合专利的复合吸附填料,可以将空气中的 C2−C12 的组分同时进行高效的富集。在采集和富集好一定体积的空气样品之后,热脱附仪将快速加热(2400℃/min)冷阱,从而使吸附在冷阱上的化合物脱附出来,并被导入到气相色谱仪进行分离和分析。捕集阱解吸端的内径由 2.8mm 减少至 0.7mm,将汽化引起的稀释降到最低,还能降低死体积,防止色谱峰变宽。

图 4−1−6−2　PE 公司在线 VOCs 监测系统

由于在线 VOC 需要分析的化合物种类繁多,色谱的分离效果对在线 VOC 的分析结果至关重要。PerkinElmer 公司采用了先进的 Dean's Switch 技术实现目标化合物在不同色谱柱上的切换分离,从而达到最好的分离效果。样品空气经热脱附仪进样后首先在第一根色谱柱上进行分离,其中 C2~C5 的化合物在经过 PLOT 色谱柱 1 之后会被切换到色谱柱 2 继续完成分离并到达 FID2 检测器,而 C6~C12 的化合物在经过色谱柱 1 后会被切换到一根空毛细管无需再进一步分离即到达 FID 检测器。两个检测器可以同时得到谱图,从而实现 C2~C12 化合物的一次进样,同时分析,同时数据处理(如图 4−1−6−3 所示)。

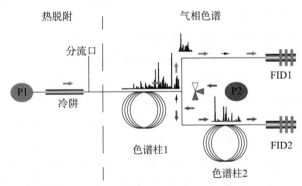

图 4−1−6−3　Dean's Switch 技术实现目标化合物在不同色谱柱上的切换分离

Perkinelmer 的在线 VOC 分析仪具有优异的稳定性——峰面积重现性和保留时间重现性良好。

TotalChrom 软件用来进行数据处理和热脱附以及气相色谱仪分析条件的控制。

系统可自动进行标气校正,样品采集和分析。在线 VOC 分析仪还可产生用户需要的数据格式,实现方便的数据抓取和分析。

2.2　德国 AMA GC5000 在线色谱

系统采用特氟龙膜片过滤颗粒物,采样富集方式有单级富集和两级富集两种,GC5000VOC 在线色谱分析仪监测 C2～C6 低沸点化合物;GC5000BTX 在线色谱分析仪监测 C6～C12 化合物。两款仪器设计紧凑,采用 FID,具有较高的检测灵敏性,可达到 ppt 级。将 GC5000VOC 和 GC5000BTX 配合使用,组成连续监测 C2～C12 范围内所有臭氧前体物的系统。

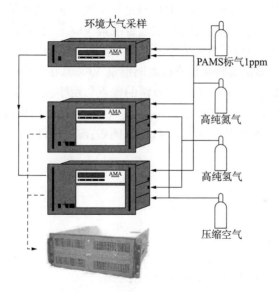

图 4 - 1 - 6 - 4　德国 AMA GC5000 在线色谱

GC5000VOC 功能:全天自动连续 24h 采样,使用两级富集,色谱柱进行分离,分析 C2～C6 低沸点 VOCs。

- 量程范围:0ppb～300ppb;
- 检出限:0.05ppb(甲烷为例);
- 分析周期:30min～60min。

GC5000BTX 功能:全天自动连续 24h 采样,使用单级富集,色谱柱进行分离,分析 C6～C12 有机化合物。

- 量程范围:0ppb～300ppb;
- 检出限:0.03ppb(苯为例);

• 分析周期：30min～60min。

DIM200 标气稀释模块在 GC5000BTX 分析色谱控制下，完成采样、校准和检验所需的流路的切换，精确控制零气和标准气流量，实现对色谱系统的校准。

AMA GC5000 在线色谱已在德国、荷兰、比利时、希腊、巴西、意大利、西班牙、韩国等国家的空气质量监测网中得到广泛应用。柏林、台北、汉城的超级站也在使用这套系统。

2.3 奥地利 IONICON 公司的 HS PTR QMS 500 在线 VOCs 分析

奥地利 IONICON 公司的 HS PTR QMS 500 在线 VOCs 分析仪采用质子传递反应质谱，是监测 VOCs 的高分辨率超灵敏检测器，能够对挥发性有机物进行持续定量监测。PTR - QMS 系列产品，基于四极杆质谱的原理，结合可达到两个数量级的 pL/L 超低在线检测限，具有超高的灵敏度和极快速的响应时间。

质子转移反应质谱（PTR - MS）的特点是检测速度快（毫秒量级）、灵敏度高（ppt 量级）、定量测量（无需定标）等特点，特别适合痕量 VOCs 的实时在线检测与预警，已经被广泛地应用于大气环境、食品安全、生物医疗、公共安全等众多领域。

PTR - MS 可以满足实时在线连续监测痕量 VOCs，在线测量有毒、有害物质，如苯、甲苯、甲醛、二噁英等。还具有远程控制的优点。由于独特的软离子化技术，高灵敏的 PTR - MS，可以分析浓度低至 5pL/L 的气体，并避免电离过程中的质子分裂。进样前不需要样品准备过程和环境条件设置（例如：湿度条件）。

技术参数如下：

(1) 质量范围：1amu～512u；

(2) 分 辨 率：<1u；

(3) 响应时间：100ms；

(4) 测量时间：2ms/u～60ms/u；

(5) 检测极限：5，30，500pL/L；

(6) 线性范围：5，30，500pL/L～10μL/L；

(7) 可调流速：50cm³/s～500cm³/s；

(8) 进样系统加热范围：150℃；

(9) 反应室加热范围：40℃～120℃。

主要特点如下：

PTR - MS 使用软离子化技术，将水合氢离子的质子传递给被研究的样品中所有质子亲合力比水大的化合物。常见的空气成分如 N_2，O_2，Ar，CO_2 等其质子亲和力都比水低，因此完全不干扰反应腔中的测量和检测过程。这种技术能定量分析浓度在几个 pL/L 的大部分常见的 VOCs，无需样品预处理过程。极少的碎片产生率，超低检测限，快速响应时间、实时监测、在线检测

2.4 Kore 公司 PTR - TOFMS 质子转移反应飞行时间质谱仪

凯尔公司将质子转移反应器（PTR）与飞行时间质谱仪（TOF - MS）结合在一起，

研发生产出 PTR-TOF-MS,是进行化学分析的一种强有力工具。

质子转移是一种"软"电离方法,可使中性气体分子(如大气中低浓度的待分析物)进行电离而不会产生大量的分子碎片。与其他电离技术如电子电离(EI)相比,它不会使分子成碎片,生成的质谱图相对比较简单,易于解析。此技术极适合对大气中的挥发性有机组分进行表征,也可用于大气分析。PTR-TOF-MS 仪器主要应用在大学和其他研究实验室。它采用"开放式"结构,客户能将它与其他技术联用。

技术指标如下:

(1)质量范围:理论上无限制;

(2)质量分辨率:≥1500(FWHM);

(3)响应时间:约 50ms～100ms;

(4)灵敏度:氮气中的苯>150cps/nL/L;

(5)检测限:苯 5pL/L@平均 1min;

(6)线性范围:5pL/L～50ppm;

(7)初如离子束:$H3O^+$,在额外的离子源气体入口处可产生其他标准的离子试剂;

(8)脉冲频率:测试为 100kHz,通常在 30kHz～50kHz 下操作;

(9)进样气体流量:理论上无限制;

(10)典型的气体消耗流量为 60cm³/min(sccm)～300 cm³/min(cm³/s);

(11)反应室加热温度:可达 100℃。

Kore 公司新型 Series Ⅱ PTR-TOF-MS 配置了新型 PTR 反应器,并将 Kore 公司设计的离子浓缩器作为反应器的一部分。这样会大大减少由于"空间电荷"现象在反应器中出现的高密度离子相互排斥造成的离子损失。

Series Ⅱ PTR-TOF-MS 性能特点:

(1)灵敏度高,检测限低;

(2)质量分辨率高,能区分易混淆的化学物质;

(3)坚固耐用,便于运输,适用于现场或野外工作。

2.5　Synspec GC955

GC955 是荷兰 SYNSPEC 的最新型在线气相色谱分析仪,监测项目覆盖环境空气中苯系物、臭氧前躯体(C2～C12)、甲烷/非甲烷总烃、恶臭类有机硫化物以及工业区或化工区边界空气中有毒有害有机污染物等。

GC955-615/815 采用在线式气相色谱 FID/PID 双检测器,适用于含特殊有毒污染物区域实时监测,适用于城市、工业区或化工区环境空气中有毒有害碳氢化合物、氯代烃的在线监测。系统配置灵活,可根据客户的不同需求进行仪器配置和选择监测组分,同时可分别选择 GC955-615(C6～C12 高沸点有毒有害挥发性有机物在线监测)和 GC955-815(C2～C5 低沸点有毒有害挥发性有机物在线监测)分析仪进行监测,满足不同监测项目需要。

标准监测项目:1,2-二氯乙烷,丙烯腈,苯,正庚烷,辛烷,甲苯,乙苯,间,对-二甲苯,邻-二甲苯,苯乙烯,1,2,4-三甲苯,1,3,5-三甲苯,氯苯,氯仿,四氯乙烯,三氯乙烯,氯乙烯,顺式-1,2-二氯乙烯,丙烷,丙稀,异丁烯,顺式-2-丁烯,1,3-丁二烯,反式-2-戊烯,顺式-2-戊烯,1-戊烯,异戊二烯,异丁烷,正丁烷,异戊烷,正戊烷等有毒有害有机污染物。

技术参数如下:

(1)检出限:0.4μg/m³(反式-2-丁烯);

(2)量程:0nL/L～300nL/L(可由用户选择);

分析周期:30min;

(3)重现性:<3%/10nL/L(反式-2-丁烯);

(4)预浓缩管热脱附升温时间:<10s;

(5)载气流量控制:能根据温度和压力的变化对采样量进行精确控制,保证分析物质保留时间稳定,采用 MFC(质量流量控制器)为流量控制单元,流量范围:0mL/min～10mL/min;

(6)校准功能:基本校准:5点校准;自动校准:检查仪器灵敏度是否稳定;

(7)诊断功能:具有自诊断和远程故障诊断、自动控制各运行参数功能,能记录并输出仪器内部检查、报警、校准等信息;

(8)数据传输:具备模拟/数字输入装置,满足数据交换协议,可与现有空气流动监测站通过数据交换协议获取数据。

仪器配置如下:

(1)检测器:PID 和 FID 检测器;

(2)冷却预浓缩管:低碳烃分析;

(3)步进式微注射器:分析仪内置泵和可程序控制的步进式活塞;

(4)预分离柱:使不需要监测的重物质滞留在预分离柱并及时得到反吹,保证分析时间和分析色谱柱使用寿命;

(5)分析柱:石英毛细管柱,结合与分离柱,高效分离;

(6)采用十通阀:在样品的注射/分离模式和采样/分析模式间灵活转换;

2.6 CHROMATOTEC 公司 AirmOzone 在线分析系统(图4-1-6-5)

采用 FID 检测器可在线分析 86 种 VOCs,包括 PAMS 和 TO14 中包含的 VOCs。系统分为 airmoVOC C2～C6 分析仪和 airmoVOC C6～C12 分析仪,分别配有 FID。采用氢气做载气,VOCs 组分的分离度和灵敏度都有了进一步提高,可达到 PPT 水平。设备有德国 TUV 实验室对 BTEX 检测认证。仪器经过一级标气校准,能够有效测定苯系物等 VOCs,无干扰现象。符合欧洲标准中 EN 14662-3 中 10 种可能与苯发生干扰的化合物列表的检测要求。分析仪具有良好的线性范围

（0ppb～100ppb）。由于采用内校准（airmoCAL）系统，仪器的运行是全自动的。采用 MODBUS,JBUS 或者 BAYERN HESSEN PROTOCOL 等通讯协议可将数据传输到数据采集器中。

图 4－1－6－5　CHROMATOTEC 公司 AirmOzone 在线分析系统

airmoOzone 分析系统
A52022

机柜 ×××041:33U

AirmoCAL4U:×××922

airmoVOC C6-C12分析仪
5U:A21022
1U 带鼠标和键盘的机架

Chroma S 分析仪 4U
C51000

airmoVOC C2-C6 分析仪
4U:A11000

Hydroxychrom
（氢气发生器）3U:×××916

airmoPURE（零空气 发生器）
和2个取样泵 ×××901

七、国内典型的 VOCs 在线监测设备

目前国内 VOCs 监测主要是以监测 VOCs 总量为主，同时对分量有监测需求。而且采用 GC－FID 色谱分离法在线监测是目前主要推广的方案。

1　VOCs 总量在线监测设备

1.1　先河环保 XHVOC3000 大气 VOCs 在线分析仪（图 4－1－7－1）

该系统是一款用于对环境空气中挥发性有机物进行实时监测的在线设备，该设备可应用于石化、半导体、制药、印刷等多个行业的大气挥发性有机物排放监测，并已在工业园区无组织排放监测、厂界监测及敏感点臭氧解析中提供了有效的技术支撑。

系统采用灵敏的 GC－FID 技术对挥发性有机物进行定性和定量，配有双路色谱柱，一路定量总烃，一路采用分离反吹技术定量甲烷。分析仪内部全气路 EPC 电子流量控制，实现自动采样、分析，不间断的监测大气中的总烃和非甲烷总烃。系统由挥发性有机物监测仪、挥发性有机物校准仪、氢气发生器、零气发生器等组成，所有控制和计算都由计算机自动完成。在分析 NMHC 的基础上，该仪器可以扩展到同时分析苯系物，还可针对特定的 VOCs 进行监测。

图 4 - 1 - 7 - 1　先河环保 XHVOC3000　　　图 4 - 1 - 7 - 2　钢研纳克 NCS - NMHC - 1000
大气 VOCs 在线分析仪　　　　　　　　　　固定污染源 VOCs 在线监测系统

系统特点如下：

(1)基于国标在线气相色谱技术；

(2)全自动运行,无人值守；

(3)全路电子流量控制,自适应压力变化,运行稳定可靠；

(4)宽量程 FID 检测器,无需选择量程；

(5)专用色谱软件,方便可靠；

(6)可扩展到苯系物等其他 VOCs；

(7)系统装有内部样品采样泵、定量管、进样阀和色谱柱,所有计算都由内部计算机完成；

(8)仪器外部 I/O 还可以控制多路样品通道的切换分析；

(9)软件会将仪器的所有数据记录在内置计算机上,同时客户可方便的执行更改浓度单位、查看趋势图、批处理数据、查看积分结果等动作。

1.2　钢研纳克 NCS - NMHC - 1000 固定污染源 VOCs 在线监测系统(图 4 - 1 - 7 - 2)

钢研纳克针对目前 VOCs 在线监测需求推出的 NCS - NMHC - 1000 型挥发性有机物在线监测系统基于气相色谱-氢火焰离子化检测器(GC - FID)技术,结合全程伴热采样、独特的阀路切换等设计而成。系统内部高度集成,氢空发生器可自动补水,可使用除烃空气作为载气,以上特点使系统具备了超长的维护周期。双 FID 多气路切换技术能够在 1min 内检测 THC/CH4/NMHC,2min 内检测出三苯等特征因子,且特征因子还能够根据客户需求订制。

系统可实现断电后自启,自动恢复监测状态；拥有多重权限设置,具备动态密码功能,能够保证数据的真实可靠,避免误操作。软件可自动诊断并警报故障种类,可设定超标限值,满足国标与不同地标要求;数据谱图查询导出简便,区间查询与日期查询等历史查询模式操作简单;提供 LAN/RS485/RS232 等多种接口,符合标准 Modbus 协议,便于接入企业和环保部门监控平台的。同时可实现远程操作,运维简便,客户可通过电脑和手机 APP 实时查看数据图表。

系统特点如下:

(1)独特的阀路切换,能够自动实现系统的全程校准与分析仪校准,确保系统的数据有效性和准确性;

(2)采用进口 AFP 六通或十通隔膜阀,死体积小,无移动部件,操作次数达百万次无需维修,维护量低,使用寿命长;双路预柱反吹功能,有效延长分析色谱柱寿命;

(3)采用超高灵敏的 FID 检测器,具备自动点火功能及熄火后自动切断氢气功能,无需更换分析仪,即可实现环境和污染源非甲烷总烃的监测需求;

(4)使用系统适用范围广,稳定性强,模块化设计,方便功能的扩展;

(5)针对复杂现场工况环境,相应有防爆型机柜设计;

(6)具有多种接口,可实现远程监控操作,运维简便,客户可通过客户端和手机 APP 实时查看数据图表,源数据能够进行一点多传,方便多方对数据监控;

(7)直接使用除烃空气作为载气,可避免现场氮气钢瓶使用带来的维护不便;

(8)分析仪具备快速程序升温功能,能够极大地缩短宽沸程物质的分析仪时间。

1.3　上海磐合在线双冷阱大气预浓缩 VOCs 监测仪

磐合科技推出的全在线双冷阱大气预浓缩技术,基于全在线双冷阱大气预浓缩系统 TT24－7,具有全在线双冷阱,双通道交替 100% 无盲点数据采集的功能,可搭配不同品牌 GC、GC－MS、GC－MS/MS 及飞行时间质谱,可用于移动监测车、重点环境监测点、路边站和常规的实验室,实现环境空气 VOCs 全天候定性定量分析、以及突发性污染事故的快速应急监测和 VOCs 数据调查,也可应用于大气种 VOCs 的在线监测。

环境大气通过采样系统采集后,进入全在线双冷阱大气预浓缩系统 TT24－7,在低温条件下,环境中 VOCs 在冷阱中被冷冻富集,预浓缩系统配备两个相同的已填充吸附剂的冷阱,分析时样品依次通过这两个冷阱,两者利用电子(Peltier)技术独立冷却。采样时其中一个冷阱用来吸附 VOCs 同时另一个冷阱快速加热脱附,样品"闪蒸"进入分析系统。经分析仪器检测后,可同时进行快速定性定量分析 C2～C32 范围内挥发性和半挥发性化合物,对同分异构具有很好的分离检测效果。符合美国 EPA 相关标准要求(TO－15,EPA/600－R－98/161)。

系统特点如下:

(1)独特的双冷阱,双通道交替采集技术,可在采样时一个冷阱采集环境大气中的挥发性和半挥发性有机物,另一个冷阱加热将冷阱富集的目标化合物解析到分析系统中进行检测,这样两个冷阱交替采样和解析,实现无盲点采样,能满足实时快速样品采集和分析,及时反映大气污染物的成分变化情况。

(2)应用范围广:适用于在线监测臭氧前体物、环境空气 VOCs 的昼夜变化来源、工业卫生和工作现场多种类有毒有害气体分析、反恐化学战剂监测、危险化学品常规监测和应急监测、环境空气中异味化合物分析(如:恶臭硫化物、醛酮类、脂类、醚类、烷烃类等)。同时对目标化合物进行定量分析和对未知化合物进行定性分析。

(3)通用性强:能广泛地对环境空气中苯系物、卤代烃、恶臭硫化物进行分析,对 34 类典型标气组分在 5ng～200ng 范围内有良好的线性关系,R^2 均大于 0.99,该分析过程可代替 HJ 644—2013 环境空气挥发性有机物的测定,完全满足标准要求。

(4)分析速度快,检出限、定量限低,特别适合环境空气中痕量 VOCs 的在线分析。搭配飞行时间质谱可在 10min 内分析完成 65 种化合物,线性范围 $0.3mg/m^3$～$20mg/m^3$,检出限 $0.003mg/m^3$～$0.05mg/m^3$,定量限 $0.01mg/m^3$～$0.15mg/m^3$。

(5)可配套多种分析仪器,适用于移动监测车、重点环境监测点、路边站和常规的实验室,适用范围广方法成熟,系统稳定,检测数据可与实验室数据比对;

(6)可配套磐合自主研发具有知识产权的数据采集传输软件,可实现监测点数据实时传输到客户显示终端,全套"端对端"的硬件和软件解决方案,可无缝集成于市政分析平台,安装简单,运用快捷,后续运维成本低。

1.4 杭州聚光科技 CEM－2000 B VOC 挥发性有机物烟气排放连续监测系统 (图 4－1－7－3)

聚光科技集多年环境监测系统的研发与应用经验成功推出聚光科技 CEM－2000 B VOC 挥发性有机物烟气排放连续监测系统,主要应用于对各种工业污染源排放有机物的实时监测。本系列在线气相色谱仪采用国际先进技术,性能稳定可靠,自动化程度高,检测范围宽;高品质的硬件和高集成的智能化处理软件使仪器满足实时监测的苛刻要求。

(1)采用 EPC 技术进行载气压力控制,控压精确稳定;

(2)FID 检测器具有自动点火功能,火焰熄灭后自动切断氢气,安全可靠;

(3)超温自动保护功能,免于器件的损坏;

(4)采用进口 Valco 六通或十通隔膜阀,死体积小,无移动部件,维护量低,使用寿命长;

图 4－1－7－3 CEM－2000 B VOC 挥发性有机物烟气排放连续监测系统

（5）PID 检测器和 FID 检测器串联技术大大增强对不同有机物种的分析能力；

（6）可实时显示仪器运行状态、色谱图及结果和报警信息等，自动存储数据及图谱。

2　VOCs 分量在线监测设备

2.1　广州禾信 SPI－MS 3000 在线 VOCs 检测仪（图 4－1－7－4）

SPI－MS 3000 高灵敏度在线挥发性有机物检测仪，采用飞行时间质谱用于实时在线快速检测大气中痕量的挥发性有机物（VOCs）。仪器采用聚二甲基硅氧烷（PDMS）薄膜进样技术，无需对样品进行前处理即可直接进样；配置高灵敏度真空紫外灯单光子电离源（10.8eV），将样品电离为分子离子，保证了化合物的完整信息；结合垂直引入反射式飞行时间质量分析器和微通道板检测器及信号放大技术，极大地提高仪器分辨率和灵敏度；配备海量数据分析软件，界面友好、操作简单、升级便捷，且可按客户特殊需求定制。

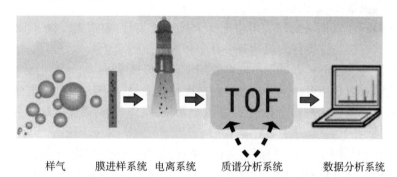

样气　　膜进样系统　电离系统　　质谱分析系统　　　数据分析系统

图 4－1－7－4　广州禾信 SPI－MS 3000 在线 VOCs 检测仪

系统特点如下：

（1）SPI－MS 3000 具有高灵敏度、宽质量检测范围、低检测限、广线性范围、样品无需前处理等特点；

（2）采用先进的 PDMS 膜进样技术，样品无需前处理，即可实现气体直接进样分析；

（3）检测速度快，100 谱/秒，实现 VOCs 实时在线秒极检测；

（4）分析物种全，质量范围高达 500u，能够检测烃类、苯系物、醛类、酮类、酚类、脂类、恶臭有机硫化物等 300 多种 VOCs；

（5）灵敏度高，检出限 10ppt（甲苯，累加 1min）；

（6）分辨率高，500＞FWHM 或 5000＞FWHM（可选）；

（7）仪器稳定性好，维护少，无需载气，使用成本低；

（8）数据分析软件高度智能化，具备实时显示定性定量结果、检测质谱图、多组分 MIC 瞬态全谱、物质浓度随时间变化曲线、自动校准等功能。

2.2 广州禾信 AC-GCMS 1000 VOCs 吸附浓缩在线监测系统

AC-GCMS 1000 型 VOCs 吸附浓缩在线监测系统用于大气中 VOCs 监测,实时分析环境空气中一百多种挥发性有机污染物(VOCs)。系统检测限低、能耗低、无盲点采样、操作简单、易维护,可安装在常规实验室或监测车内运行。

环境空气、标准气体等样品通过进样阀自动选择进入可切换的双通道气体捕集系统;并通过双级深冷富集系统实现对气体中 VOCs 全组分的高效捕集浓缩,其中一级深冷完成 VOCs 捕集及干燥,二级深冷实现 VOCs 二次聚焦浓缩;再经超快速(升温速率>100℃)将样品加热气化并进入 GCMS 完成定性与定量分析。

系统特点如下:

(1)双通道切换采样,周期内平均分布采样;

(2)高精度质量流量控制装置。准确度达 1%,进样流量 10mL/min~100mL/min 可调,确保 VOCs 高重复性捕集;

(3)超高灵敏度;苯的检出限 5ppt;

(4)双级深冷富集系统。采用特殊材金属质捕集管,实现对 C2~C12 碳氢化合物、卤代烃、含氧/氮挥发性有机物等一百多种 VOCs 的全组分浓缩富集;

(5)超快速升温解析(100℃/s),有效减小进样峰展宽;

(6)实时获取各组分浓度并自动绘制浓度变化曲线,可定制其他数据处理功能;

(7)系统内置有用户安全登录、设备安全警报、操作日志,确保仪器安全运行。

技术指标如下:

标气测试 PAMS+TO15 标气:5ppb;采样:捕集 5min,解析 2min;GCMS 分析:低碳组分:Plot Al_2O_3S 柱,FID 检测器(图 4-1-7-5);高碳组分:DB-624 柱,MS 检测器(图 4-1-7-6);

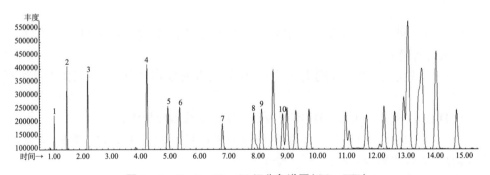

图 4-1-7-5 C2~C4 组分色谱图(GC-FID)

线性测试:PAMs+TO15 样品:200ppt,500ppt,2ppb,5ppb 系列浓度;采样:捕集 5min,解析 2min;GCMS 分析:30min;105 种 VOCs 化合物的 R^2 在 0.9154~0.9999 之间,且 95% 以上的化合物 R^2>0.99,线性关系良好,满足对大气实时监测的需要。

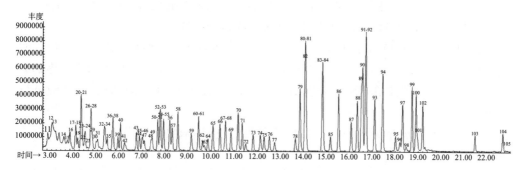

图 4-1-7-6　C5～C12 总离子流图（GC-QMS）

2.3　先河环保 XHVOC6000 大气 VOCs 在线分析仪

XHVOC6000 采用先进的材料技术、先进的设计理念,设计的一款能够准确定性定量的大气挥发性有机物在线分析仪。

XHVOC6000 型挥发性有机物在线监测系统利用二级脱附与电子制冷技术采集＋富集＋聚焦 VOCs 技术进样,由气质联用仪(或气相色谱)进行定性定量分析。该产品可一次采样监测 100 多种 VOCs,其中包括 C2～C12 碳氢化合物、苯系物、卤代烃、氯苯类、含氧有机物、硫化物等挥发性有机物及部分半挥发性有机物。

系统特点如下:

(1)高惰性系统避免有机物在系统中吸附、反应,能用于活性较高的挥发性有机物的检测,全流路保温避免有机物在流路中冷凝损失;

(2)检出限低,0.05ppb(乙烯),0.01ppb(苯),0.02ppb(1,3,5-三甲苯);

(3)线性良好,2.5ppb～40ppb 范围内,$R^2 > 0.995$;

(4)可测量组分多,可扩展性强,目前应用已完成 100 种以上物质的监测,并且可在一个程序中完成。可根据实际工作需要开发新的分析方法,可扩展测定半挥发性有机物;

(5)具备干吹功能,能在分析实际样品时有效降低水分的吸附,防止聚焦管出现的吸水"结冰"现象,从而保证流路通畅与捕集效率,保证样品分析时的准确度;

(6)定性能力强,系统的专利技术与整体优化,使得质谱检测器能够满足 C2～C12 的监测,其质谱自带的谱图库和检索能力,能够最大限度地保证定性的准确性;最大限度降低假阳性结果的产生和误报,并能对难分离的非同分异构体准确定量;

(7)识别未知组分的能力强,当出现未知组分时,通过质谱扫描,可实现及时定性,特别适用于未知挥发性气体的监测,满足应急监测的需要;

(8)仪器性能稳定,保留时间的稳定性强,测量结果可靠,校正工作量较小;

(9)可连接真空罐、采气袋,完成异地采样的分析;

(10)可以自动实现样品加标或添加替代物物,考察基底效应与稳定性术指标。

2.4 武汉天虹 TH‑300B 大气 VOCs 在线监测系统

采用双通道,双色谱柱分离,双检测器设计。两路样品分别在冷冻除水后进入两路捕集柱,在-150℃低温 VOCs 被冷冻捕集,然后快速加热捕集柱到 120℃,热解吸的 VOCs 进入色谱柱中分离并分别用氢火焰离子化检测器(FID)和质谱(MS)进行检测。

一次完整的分析过程可以分为:样品采集(含内标采集)、解吸、分析和加热反吹四个步骤。

(1)样品采集:将大气样品或者标准气体分别采入预浓缩系统,样品在超低温下被冷冻在捕集柱上。

(2)解吸:被捕集的样品瞬间被加热到 100 ℃以上,样品被热解吸并随载气进入分析系统中。

(3)分析:在这一过程中,目标化合物进入气相色谱中被分离,并分别用 FID 与 MS 检测。

(4)加热反吹:预浓缩系统被加热到解吸温度以上,残存在捕集柱上的干扰物被完全吹出。

可测 102 种大气挥发性有机物,主要应用于臭氧前驱物监测、灰霾成因研究、大气复合型污染监测等领域。

2.5 天瑞仪器 EVOCs‑2000 大气 VOCs 在线分析仪

EVOCs‑2000 大气挥发性有机物(VOCs)在线分析仪是天瑞仪器最新研制的大气中微量 VOCs 的在线检测设备。仪器预处理系统采用低温吸附与高温脱附过程,根据美国 EPA 方法要求,搭配自主研发的吸附剂以达到微量 VOCs 的浓缩预处理。后端检测器可根据多种 VOCs 同步监测的需求,依据国家相关污染检测方法和美国环保公告方法中的要求,根据美国 EPA TO‑14、TO‑15 和 PAMS 方法中 107 种 VOCs 有机物的性质,选用天瑞仪器自主研发 FID、GC‑MS、ECD、FPD 等多种检测器,满足在线监测的需求,达到高精度污染物浓度分析水准。

大气挥发性有机物 VOC 在线分析仪 EVOCs‑2000 系统特点:

(1)使用标准要求多色谱切换方式可检测更广范围的小分子和大分子 VOCs,并根据 VOCs 的种类自动切换适当的检测器,其中 C2~C5 碳氢化合物采用 FID 检测,C6~C12 碳氢化合物采用 GC‑MS 或 ECD 检测,硫化物采样 FPD 检测。

(2)可同步监测 107 种 VOCs 灵活使用不同检测器与多色谱柱方式,并调整吸附剂配方全分析 PAMS 和 TO‑15/TO‑14 中的有机物,涵盖 C2~C12 碳氢类、卤代烃类、含氧类 VOCs 物质。

(3)精确分析硫化物浓度选用只对硫类化合物有响应的 FPD 检测器,可避免其他物质的干扰。

（4）C2 物质的分析准确度高系统前浓缩装置具有－30℃以下的吸附低温能力，C2 物质可符合标准要求的分析精度，数据定量可信。

（5）使用丁氏切换装置，与国际监测标准一致使用丁氏切换使低碳与高碳物质切换至合适吸附管柱的方式，避免了传统样品分流方式带来的低碳监测分析上的干扰与误差。

技术参数如下：

（1）监测指标：美国 EPA TO－14、TO－15 和 PAMS 方法中涵盖的 107 种 VOCs 及硫化物；

（2）低温吸附温度：－40℃～－150℃；

（3）高温脱附温度：150℃～450℃；

（4）脱附升温速率：40℃/s；

（5）检出限：TO－14 标气物质；＜ 1ppbTO－15 标气物质；＜5ppbPAMS 标气物质；＜ 1ppb 硫化物；＜0.5ppb；

（6）精密度：VOCs：＜5 ％硫化物：＜10 ％；

（7）质控过程：真实样品和零跨度校正和校准曲线；

（8）系统误差：VOCs：＜15 ％的滞留时间（30 天内）；＜ 10％的校正浓度（30 天内）；硫化物：＜15 ％的滞留时间（30 天内）；＜ 15％的校正浓度（30 天内）。

（9）分析时间：＜ 60min，可根据客户要求调节；

（10）可用检测器：ECD&FID（TO－14）、GC－MS（TO－15）、ECD&FID（TO－15）、FPD（硫化物）。

八、在线监测问题与建议

1　在线监测问题

随着国家对 VOCs 排放以及政策驱动的影响，越来越多的省份和地方化工园区已经或准备开展废气 VOCs 在线监测系统的安装，尤其是非甲烷总烃在线监测系统。但是国家政策的制订往往先于国家和行业标准的出台，目前 VOCs 的在线监测系统国家标准还很欠缺，在线监测多参考烟气 CEMS 相关标准，甚至不同省份之间的地方标准发生冲突。实际情况是由于很多应用行业与原有的燃煤锅炉应用场景不同，所以会带来很多的不适用。

国内的 VOCs 在线监测系统所使用的分析仪大多数是基于实验室仪器硬件，通过结构的改进演变而来。但是从可靠性、稳定性、现场在线系统的使用特点上还没有开展针对性的优化。例如初期很多在线色谱的 6 通阀以及 10 通阀，仍然采用实验室常规使用的气动阀，一般寿命为 4～6 万次。在现场高频使用时，以为每 5 分钟切换一次计算，6 个月左右就会出现损坏。后期改用了进口的隔膜阀，寿命能够到达 20～50 万次，才能满足在线监测系统的使用。并且由于废气的成分复杂，有些杂质的影响需要分析仪本身还需要设计些反吹的流程来延长色谱柱的使用,但是并不是所有的分析仪具备这个功能。

此外,对于本身 FID 响应就较弱的含氧有机物。例如甲醛、甲酸、乙酸等,目前无非常好的设计来实现这类物质低成本的在线测定。同时针对甲醛,目前国家的检测标准是使用光度法,但是并不容易应用在线测定,并且不容易与现有的 VOCs 在线监测系统集成。而家具行业中已有甲醛的排放标准,但是对应的在线监测系统还比较缺乏,这也是废气 VOCs 在线监测系统面临的问题。如表 4-1-8-1 所示。

表 4-1-8-1　VOCs 在线监测系统集成

序号	系统组成	作用	存在问题
1	采样探头	样气的采集、传输和初级过滤	气路多采用金属,有些对有机物吸附较重
2	温压流探头	测定烟道的温度、压力、流速	温度传感器有些不能测定 0℃以下;流速在 5m/s 以下范围,测定误差较大
3	高温伴热管线	样气的无损传输	现有加热原理的伴热管线存在冷点,容易造成有机物的冷凝和损失
4	前处理系统	去除颗粒物杂质和水分	冷凝除水等前处理过程会造成有机物的严重损失;全程伴热系统在阀路切换地方有些还是存在冷点
5	分析系统	对污染物进行测定	废气进入分析仪前有些存在冷点,导致有机物冷凝问题;水汽进入分析仪对色谱柱产生影响;排放污染物有高沸点物质会对总烃的测定有影响并且燃烧不充分有时会对 FID 有黏附;针对分量测试的分析周期一般比较长
6	辅助系统	为分析仪提供载气、助燃气、氢气、驱动气	载气一般使用高纯氮,需要定期更换。有些使用除烃气作为载气使用,需要另外增加除烃仪;为了保证基线信号较低,助燃气最好也要使用除烃仪发生;氢气需要使用氢气发生器,需要定期补充去离子水
7	校准系统	分析仪及系统的校准	目前现场校准主要使用单点校准模式,校准精度不够高;此外,校准一般仅是针对分析仪而言,并没有针对系统所包含的温度、压力和流速等进行校准或者检查

2　相关建议

本文通过 VOCs 概念、以及检测技术的介绍,结合我国针对废气 VOCs 已发布的检测标准和 VOCs 行业排放特点，详细阐述了现有废气 VOCs 在线监测系统中所存在的问题，主要体现在系统可靠性和适用性方面。

从现有系统仪器性能看，目前大多数的废气 VOCs 在线监测系统框架主要基于原有 CEMS 改进而来，很多细节的技术要点并没有针对 VOCs 的行业排放特点进行更改和优化，由此会带来的采样、前处理等一系列问题，这是今后应该着重解决的问题。

同时，尽管国家已经颁布了相关的排放标准和检测标准，但是仍然缺少针对自动监测系统的相关标准，尤其是废气 VOCs 在线监测系统的安装及验收标准。目前主要参考固定污染源烟气排放连续监测系统技术要求及检测方法（试行），固定污染源烟气排放连续监测技术规范（试行），但实际情况并不能完全适用。

面对目前国家环保税征收的迫切形势，应当加快国家相关标准的出台，建立完整的废气 VOCs 在线监测系统的评价体系。明确废气 VOCs 在线监测系统的安装及验收标准，加强系统适用性的评价工作。

第五章 2017 年 BCEIA 金奖与新产品

一、2017 年 BCEIA 金奖获奖产品

2017 年，评审组专家遵照中国分析测试协会 BCEIA 金奖评选办法，本着"公正、公平"的原则，经过形式审查、公示、函评、初评、现场考察、终评，共评选出 17 项获奖仪器产品。

2017 年获得金奖产品的总体水平和数量比往届有所增加，获奖产品的性能指标、可靠性、稳定性、耐用性、软件功能研究机构外观等方面有了很大的提高，有些获奖的产品的某些性能指标达到或在超过了同类产品的先进水平，一些国产分析仪器已形成涵盖了高、中、低档以及专用产品的系列；一些具有自主知识产权的专业化仪器，在某些专业领域确立国内外仪器市场的优势地位。具体获奖产品、获奖厂商及获奖理由如下（排名不分先后）：

1 获奖产品：AES－8000 型全谱交直流电弧发射光谱仪

获奖厂商：北京北分瑞利分析仪器（集团）有限责任公司

获奖理由：国内首创集传统交、直流电弧激发光源和 Ebert－Fastic 光学系统与 CMOS 检测系统于一体的直读发射光谱仪。研发了"采用 FPGA 技术高速多 CMOS 同步采集系统""电极夹自动对准控制系统""电极位置自动调节系统""电极成像投影系统"及"专用分析软件"等具有突破性意义的关键技术。全新仪器的市场定位准确，颇受客户欢迎，具有很好的经济效益和社会效益。

2 获奖产品：BAF－4000 型全自动四道原子荧光光度计

获奖厂商：北京宝德仪器有限公司

获奖理由：该仪器具有创新的倾斜式光学系统，使荧光强度增加三分之一，背景降低一半，实现了砷、锑、铋、汞、硒、碲六种元素四道同测。发明了全自动在线氢化物发生装置；自动进样器进样针液面探测和无液报警装置；开发了汞灯自动起辉和扣漂移装置；空心阴极灯免调即插即用装置和双进样系统等专利技术。这些技术创新大大提升了中国原子荧光光谱仪的技术性能。

3 获奖产品：SiO QuEChERS 自动样品制备系统

获奖厂商：北京本立科技有限公司

获奖理由：设计并实现兼具离心和高速三维振动功能的大容量前处理仪器，实现了程序控制 4500 r/min 以上离心转动和 15m/s 振幅的三维立体振动的任意切换，将

振荡提取和液固混合物离心分离两个过程在同一台机器上任意组合,显著简化样品制备过程;配套的选择性定量转移提取管利用配套双层提取管将离心和膜分离有机结合,实现样品的提取、自动转移和净化过程,操作快捷、简便,全程密闭无污染;开发了全自动 QuEChERS 前处理方法和元素形态提取方法,均达到了与原有手工方法一致的前处理效果。该仪器系列创新的设计并产业化,不但降低了前处理劳动强度,而且大幅节约了时间,具有较好的应用前景。

4　获奖产品:HGA－100 直接进样测汞仪

获奖厂商:北京海光仪器有限公司

获奖理由:该仪器自主创新了纳米金溶胶汞齐制备技术和消除基体干扰的催化管,实现了固体、液体、气体(吸附后)免化学消解直接进样测量的功能,提高了检测效率和分析准确度。该仪器填补了国内空白,性能指标达到国际同类产品水平,打破了进口设备在该领域的垄断。随着《水俣公约》的推进,我国汞污染防治力度持续加大,该仪器配合我国环保部即将实施的相关标准监测方法,极大地方便了一线检测人员的分析工作。

5　获奖产品:SK－880 火焰原子荧光光谱仪

获奖厂商:北京金索坤技术开发有限公司

获奖理由:该产品在核心器件、部件或核心技术方面具有系列自主知识产权:开发了与原子化器匹配、原创设计的火焰原子荧光负压扩喷式高效雾化器,筛选了特殊材质制作的渐缩式传输室,双层九孔屏蔽直管式原子化器,双光源单道增强技术和双光源背景扣除技术。国内未见技术特征相同的产品和公开文献报道,具有首创性。在金、银、铜、铅、锌等 10 余种元素测量中体现出检出限低、精密度好、线性范围宽等优势,尤其在微量金元素测定中优势突出。产品已经在地质勘查等领域得到实际意义,具有广阔的市场前景。

6　获奖产品:SPE 1000 全自动固相萃取系统

获奖厂商:北京莱伯泰科仪器股份有限公司

获奖理由:该设备可选择 1~8 通道工作,支持 1mL~12mL 四种规格的固相萃取柱,既可处理常规小体积样品,又可处理大体积水样。自动喷淋清洗样品瓶功能减少了样品损失,提高了实验回收率。采用双路套针结构、单向流路设计,且具有液面追踪功能,有效减少样品及溶剂间的交叉污染及残留。系统的密闭设计和内置风扇具有排风功能,更加环保。系统内置照明和双摄像头可通过自带液晶显示屏实时观察仪器内部的运行状态,也可通过远程监控摄像头及手机 APP。系统的避光设计,适用于对光敏感的样品。仪器可广泛应用于环保、石化、食品、农产品、中药和临床分析等领域。

7　获奖产品：Mini β 小型质谱分析系统

获奖厂商：北京清谱科技有限公司

获奖理由：该产品开发了两大核心技术，即原位电离技术和质谱小型化技术。它开发了具有自主知识产物的"原位电离一次性进样试剂盒"，将纸喷雾及段塞流微萃取技术高效结合，实现了质谱仪简单快速分析复杂样本，而且避免了痕量分析中难以避免的交叉污染，已被国内外客户广泛验证。它解决了多项质谱仪小型化中的技术难题，尤其是单级真空腔体、非连续模式大气接口和串联离子阱分析器，成为目前分析"不挥发物质"最小的质谱仪，突破了检测场地、时间和人员的限制，现场分析一个样本仅需 3min。已实现批量产和云中心数据支持，预计其在食品安全、公安执法和医疗诊断等领域具有强大的市场潜力。

8　获奖产品：ZDJ－400 多功能电位滴定仪

获奖厂商：北京先驱威锋技术开发公司

获奖理由：该仪器具有检测精度高、可实现自动进样、无线控制、数据追踪等特点。仪器采用模块化设计，同时又具备自动采样模块、自动清洗模块以及人机界面等；系统架构采用 CAN 总线和实时以太网总线的混合方式，实现了实时性、高可靠性和远程维护功能；滴定过程控制算法优化引入了 WT 小波变换、RBF 径向基础神经网络的分析策略，多个受检样品可自动切换，无需人工操作可进行多样品的自动滴定分析，极大提高工作效率。

9　获奖产品：LIBRAS I 激光诱导击穿—拉曼光谱分析仪

获奖厂商：成都艾立本科技有限公司、四川大学生命科学学院

获奖理由：该仪器实现了激光诱导击穿光谱与拉曼光谱联用。采用自主研发微型高能脉冲激光器作为 LIBS 光源，脉冲能量可达 120mJ，脉冲激光器，仪器小，重量轻，结构紧凑，无需水冷装置；LIBS 和 Raman 所用的两种不同频率的光束在同一套光学系统中实现共同聚焦，创新性地采用正交式 LIBS－Raman 光路设计，光路系统更加紧凑；用特殊设计的光学系统实现两种不同激光波长传输与两种不同类型信号的获取，光学系统内无任何移动镜片组件，结构稳，性能强。

10　获奖产品：SparkCCD 6000 型全谱直读火花光谱仪

获奖厂商：钢研纳克检测技术股份有限公司

获奖理由：该仪器可准确、快速测定钢铁、有色合金中各元素含量。它采用全数字能量可调的火花光源，开发了"间歇式真空系统"技术，避免了油气污染，从而良好满足短波紫外元素的分析；开发了"分段式校正体系"，大大提高了抗干扰能力和全范围检测准确度。该仪器具有"多基体直读、低成本、高集成、小型化、自动化"等特点，具有自主知识产权，产品认可度较高，实现了批量出口，市场前景良好。

11 获奖产品:RID100 手持式拉曼光谱仪

获奖厂商:合肥领谱科技有限公司

获奖理由:该仪器采用透射光栅,实现较短的光学焦距(1.3)设计,有利于提高光通量,降低 CCD 曝光时间和提高扫面速度。设备外观设计漂亮,机体小,自重 1kg,符合手持仪器特点。仪器具有使用手机操作,方便用户操作使用,数据可推送至互联网平台的功能,符合时代发展趋势,是一款不错的拉曼产品。

12 获奖产品:iFIA7 全自动多参数流动注射分析仪

获奖厂商:聚光科技(杭州)股份有限公司

获奖理由:该仪器采用自主知识产权的智能流路控制系统,无需复杂的硬件配置和手工操作,即可实现快速自动化多参数测定。采用压力可调节式蠕动泵,可适应不同壁厚泵管,提高了流量精度、保证了仪器的工作稳定性。采用自适应光学系统,自动适应不同检测需求。采用全新的工作站软件,实时监控仪器状态,根据监测方法设定控制各单元过冲—滞后过程,使反应条件严格一致,保证检测精度。仪器具备多道同测、实时数据图形分析、仪器状态监控、权限数据管理等功能。

13 获奖产品:AMS－100 移动式现场检测质谱分析仪

获奖厂商:宁波华仪宁创智能科技有限公司

获奖理由:该质谱仪器采用具有自主知识产权的敞开式大气压离子源技术和低场离子漂移管与射频幅值、频率、相位自调整技术,结合线性离子阱质量分析器和基于云端数据库与自学习功能结合的数据处理系统,具有免样品前处理、操作简便、快速、定性定量准确的特点,可通过车载、船载等应用于食品药品安全、公共安全等现场快速、准确检测,也适用于实验室样品高通量筛选,具有较好的市场前景和推广应用价值。

14 获奖产品:D100 杜马斯定氮仪

获奖厂商:济南海能仪器股份有限公司

获奖理由:产品在大流量热导检测器部件设计、无氮耐高温特殊金属材料筛选与性能评价方面的研究与改进保证了高灵敏、低残留;60 位和 120 位自动切换进样器,可智能监测样品的全自动送样,满足 1 mg～5000 mg 宽范围样品进样、自动采集样品称量数据等保证了测量效率;气路系统质量流量控制和高温密封系统设计保证了结果的重复性和可靠性;自诊断、超压隔离、远程控制等设计提高了仪器的安全性和便利性。产品总体技术指标与国际同类先进产品相当,填补了国内空白,在相关领域测量中具有很好的市场前景。

15 获奖产品:YC9000 型离子色谱

获奖厂商:青岛埃仑色谱科技有限公司

获奖理由:该仪器采用具有自主知识产权的多功能正压排气装置,通过在线气液分离装置,连续自动排出流动相中溶解的气体,更彻底地消除了淋洗液中所产生 CO_2 对仪器稳定性的影响,从而降低基线漂移及噪声。该仪器采用专利技术,实现了恒温抑制功能,流动相不需要再进行热交换,从而缩短了流路,同时实现了电导池和抑制器的有机结合,减少了环境的影响,进一步提高了灵敏度。YC9000 型离子色谱仪采用功能模块化设计,可实时监控,在保证准确度和可靠性的前提下,可以根据不同的检测需求配置不同的检测模块,使用更加方便灵活。"

16　获奖产品:AJ－3000 plus 全自动气相分子吸收光谱仪

获奖厂商:上海安杰环保科技股份有限公司

获奖理由:该仪器采用自主创新的气相分子吸收光谱原理,自动进样,在线消解,通过 NO 气体的气相分子吸收,实现准确的定量。具有波长自动调节和光能量自动增益功能,配有高精度的电子流量控制系统。进样器配有的均质装置提高了混浊样品的代表性,自动稀释功能扩展了测定浓度上限。特别适合地表水、生活污水和工业废水中氨氮、硝酸盐氮、亚硝酸盐氮、凯氏氮、总氮、硫化物等指标大批量样品测试。整机在自动化、原位化、实时化方面有非常明显的优势,能够实现在线监测。作为水质监测的利器,正逐步被环境监测领域所接受。

17　获奖产品:PQ001－20－015V 核磁共振颗粒表面特性分析仪

获奖厂商:苏州纽迈分析仪器股份有限公司

获奖理由:该产品技术先进、操作快捷简单方便。实现了原位测试,悬浮状态下直接测量,无需稀释和处理;测试迅速;可测量几乎所有的悬浮样品,尤其适合高浓度、高固含量、快速沉降的样品;样品无需任何前处理,并可连续、动态监测;建立多种材料基本参数 Kp 等数据库,内部磁体控温装置保证设备持续稳定,测试重复性好;可替代进口产品且据有具有价格优势。

二、2017 年 BCEIA 新产品

为适应国家科技和经济迅猛发展的需要,本届 BCEIA 继续开展国外参展厂商(不包括港澳台厂商)新产品(简称"BCEIA'2017 新产品")的评选活动,以促进 BCEIA 成为国际分析测试领域高科技、新产品展出的窗口和推介的平台。

"BCEIA'2017 新产品"必须是:国外厂商(不包括港澳台厂商)近三年在全球范围推出的高新技术产品;产品必须是参展商第一次在 BCEIA 上展出的产品;展出的产品必须是实物,能够在 BCEIA'2017 现场运行或演示。经过网上公示和专家现场考察,最后有 22 家国外厂商的 73 个产品获得"BCEIA'2017 新产品"荣誉,详见表 5－1－2－1。

表 5 - 1 - 2 - 1 BCEIA'2017 新产品汇总

公司名称	新产品名称
德祥科技	SNE - 4500M 台式扫描电镜 SNE - 4500M Desktop Scanning Electron Microscope
	GeneVac S3 HT 溶剂蒸发工作站 GeneVac S3 HT Solvent Evaporator
	Hei - TORQUE Precision 100 顶置搅拌器 Hei - TORQUE Precision 100 Overhead Stirrers
	Hei - VAP Precision ML 旋转蒸发仪 Hei - VAP Precision ML Rotary Evaporators
岛津	ICPMS - 2030 电感耦合等离子体质谱仪 ICPMS - 2030 ICPMS
	Nexera MX 平行液相 Nexera MX Ultra - High Speed LCMS System for Multiplex Analysis
	Nexera - i 方法转移系统 Nexera - i Method Transfer System
	Nexera UC SFC/UHPLC 切换系统 Nexera UC SFC/UHPLC Switching System
	AIM - 9000 红外显微镜 AIM - 9000 Infrared Microscope
	GC - 2010Pro 气相色谱仪 GC - 2010Pro Gas Chromatograph
	GCMS - TQ8050 三重四极杆型气相色谱质谱联用仪 GCMS - TQ8050 Gas Chromatograph Mass Spectrometer
	Nexis GC - 2030 气相色谱仪 Nexis GC - 2030 Gas Chromatograph
	ATLAS - USIS 全自动液液萃取平台 ATLAS - USIS Analysis treatment laboratory automatic system
	LCMS - 8045 超快速液相色谱质谱联用仪 LCMS - 8045 Liquid Chromatograph Mass Spectrometer
克吕士	SDT 旋转滴界面张力仪 SDT Spinning DropTensiometer

续表 5 – 1 – 2 – 1

公司名称	新产品名称
赛默飞世尔	BIOS 16 大容量离心机 BIOS 16 Large Capacity Centrifuge
	ISQ – EC 单杆质谱 ISQ – EC Single – Quad MS
	Vanquish Flex 二元系列 UHPLC Vanquish Flex Binary UHPLC
	iBright FL1000 智能成像系统 iBright FL1000 Imaging System
	Automated Thermal Cycler，96 well 自动化 PCR 仪
	DXR2xi 显微拉曼高速成像光谱仪 DXR2xi Micro Raman Imaging Spectroscopy
	XL5 手持式 X 射线荧光光谱仪
	iCAP TQ 三重四极杆 ICP – MS iCAP TQ ICP – MS
	TSQ Altis 三重四极杆质谱仪
	SeqStudio 基因分析仪 SeqStudio™ Genetic Analyzer
	Varioskan LUX 多功能微孔板读数仪 Varioskan LUX Multimode Reader
北京欧波同光学	AMICS 矿物特征自动定量分析系统 AMICS Automated（Advanced）Mineral Identify Characterization System
安捷伦	1260 Infinity Ⅱ Prime 液相色谱系统 1260 Infinity Ⅱ Prime LC System
	7250 四极杆飞行时间气质联用系统 7250 Quadrupole Time – of – Flight GC/MS system
	ADM – 3000 流量计 ADM – 3000 flow meter
	AdvanceBio SEC 色谱柱 AdvanceBio SEC column
	A – Line 样品瓶 A – Line Vials

续表 5-1-2-1

公司名称	新产品名称
安捷伦	IDP-3 干式涡旋泵 IDP-3 dry scroll pump
	InfinityLab 纯化解决方案 InfinityLab Purification Solutions
	Intuvo 9000 气相色谱系统 Intuvo 9000 GC System
	XT 液相色谱/质量选择检测器系统 XT Liquid Chromatography/Mass Selective Detector system
	1260 Infinity II SFC 系统 1260 Infinity II SFC system
	Ultivo 三重四极杆液质联用系统 Ultivo Triple Quadrupole LC/MS
英特塞恩斯	easySpiral 自动稀释接种仪 easySpiral Dilute®
	Scan® 4000 全自动菌落计数器 & 抑菌圈分析仪 Scan® 4000 Automatic colony counter & Inhibition zone reader
华质泰科	AP/MALDI(ng)UHR 常压基质辅助激光解析电离源 AP/MALDI(ng)UHR
	DART-TD 实时直接分析热脱附系统 DART-TD Thermal Desorber
	Flowprobe 流动微萃取探针离子源 flowprobe
	LESA^{Plus} 静态液滴萃取表面分析质谱离子源 LESA Plus
	Pearl 超大分子 MALDI 检测器 Pearl High Mass Detector
滨松	C13534 紫外可见近红外绝对量子效率测试仪 C13534 UV-NIR absolute PL quantum yield spectrometer
	C13272-02 MEMS-FPI 光谱探测器 C13272-02 MEMS-FPI spectrum sensor

续表 5-1-2-1

公司名称	新产品名称
耶拿	contrAA® 800 连续光源原子吸收光谱仪 contrAA® 800 High-Resolution Continuum Source Atomic Absorption Spectrometer
	compEAct 氮元素分析仪 compEAct Elemental analyzer
	Scandrop2 超微量核酸蛋白测定仪 Scandrop2 Maximum Flexibility in UV/Vis Spectrophotometry
	InnuPure C16 touch 全自动核酸提取仪 InnuPure C16 touch
	qTOWER3 G touch 荧光定量基因扩增仪 qTOWER3 G touch Real time PCR
	Smart 核酸提取试剂盒 Smart DNA prep
赛多利斯	Prospenser & Prospenser Plus 瓶口分液器 Prospenser & Prospenser Plus Bottle Top Dispensers
博纳艾杰尔	OCTOPUS 纯化制备色谱系统 OCTOPUS Purification System
天美	普利赛斯 390Hx 电子天平 Precisa 390Hx Electronic Balance
	日立 F-7100 荧光分光光度计 Hitachi F-7100 Fluorescence Spectrophotometer
	爱丁堡 FLS1000 荧光光谱仪 Edinburgh FLS1000 Fluorescence Spectrophotometer
必达泰克	BWS475 透视拉曼光谱仪 BWS475i-Raman® Pro-ST
	BWS910 药厂专用手持式 LIBS 无机盐快检仪 BWS910 NanoLIBS
捷欧路	JSM-IT500 扫描电子显微镜 JSM-IT500 Scanning Electron Microscope
曼默博尔	mini 总有机碳分析仪 mini TOC

续表 5-1-2-1

公司名称	新产品名称
美国博纯	GASS－35 便携式烟气分析预处理系统 GASS－35 Portable Sample Flue Gas Conditioning System
弗尔德	ELTRA 氧氮氢元素分析仪 ELTRA Oxygen/Nitrogen/Hydrogen Analyzer
梅特勒-托利多	MP80 超越系列熔点仪 MP80 Melting Point Excellence system
	XPR10 超微量天平 XPR10 Ultra Micro Balance
德国 IKA	MINISTAR 80 control 顶置式搅拌器 MINISTAR 80 control Overhead Stirrer
	IKA Plate（RCT digital）加热型磁力搅拌器 IKA Plate（RCT digital）Magnetic Stirrer
利曼	Lumin 吹扫捕集装置 Lumin Purge and Trap Concentrator
	SW－X 微波消解仪 SW－X Microwave Digestion
北京博赛德科技	CDS7500S 热解析自动进样器 CDS7500S Thermal Desorption Autosampler
	CDS6200 热裂解器 CDS6200 Pyrolyzer
	Entech1900 多道在线采样系统 Entech1900 Multi－Channel Canister Sampler